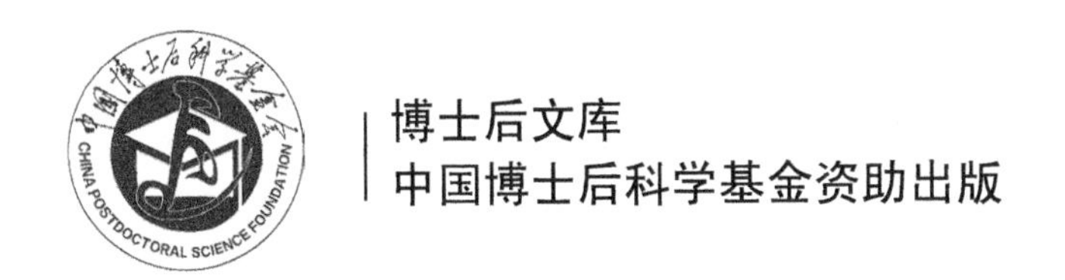

油气地震勘探数据重建与去噪
——从稀疏表示到深度学习

张 岩 著

科 学 出 版 社
北 京

内 容 简 介

本书系统介绍了地震信号去噪与重建基本理论与方法，以及稀疏表示、压缩感知、深度学习等技术在地震数据重建与去噪中的应用理论、应用方法与主要原则等内容。全书共10章，分成五部分。第一部分（第1章和第2章）阐述地震数据重建、去噪的研究背景及意义，简述稀疏表示基本原理、多尺度几何分析、字典学习，以及压缩感知的基本理论与应用框架；简述深度学习的基本原理、地震数据重建与去噪数据样本组织方法，包括理论引导数据科学正演生成模拟样本的过程，以及实际样本增广的方法。第二部分（第3章和第4章）在压缩感知框架下，分别基于曲波、波原子稀疏表示重建地震数据，保留地震数据主要特征。第三部分（第5章和第6章）分别基于结构聚类、多道相似组局部超完备字典稀疏表示，压制地震数据随机噪声，保持地震数据细节特征。第四部分（第7章和第8章）分别基于联合傅里叶域、小波域特征约束的深度学习重建地震数据，加强数据纹理细节信息。第五部分（第9章和第10章）分别基于联合傅里叶域约束、两阶段神经网络的深度学习压制地震数据噪声，增强网络模型的泛化能力。

本书可供从事地震信号处理、稀疏表示、压缩感知、深度学习等方面研究的地球物理相关专业、计算机相关专业的高年级本科生、研究生和科研人员使用。

图书在版编目（CIP）数据

油气地震勘探数据重建与去噪：从稀疏表示到深度学习 / 张岩著. —北京：科学出版社，2023.4

（博士后文库）

ISBN 978-7-03-074988-8

Ⅰ. ①油… Ⅱ. ①张… Ⅲ. ①油气勘探-数据处理-研究 ②地震勘探-地质数据处理-研究 Ⅳ. ①P618.130.8 ②P631.4

中国国家版本馆CIP数据核字（2023）第035965号

责任编辑：冯晓利 / 责任校对：王萌萌
责任印制：吴兆东 / 封面设计：陈 敬

科学出版社 出版
北京东黄城根北街16号
邮政编码：100717
http://www.sciencep.com
北京中石油彩色印刷有限责任公司 印刷
科学出版社发行 各地新华书店经销
*
2023年4月第 一 版 开本：720 × 1000 1/16
2023年4月第一次印刷 印张：14 3/4
字数：300 000

定价：128.00元

（如有印装质量问题，我社负责调换）

“博士后文库”序言

1985年，在李政道先生的倡议和邓小平同志的亲自关怀下，我国建立了博士后制度，同时设立了博士后科学基金。30多年来，在党和国家的高度重视下，在社会各方面的关心和支持下，博士后制度为我国培养了一大批青年高层次创新人才。在这一过程中，博士后科学基金发挥了不可替代的独特作用。

博士后科学基金是中国特色博士后制度的重要组成部分，专门用于资助博士后研究人员开展创新探索。博士后科学基金的资助，对正处于独立科研生涯起步阶段的博士后研究人员来说，适逢其时，有利于培养他们独立的科研人格、在选题方面的竞争意识以及负责的精神，是他们独立从事科研工作的“第一桶金”。尽管博士后科学基金资助金额不大，但对博士后青年创新人才的培养和激励作用不可估量。四两拨千斤，博士后科学基金有效地推动了博士后研究人员迅速成长为高水平的研究人才，“小基金发挥了大作用”。

在博士后科学基金的资助下，博士后研究人员的优秀学术成果不断涌现。2013年，为提高博士后科学基金的资助效益，中国博士后科学基金会联合科学出版社开展了博士后优秀学术专著出版资助工作，通过专家评审遴选出优秀的博士后学术著作，收入“博士后文库”，由博士后科学基金资助、科学出版社出版。我们希望，借此打造专属于博士后学术创新的旗舰图书品牌，激励博士后研究人员潜心科研，扎实治学，提升博士后优秀学术成果的社会影响力。

2015年，国务院办公厅印发了《关于改革完善博士后制度的意见》(国办发〔2015〕87号)，将“实施自然科学、人文社会科学优秀博士后论著出版支持计划”作为“十三五”期间博士后工作的重要内容和提升博士后研究人员培养质量的重要手段，这更加凸显了出版资助工作的意义。我相信，我们提供的这个出版资助平台将对博士后研究人员激发创新智慧、凝聚创新力量发挥独特的作用，促使博士后研究人员的创新成果更好地服务于创新驱动发展战略和创新型国家的建设。

祝愿广大博士后研究人员在博士后科学基金的资助下早日成长为栋梁之才，为实现中华民族伟大复兴的中国梦做出更大的贡献。

中国博士后科学基金会理事长

前　言

石油能源建设对国家意义重大，能源领域的核心技术必须牢牢掌握在自己手里。油气地震勘探是一个长链条的系统工程，地震采集阶段要求看得清，地震处理阶段要求看得准，地震解释阶段要求看得懂。随着地表复杂化、目标多样化以及资源劣质化的加剧，油气勘探开发的难度越来越大，勘探成本持续上升，地震勘探过程极易出现地层响应微弱、影响因素多、数据不确定性大、信噪比低等问题，对地震数据处理的效率与精度提出了更高的要求。研究地震数据高信噪比、高精度重建与去噪的新方法具有非常强的理论价值和现实意义。

地震数据的重建与去噪本质上均可以归结为利用野外采集到的观测数据，通过数学、计算机等交叉学科的手段，求解非线性不适定反问题，近似得到原始真实的地震数据。在求解地球物理领域反问题的过程中，由于大多数地质数据样本获取成本较高，通常会出现高维小样本数据的情况，同时储层普遍具有非均质性，往往会导致石油地质问题具有较强的复杂性与多解性。

稀疏表示技术可以去除地震数据中大量的冗余变量，只保留与响应变量直接相关的解释变量。当地震数据处理问题的解满足稀疏性条件时，数据重建与去噪问题转为求解具有稀疏性约束的非线性不适定反问题，从而使问题模型具有更好的适定性，便于数据处理，减少计算量和传输存储。特别是在压缩感知及超完备字典学习理论的影响下，稀疏表示与稀疏约束模型的求解理论得以迅速完善。

深度学习方法具有较强的特征提取能力和非线性逼近能力，用来求解复杂地震数据处理问题，可以提高数据的可信度、数据处理的精度与效率，提升资料解释的符合率。目前“AI+物探”已经被广泛应用到地震数据处理、解释等多个方面，取得一些进展。探索具有多元信息融合和多任务联合处理能力的网络模型是进一步提升地球物理病态问题解决能力、降低多解性与复杂性的关键。

本书以求解地震数据处理不适定反问题为主线，分别阐述了稀疏表示、深度学习等相关前沿解决方法，包括多尺度几何分析的稀疏表示、局部字典学习的稀疏表示，压缩感知、深度学习在地震数据去噪与重建处理中的原理与应用。

本书得到国家自然科学基金区域联合基金项目“基于分布式算法及大数据驱动的微地震信号去噪与反演研究”（编号：U21A2019）、国家自然科学基金面上项目“基于通信协议的非线性时变系统有限域分布式滤波”（编号：61873058）、博士后科学基金面上资助项目“基于压缩感知的油气地震勘探数据重建技术研究”（编号：2019M651254）等多项科研项目资助。同时，本书得到 2022 年度中国博士后研究人员优秀学术专著出版资助。

本书在写作过程中得到了董宏丽教授、任伟建教授、唐国维教授的悉心指导，笔者的研究生李新月、李杰、王斌、刘小秋、崔淋淇、周一帆等对本书的出版也做了很多工作，在此一并表示感谢。

感谢本书创作过程中关心、帮助、支持和鼓励我的所有领导、老师和同学！

感谢中国博士后科学基金会资助以及科学出版社在本书出版过程中所做的工作！

感谢本书中所引用的文献的作者！

最后，感谢我的妻子聂永丹，在本书创作过程中她承担了繁重的家庭任务，使我可以集中精力创作；感谢我的两个女儿大宁和二宁，为我的生活带来快乐和希望，愿她们永远安宁幸福。

由于笔者水平有限，本书不足之处在所难免，希望读者给予批评指正。

张岩

于东北石油大学

2022 年 8 月

目　　录

第1章　绪　　论

地震勘探是石油与天然气勘探工作的主要方法，由地震数据野外采集、数据的室内处理和地震解释三个阶段组成。作为其中重要环节之一的地震数据处理，其主要目的就是对野外采集的原始数据进行加工，包括重建地震缺失道数据、削弱噪声干扰等，增强目标区块地震资料的信噪比、分辨率和保真度，以提高后续地震资料进一步处理、解释和油气藏情况判断的准确度。地震数据的重建与去噪在整个地震数据处理中是非常基础与关键的步骤，近年来发展的解决方案通常将其转化为求解满足稀疏性条件的非线性不适定问题，该过程的关键是稀疏表示作为地震信号主要的描述方法，直接决定了地震数据的重建与去噪结果的优劣。本书以解决地球物理领域的地震数据重建与去噪为目的，以稀疏表示、深度学习为核心，通过研究压缩感知、字典学习、卷积神经网络等相关理论，探索地震数据重建与去噪的新方法。

1.1　本书的写作背景

地震勘探的目的是获得地下构造的精确成像，由于人为因素和环境原因，实际采集到的地震数据在空间方向上往往是稀疏或不规则的。由于野外数据采集过程的费用占整个地震勘探成本的80%以上，因此地震数据在空间方向上稀疏采样的原因主要是出于经济角度的考虑，稀疏采样意味着采集到的数据减少，降低成本，但会导致地震数据中含有空间假频，尤其是在三维地震勘探中；在空间方向上不规则采样的原因主要是地表障碍物的存在(建筑物、道路、桥、梁)，地形条件的因素(禁采区和山区、森林、河网地区等)、仪器硬件(地震检波器、空气枪、电缆等)故障，以及海洋地震数据采集时电缆的羽状漂流[1]等问题引起的采集坏道。地震数据处理过程中，稀疏采样和不规则采样不但会使后续处理与解释工作引起误差，而且会对基于多道技术的地震数据处理方法的结果产生严重的影响，产生假象，甚至导致错误的判断与解释。利用技术手段，通过对缺失的地震数据(图 1.1)进行重建，可以使其包含的地球物理信息更加完整、真实地反映地下地质体的地球物理特征(图 1.2)，保证复杂地质构造的精度，更好地满足后续地震数据处理工作的要求，为油气勘探提供更有效的指示和参考。

此外，在地震数据采集过程中，检波器接收到的地质信息通常含有多种噪声，根据噪声信号的特点可将它们分成两大类：相干噪声和随机噪声。相干噪声在时间上的出现具有规律性，有明显的运动学特征，如面波、折射波，具有一定的频率和视速度范围，相对易于滤除。随机噪声没有一定的频率范围，也不存在固定的传播方向，在地震记录上表现为杂乱无章的干扰背景，却在地震资料中普遍存在。随机噪声产生的原因主要是由风吹、草动、海浪、水流动、人畜走动、机器开动、交通运输等外力随机产生，具有强烈的随机性(图 1.3)。由于随机噪声在地震记录中的出现没有统一的规律，一直是地震资料处理中的研究热点与难点。地震数据处理的基础任务之一就是去除噪声干扰和压制畸变现象，以改善数据质量(图 1.4)。因此，针对随机噪声压制技术的研究能够加强后续处理结果的质量(如多次波压制、地震成像等)，进而提高地震资料解释和油气藏判断的准确性。

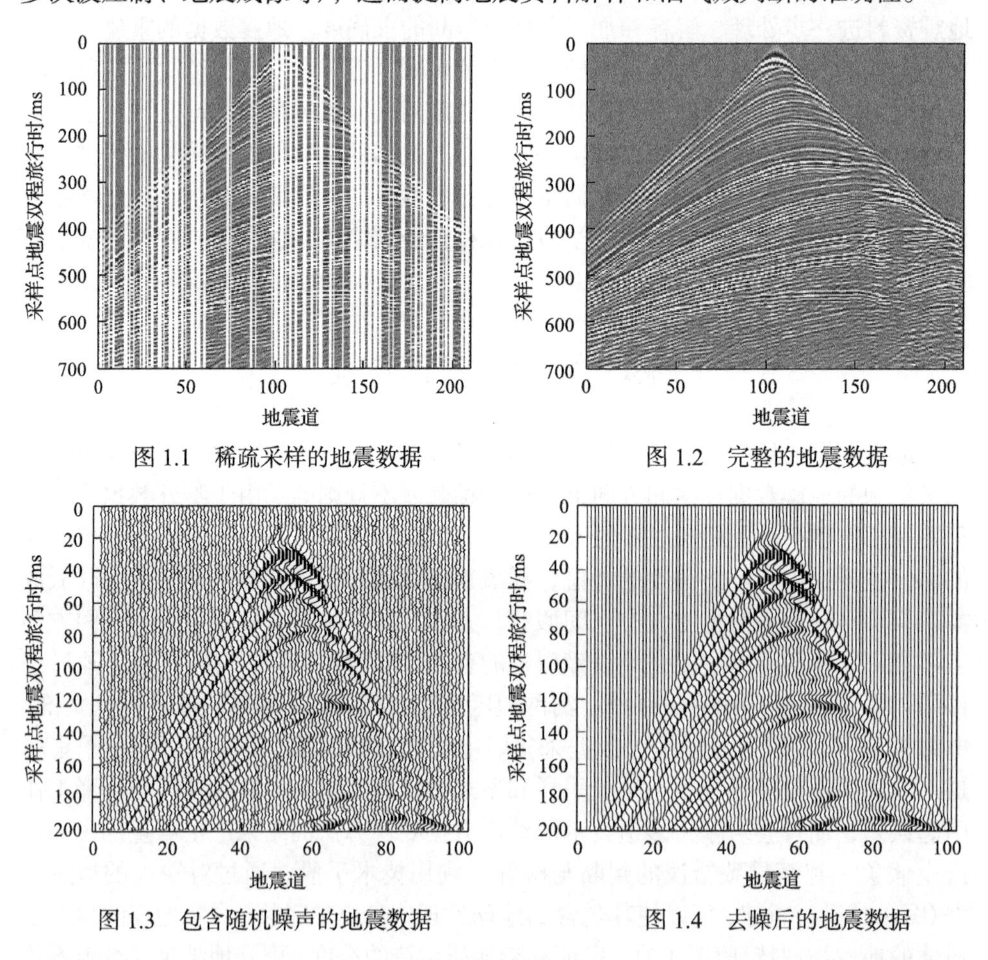

图 1.1　稀疏采样的地震数据

图 1.2　完整的地震数据

图 1.3　包含随机噪声的地震数据

图 1.4　去噪后的地震数据

从 20 世纪 80 年代开始，国内外的专家学者已经开始研究并利用地震数据的稀疏性，解决地震数据重建与随机噪声压制问题，例如，Canales[2]在 1984 年提出基于傅里叶变换降噪的方法，压制随机噪声；Duijndam 等[3]在 1999 年提出基于变换域的数据重建技术，将傅里叶变换应用于非规则采样地震数据的重建上，得到了较好的效果。所谓稀疏性是指问题的解序列大部分为零或近似为零，或者解在正交基或某个框架下具有较好的稀疏表示(即大部分系数为零或近似为零)。通过有效信号和噪声(地震数据的缺失道也可以视为一种噪声)在稀疏域内具有较好的分选性，利用二者的特征差异可以有效地进行数据重建与噪声去除。在地震数据的重建与去噪处理过程，通过观测数据求解真实地震资料的反问题时，经常会出现高维小样本数据的情况，过少的训练样本会导致过拟合问题，降低模型的泛化能力，进而导致模型的解不唯一。

稀疏表示可去除地震数据中大量的冗余变量，仅保留与响应变量最相关的解释变量。当地震数据处理问题的解满足稀疏性条件，稀疏约束模型的求解转化为求解具有稀疏性的非线性不适定问题，该问题的求解理论在近年来得到了迅速的完善。例如，在压缩感知中以稀疏表示作为地震信号的刻画方式，减少采样数据，节省存储空间，通过少量的数据实现信号的准确或近似重构；此外在超完备字典学习技术中，稀疏表示也是信号逼近的重要手段。稀疏表示在地震信号处理、层析反演，地震波阻抗反演中表现了明显的优势。

本书以稀疏表示、深度学习为主线，围绕地震数据的压缩感知重建与超完备字典学习去噪技术展开研究，在地震数据重建方面，分别利用曲波(Curvelet)域贝叶斯估计技术、波原子变换技术、深度学习方法，提高地震数据的稀疏表示，增强特征提取与融合能力研究压缩感知重建方法。在地震数据随机噪声压制方面，分别设计基于结构聚类局部字典学习、多道相似组局部字典学习的自适应稀疏表示技术、深度学习方法，研究去噪方法。本书的研究旨在提高地震数据重建与去噪质量，为后续地震数据的处理与解释奠定基础。

1.2 地震数据重建研究现状

地震数据重建是地震数据处理的基本问题之一，从 20 世纪 80 年代开始国内外的专家学者对这一问题开始进行研究，并发展了一些方法。这些方法基本上可分为以下五类：基于相干倾角插值的重建技术、基于波场延拓算子的重建技术、基于滤波的重建技术、基于变换域的重建技术，以及深度学习的重建技术。

基于相干倾角插值的重建技术由 Larner 和 Rothman[4]于 1981 年提出，先在时空窗内扫描同相轴的倾角，然后沿若干个倾角方向加权并产生内插的地震道。Pieprzak[5]于 1988 年提出一种处理多倾角同相轴的方法，在小重叠时空门中通过智能的数据自适应方法进行倾角的拾取，取得了一定的效果。该类方法存在的问题是计算复杂度非常高，难以实际应用。

基于波场延拓算子的重建技术由 Ronen[6]于 1987 年提出，把缺失道作为零道，并结合波动方程部分偏移对叠前地震数据进行重建，该方法将倾角时差处理(dip-moveout processing，DMO)与反 DMO 相结合实现地震数据重建，为重建问题的研究提出了一个很好的思路。Canning 和 Gardner[7]于 1996 年对基于 DMO 的重建方法进行改进，将地震数据的时间坐标对数拉伸后，在频率空间域分步实现 DMO 与反 DMO，该方法在避免空间假频方面有较强的优势，但是对数拉伸后数据量成倍增加，对内存的需求量很大，并且计算效率不高，实用性不强。Biondi 等[8]于 1998 年提出方位角校正(azimuth moveout，AMO)方法，将 DMO 与反 DMO 相结合，形成一个统一的公式对地震数据实现规则化，由于该方法建立在用积分法实现 DMO 的基础之上，因此存在假频和振幅保持两方面的问题。Chemingui[9]于 1999 年，将 AMO 算子看作一个反问题，利用最小二乘原理实现 AMO 法地震数据规则化。该类方法的优点是允许最大程度地利用地球内部的一些速度分布信息(偏移速度、均方根速度、叠加速度)，存在的问题是当地下的信息未知或精度较低时，会严重影响重建结果，并且重建运算量大、计算比较耗时。

基于滤波的重建技术由 Spitz[10]于 1991 年提出，在频率-空间(f-x)域将欠采样地震数据先进行傅里叶变换，然后由给定频率处的所有采样值计算得到复数预测误差滤波器，用该滤波器估计对应频率下的缺失道数据，该方法的问题在于如果在某一个频率下的信号出现缺失，该频率所对应的地震道就无法得到恢复。Claerbout 和 Nichols[11]于 1991 年，提出时间-空间(t-x)域的预测误差滤波技术，对含假频的空间规则采样数据进行插值，利用线性同相轴的可预测性，结合最小平方原理求解待插值的地震道，该方法插值精度比较高，但是计算量很大，抗噪性能也比较差。为提高计算效率，国九英和周光元[12]于 1996 年提出在频率-波数(f-k)域求解插值算子，该方法原理与 f-x 域插值相同，但将 f-x 域求解线性方程组问题转换到 f-k 域除法运算，不再需要对 f-x 域每一个频率求解一个内插算子，计算速度得到了明显提高。上述方法虽然能够在一定程度上解决欠采样地震数据所存在的假频问题，以及对采样率不足的数据实现相对理想的重建，但只能对规则稀疏采样的地震道进行加密插值，而对于不规则采样数据效果并不理想。Naghizadeh[13]于 2007 年提出多步自回归预测滤波方法，对单步预测滤波方法拓展，使其应用范围从只能进行道加密插值，扩展到可以对不规则缺失道地震数据进行插值重建，但该方法使计算复杂度进一步增加。

基于变换域的重建技术主要利用地震数据在某个变换域上的稀疏性，该类方法由 Thorson[14]于 1985 年提出，采用双曲线拉东(Radon)变换重建地震数据并讨论数据缺失对速度分析的影响。Hampson[15]于 1986 年提出抛物线 Radon 变换，利用地震反射双曲走时曲线经部分动校正后接近抛物的思想，通过抛物线 Radon 变换在频率域对单个频率成分进行计算、插值重建，计算效率较高。目前应用于地震数据重建的主要变换方法有 Radon 变换、傅里叶变换和曲波变换等。基于傅里叶变换的重建技术不需要地质或地球物理假设，只要求地震数据是空间有限带宽的，并且计算效率高。Liu 和 Sacchi[16]于 2004 年，提出最小加权范数插值的傅里叶重建方法，带限地震数据的重建被表达成最小范数的最小二乘问题，该方法利用自适应谱加权范数的正则化项，来约束反演方程的解，将数据的带宽和频谱的形状作为带限地震数据重建问题的先验信息，得到了比传统的带限数据傅里叶重建方法更好的解，这些工作使傅里叶重建方法具有很好的实用性。近年来发展的多尺度几何分析技术由于具有良好的多尺度性、多方向性和各向异性，更加适合稀疏表示地震波前特征，在地震数据处理领域获得了广泛应用，如曲波变换[17]可以捕获到各个方向上地震数据的同相轴，进而很好地稀疏表示，在地震数据重建与其他处理中得到广泛应用[18-20]，是当前地震数据重建技术研究的热点。基于变换域的重建技术的优势是计算速度快，对输入数据要求少，既可以处理规则采样数据，又可以处理非规则采样数据。

1.3 地震数据随机噪声压制研究现状

地震勘探中数据的随机噪声本身无一定视速度、无固定频率，无法利用频谱差异或传播方向上的视速度差异来削弱。在过去的几十年里，消除非相干噪声主要的依据是统计规律，许多科学家从不同角度发展了多种随机噪声压制方法，主要包括基于滤波的去噪方法、基于变换的去噪方法等。

基于滤波的去噪方法由 Canales[2]于 1984 年提出，假定在频率-空间域（*f-x*）相干信号是可预测的，而随机噪声是不可预测的，据此求出每一频率片上的预测滤波算子，再把预测滤波算子分别作用于对应的每一空间方向数据系列，便可预测出相干信号，压制随机噪声。该方法在实际资料处理中得到了一定的应用，压制地震数据中随机噪声、增强地震数据中相干信号连续性。但该方法会使得滤波去噪处理后的剖面高频段有效信号畸变，存在降低信号保真度和剖面信噪比的问题。在此基础上国内外学者做了许多改进方面的研究。国九英等[21]于 1995 年将二维 *f-x* 预测滤波所依存仅在横向可预测性的假设，拓展为反射波同相轴在二维频率-空间（*f-xy*）域所有方向所组成的局部平面上，以及同一频率成分都可预测，提出采用多道复数最小平方原理求得矩形预测算子，扩展了 *f-x* 域去噪范围。该方法避免了常规 *f-x* 预测滤波导致的弯曲同相轴失真，先被用于三维叠后数据处理，后被用于二维叠前记录，去噪效果较为明显。苏贵士等[22]把 *f-xy* 域进一步发展为三维频率-空间（*f-xyz*）域预测技术，基于三维地震资料的有效信号在 *f-xyz* 域具有可预测性，而随机噪声无此特性的假设。将 *xyz* 三维空间数据体在较大空间范围内对数据进行预测滤波，用于消减三维叠前地震资料中的随机噪声，该类方法的主要问题是对地震数据的细节信息保持效果不佳，且计算复杂度相对高。此外基于滤波的去噪声方法还包括频率域滤波法、频率波数域滤波法，以及各种空间域滤波法等，例如中值滤波法[23,24]、频率域滤波法[25]、*f-k* 滤波法[26,27]、形态滤波法[28,29]等。

基于变换的去噪方法将有效信号和噪声经某种变换后投影到变换域，利用系数具有频率或幅值的可分离性来对二者进行分离。传统方法主要有傅里叶变换法、Radon 变换法、倾斜叠加(*t-p*)变换法、离散余弦变换法、K-L(Karhunen-Loeve)变换法[30,31]、小波变换法[32,33]等，但是传统正交变换基函数无法有效的稀疏表示地震数据的曲线状纹理信息，近几年迅速发展的脊波变换法[34,35]、曲波变换法[36,37]、Seislet 变换法[38,39]等方向性变换也逐渐应用于地震数据稀疏表示，并取得了较好的效果。但是实际地震数据通常是由多种元素所组成的，单一正交变换基函数难以获得最优稀疏表示效果，从而影响地震数据去噪的质量。

此外，针对地震数据去噪问题国内外专家从其他方面也做出一些相关的研究工作，如：多项式拟合去噪法[40,41]、奇异值分解法[42,43]、高阶统计量法[44,45]等。

1.4 稀疏表示研究现状

信号的稀疏表示方法最早可以追溯到 1807 年，由法国科学家傅里叶提出的傅里叶变换。傅里叶变换是信号分析最基本的方法，揭示了时间域与频率域之间的内在联系，使其在多个学科领域中得到了广泛应用。但是傅里叶变换反映信号在整个时间范围内的全部频谱成分，无法实现局部分析，对于存在间断点的信号进行表示时会出现 Gibbs 现象[46]。继傅里叶分析之后的又一有力的信号分析工具是小波变换，通过物理的直观意义和信号处理的实际需要建立经验的反演公式，小波最初也是从傅里叶变换演变而来的，不仅能提供较精确的时间域定位，也能提供较精确的频率域定位。小波分析在处理一维和部分二维点状奇异信号时，具有较好的表示效果。但由于小波只有有限方向数，即水平、垂直、对角，方向性的缺乏使得小波变换在处理一些二维和高维奇异性信号时往往得不到较好的表达效果[47]。

事实上具有线或面奇异的函数在高维空间中非常普遍，例如，自然界物体光滑边界使得自然信号的不连续性往往体现为光滑曲线的奇异性，而并不仅仅是点奇异。为了更稀疏地表示这些特征，国内外专家学者提出具有各向异性的变换，即多尺度几何分析。其具有代表性的有：1998 年，Candès 提出的脊波(ridgelet)理论[48]，是一种非自适应的高维函数表示方法，具有方向选择和识别能力，可以更有效地表示信号中具有方向性的奇异特征。脊波变换首先对信号进行 Radon 变换，即把信号中的一维奇异性(例如图像中的直线)映射成 Radon 域的一个点，然后用一维小波进行奇异性的检测，从而有效地解决了小波变换在处理二维信号时存在的问题。脊波变换对于具有直线奇异的多变量函数具有良好的逼近性能，即对于纹理(线奇异性)丰富的图像，脊波可以获得比小波更加稀疏的表示；但是对于含曲线奇异的多变量函数，其逼近性能只相当于小波变换，不具有最优的非线性逼近误差衰减阶。Candès 和 Donoho[49]于 1999 年在脊波变换的基础上提出了连续曲波变换，实质上由脊波理论衍生而来，是基于多尺度脊波变换理论和带通滤波器理论的一种变换。首先对信号进行子带分解，然后对不同尺度的子带信号采用不同大小的分块，最后对每个分块进行脊波分析。如同微积分的定义一样，在足够小的尺度下，曲线可以被看作为直线，曲线奇异性就可以由直线奇异性来表示，因此可以将曲波变换称为脊波变换的积分。第一代曲波的数字实现比较复杂，需要子带分解、平滑分块、正规化和脊波分析等一系列步骤，而且曲波金字塔的分解也带来了巨大的数据冗余量，因此 2002 年，Starck 等[50]提出了第二代曲波变换，第二代曲波与第一代曲波在构造上已经完全不同，其更易于理解和实现。

Candès 和 Donoho[49]提出了基于第二代曲波变换理论的快速离散实现方法。在此之前，Pennec 等和 Mallat[51]于 2000 年提出了条带波(bandelet)变换，条带波变换是一种基于边缘的信号稀疏表示方法，能自适应地跟踪信号的几何正则方向，提高信号表示的逼近性能。2002 年，Do 和 Vetterli[52]在继承曲波的基础上提出轮廓波(contourlet)变换，它是一种基于多分辨率多方向的几何分析方法，能够较好地捕捉信号本身所特有的几何特性。轮廓波理论首先在离散域构建，然后由离散域推广至连续域。其本质是用类似于线段结构的基来逼近信号，故称这种变换为轮廓波变换。基本思想就是首先利用一个类似于小波的多尺度分解捕捉边缘奇异点，再根据方向信息将邻近的奇异点连接成轮廓，且使用一个系数表示，这就为使用该方法进行信号稀疏表示提供了理论依据。但由于变换中使用了拉普拉斯金字塔(Laplacian pyramid, LP)变换，而 LP 变换在处理高频信息时没有进行下采样操作，因此轮廓波较 Mallat 塔式小波分解存在 1/3 的冗余。2007 年，Demanet 和 Ying[53]提出了波原子变换(wave atoms transform)，该项研究工作开拓了波原子变换在信号稀疏逼近方面的新方向。

值得注意的是，信号处理与图像处理领域提出的新理论、新方法对稀疏表示理论与应用的发展起到了积极推动的作用。Candès 等[54]和 Donoho[55]提出的压缩感知(compressed sensing，CS)理论与稀疏表示方法逐渐完美地结合，互相促进、共同发展。压缩感知理论是一个充分利用信号稀疏性或可压缩性的全新信号采集、编解码理论。其核心思想是将压缩与采样合并，同时进行压缩和采样。首先采集信号的非自适应线性投影(测量值)，然后应用相应的重构算法根据测量值重构原始信号。该理论表明：当信号具有稀疏性或可压缩性时，通过采集远远小于传统采样方法获得数据量的少量信号投影值，在接收端通过稀疏性约束正则化方法就可实现信号的准确或近似重构，从而突破 Nyquist 采样定理的瓶颈。在压缩感知理论发展的影响下，以稀疏表示为基础的地震数据处理技术逐渐得到国内外专家与学者的重视，并成为该领域研究的热点。2008 年，Herrmann 和 Hennenfent[56]

将压缩感知理论应用于地震数据的重建处理，在曲波域采用稀疏促进反演(curvelet-based recovery by sparsity-promoting inversion，CRSI)方法求解稀疏性约束优化问题，得到了较为理想的地震数据缺失道重建效果。2012 年，孔丽云等[57]将基于曲波变换与压缩感知的数据重建技术引入到实际野外地震资料处理中，对不完整数据进行压缩重建，并取得了较好的效果，而且结果表明曲波变换相对于傅里叶变换在数据压缩感知重建方法中具有一定的优势。2013 年，Shahidi 等[58]在 CRSI 基础上通过优化地震道随机采样策略，在曲波域利用冷却阈值迭代方法求解 L_1 范数最小化问题进行数据恢复，提高了重建质量。同年，徐明华等[59]引入约束矩阵使地震数据的缺失满足或接近高斯随机分布，使得随机缺失的地震数据变换到稀疏域产生与有效信号不相干的随机噪声，通过自适应阈值迭代算法消除稀疏系数中的随机噪声干扰，取得了较好的重建效果。2014 年，白兰淑等[60]利用压缩感知技术，在曲波域下构造 CRSI 和 Bregman 的联合迭代算法框架，既加快了迭代初期的收敛速度，又避免了迭代后期噪声干扰的影响，使重建算法快速稳定收敛，提高重建结果的信噪比。上述方法基本思想集中在于以压缩感知为理论框架，利用曲波变换具有良好的方向性、局部性与各向异性，可以捕获到各个方向上地震数据的同相轴信息，进而很好地稀疏表示地震数据的特性重建数据。由于曲波变换在各个尺度之间及同一尺度内的局部相关性较强，而目前基于曲波域稀疏表示的地震数据重建研究较少关注系数相关性的利用，重建质量依然存在较大的提升空间，并且曲波变换对于简单的纹理模型(如地震波前)不具有最优稀疏表示的能力，因此探索更有效的稀疏表示方法将会提高重建质量。

超完备字典学习技术突破了传统稀疏表示采用固定基函数的方式，成为当前研究的热点，其根据数据或信号本身来获得超完备字典，使得字典中的原子与训练集中的信号本身相适应，与固定基函数的稀疏表示方法相比，通过学习获得的字典原子特征更丰富，能更好地与数据或信号本身的结构匹配，具有更稀疏的表示能力。1996 年，Olshausen 和 Field[61]提出的 SparseNet 字典学习算法奠定了字典学习理论的基础。SparseNet 算法利用最大似然估计方法训练字典，该算法从自然图像库中抽取大量的小图像块作为训练集得到字典原子。为提高 SparseNet 字典学习算法的收敛性，其改进算法多数利用梯度下降算法求解所对应的优化问题。受广义 Lloyd 聚类算法的启发，1999 年 Engan 等[62]提出了最优方向算法(method of optimal directions，MOD)，MOD 算法采用 L_0 范数衡量信号的稀疏性，利用交替优化方式求解学习模型。该算法的缺点是需要大矩阵的乘法和求逆计算，对存储容量的要求高。为减小 MOD 算法的复杂度，Aharon 等[63]提出了 K-SVD(K-singular value decomposition)算法，该算法与 MOD 算法不同之处在于字典更新方式，K-SVD 算法更新字典时不是对整个字典一次更新，而是逐个原子更新。在 SparseNet、MOD、K-SVD 等字典学习算法中，每次迭代更新字典时需要用所有的训练样本进行计算，对存储空间及计算能力要求高，不适合大规模样本和动态到达样本的字典学习。针对该问题，2010年，Mairal等[64]提出了每次迭代只处理一个样本的在线字典学习(online dictionary learning, ODL)算法，该算法每次从样本集中随机取出一个样本进行字典训练，根据上次迭代的字典用LARS(least-angle regression)算法进行稀疏编码，该算法获得的字典学习收敛速度更快，能够实现百万级大规模样本字典学习的情况[65]。受正交小波字典具有较好结构特性的启发，国内外专家学者又提出结构字典学习，假设信号可以用少数几个空间结构联合表示，通过学习训练得到基本结构块来表示信号，目前结构字典主要包括块稀疏字典[66]、正交基联合字典[67]、双稀疏字典[68]、组结构字典[69]等。总之，上述字典学习方法是针对整体数据而言的，通过一系列训练数据，学习训练得到针对整体数据的一个字典，使得训练信号在该字典上总体表示误差最小，从而使训练得到的字典能够适应所要解决的问题。

由于地震数据存在局部的突变，同时具有复杂的纹理细节结构，固定的基函数不能够充分地稀疏表示，通过训练得到的字典在这方面有着更好的效果，因此基于超完备字典稀疏表示方法目前也成为地震数据处理的新技术。在地震数据处理领域，唐刚等[70]提出利用学习性超完备字典对二维地震数据进行去噪处理，使得地震数据的信噪比和时间分辨率明显提高，可见超完备稀疏表示技术可有效地用于地震数据去噪处理。但是考虑到整个地震数据集合包含的不同局部内容变化较为剧烈，一个通用的字典不足以对整个数据集合每一部分的局部内容都能最优地稀疏表示，为提高对整个数据集合中不同结构的适应性，图像处理领域提出了局部字典学习技术。Dong等[71]提出了一种自适应局部字典学习的方法。该方法的基本思想是对于训练集利用结构相似性进行聚类，每一类包含了相似的图像块集合，通过稀疏性约束正则化的方法求解，根据每一类图像块学习得到的局部字典，可以有效地稀疏表示该类图像内容。Zhang等[72]、Xu等[73]提出另外一种局部字典学习的方法，根据图像块分组稀疏表示的思想，利用邻近数据块的相似性得到图像块的相似组，在每组中学习得到一个字典，该字典能够更稀疏地表示该组数据。由于野外采集的地震数据中同一反射波邻近地震道的波形特征(包括主周期、相位数、振幅包络形态等)相似，而且相邻道之间同相轴的时差变化规律也比较相近，因此地震数据的去噪处理可以借鉴局部字典学习的思路，通过自适应学习构造每一类特征的超完备字典，通过稀疏性约束正则化的方法求得近似解，得到地震数据更稀疏编码的同时去除噪声。

1.5 深度学习研究现状

近年来深度学习理论与方法发展迅速，在地震数据处理中也逐渐得到关注，基本原理是通过学习大量的地震样本，得到目标区块地震数据分布特征的非线性映射函数，预测相应位置上受噪声干扰或缺失地震道的实际值，以达到数据去噪、规则化地震数据的目的。常见的深度学习规则化地震数据的方法有以下几种：卷积神经网络(convolutional neural networks, CNN)、生成对抗神经网络(generative adversarial networks, GAN)和自编码器(auto-encoder, AE)。

基于卷积神经网络的规则化方法有：Wang 等[74]提出一种基于 ResNets 网络的地震资料插值算法，重建地震数据的时间域信息，可在网络层数较深的情况下，取得较好的效果，但需要事先对缺失的数据做预插值处理。为降低神经网络在训练过程中对样本多样性的依赖，Wang 和 Chen[75]提出利用格林函数的空间互易性重建数据，实现通过共炮点数据训练的网络对道集进行重建，该方法同样需要对网络输入的地震数据缺失部分做预插值。类似地，Gao 等[76]通过交替迭代求解地震数据重建的最小二乘法问题和预训练的网络模型对地震数据进行重建，该方法在迭代初始以及输入网络前都需要对缺失数据进行预处理。王钰清等[77]提出一种基于数据生成和增广的卷积神经网络，可用于小样本网络训练。

基于生成对抗神经网络的规则化方法有：Chang 等[78]提出一种基于生成对抗网络的地震数据插值重建技术；Oliveira 等[79]利用生成对抗网络对叠后地震数据进行重建，分别取得了较好的效果。GAN 网络主要存在的问题是训练过程不稳定，结果收敛困难。

基于自编码器的规则化方法有：郑浩和张兵[80]利用卷积自编码器，学习完全采样地震数据与缺失重建数据的映射关系，通过残差学习预测缺失数据进行重建输出，在测试模型上取得了较好的效果。Jia 和 Ma[81]利用支持向量机来重建规则欠采样的地震数据，需要对网络模型进行预插值。宋辉等[82]提出一种基于卷积降噪自编码器，可以对地震数据以无监督的方式去噪。上述深度学习规则化方法利用样本数据时间域均方误差(mean square error, MSE)信息损失的约束，通过网络输出的规则化数据逼近实际完全采样的地震数据，可以达到较好的信噪比评价结果。Zhu 等[83]考虑频率域特征的提取，利用短时傅里叶变换将时间域的数据转化为频率域，将实部和虚部传入卷积神经网络，通过逆变换得到时间域的重建地震数据，该方法可以在频率域上消除混叠效应，但在能量较弱区域效果不理想。基于深度学习的方法不需要建立复杂的数学模型，相对于传统基于模型的方法能得到数据深层的特征信息。

基于深度学习的地震数据去噪实现的基本原理是利用大量的样本覆盖待处理数据的特征，通过多层卷积的方式提取数据时间域的特征，然后采用深度学习的非线性逼近能力调整网络的参数，从而建立一个复杂的去噪模型，用于去除待处理数据的噪声[84]。

文献[85]提出的基于残差学习的卷积去噪网络(residual learning of deep CNN for image denoising, DnCNN)算法，采用卷积残差学习框架，从函数回归角度出发用卷积神经网络将噪声从含噪图像中分离出来。文献[86]系统地介绍了 DnCNN 用于地震数据压制的过程并讨论了 CNN 的超参数设置问题。文献[87]也将 DnCNN 模型应用于地震数据噪声压制，取得了较好的效果。文献[88]从 Patchsize、卷积核大小、网络深度、训练集等方面对原始 DnCNN 进行了改进，使其适用于低频和非高斯沙漠噪声的抑制。文献[89]在此基础上采用自适应 DnCNN 对沙漠地震资料进行去噪处理，有效地提高了低频噪声的信噪比。文献[90]扩展了原有的 DnCNN 模型，构造了以地震数据随机噪声衰减为目标的卷积神经网络(seismic data CNN, SDACNN)，将激活函数替换为指数线性单元(exponential linear units, ELU)来增强网络的鲁棒性。以上方法均可以归结为基于 DnCNN 模型及其改进的去噪方法，而 DnCNN 仅关注时间域的特征提取，忽略了数据在频率域的特征，导致去噪地震数据中纹理特征损失较大。地震数据中同相轴的纹理特征是判断油气储藏位置的关键，若考虑结合频率域的特征，可在一定程度上抑制假频，使纹理保持效果得到较大的提升。文献[91]和文献[92]基于无监督学习中自编码的概念，采用自编码的方式将地震数据降维以提取主要特征，再通过上采样恢复到原尺寸，自适应地从噪声中学习地震信号，实现无监督的地震数据随机噪声抑制，取得了较好的效果，但也忽略了地震数据在频率域的特征，性能仍存在较大的提升空间。文献[93]提出的多级小波卷积神经网络(multi-level wavelet CNN，MWCNN)模型考虑图像的小波域的分布特性，提出一种多级小波 CNN 框架，将离散小波变换与卷积网络结合，充分考虑了图像的频率域特征。文献[94]利用短时傅里叶变换(short-time Fourier transform, STFT)将时间域的数据转化为频率域的数据，将实部和虚部传入卷积神经网络，网络根据输入数据产生信号和噪声掩膜，再将相关掩模应用于噪声信号系数，以估计地震信号和噪声的频率域系数，最后利用逆 STFT 得到时间域去噪信号和噪声。以上两种方法的卷积处理过程仅考虑在频率域进行，忽略了时间域的特征，因此在地震数据能量较弱的区域无法仅根据有限的特征来判别真实数据和噪声数据，结果导致局部纹理模糊的现象。

基于降噪自编码的网络由编码和解码两部分组成，编码过程通过多层卷积和池化等操作提取数据主要纹理特征，解码过程使用反卷积和上采样等操作输出去噪后数据。Zhang 等[95]和 Chen 等[96]利用 U-Net 的网络结构对地震数据进行随机噪声压制，自适应地从噪声中学习地震信号，实现了无监督的地震数据随机噪声压制。罗仁泽和李阳阳[97]改进了 U-Net 网络，在训练过程中进行深度加权，进一步提取深层信息。

基于生成对抗网络的噪声压制方法包含一个生成网络和一个判别网络，采用博弈论的思想，用判别网络指导生成网络学习样本的分布，在图像处理领域取得了成功应用[98]。Radford 等[99]在 Yang 等[100]基础上加入卷积神经网络，提出了深度卷积生成对抗网络(deep convolutional generative adversarial networks, DCGAN)。俞若水等[101]将 DCGAN 应用于工程勘探领域的瑞利波勘探，实现了基于深度卷积生成对抗网络的瑞利波信号随机噪声去除，取得了较好的效果。

1.6 本书内容安排

油气地震勘探数据处理过程中，欠采样地震数据不但会使后续处理工作引起误差，而且会对基于多道技术的地震数据处理方法的结果产生严重的影响。近年来发展起来的稀疏表示方法可以根据地震数据的稀疏性和可压缩性特征，更加合理有效地进行重建与去噪处理，使得地震数据后续处理的效果不再完全依赖于最初数据采集的尺度和精度。深度学习方法具有较强的特征提取能力和非线性逼近能力，用来求解复杂地震数据处理问题，可以提高数据的可信度，数据处理的精度与效率，提升资料解释的符合率。

本书主要以稀疏表示、深度学习为主要方法展开研究，针对地震数据的重建、去噪问题深入分析全书共 10 章，分成 5 部分，具体安排如下：

第一部分包括第 1 章和第 2 章，主要阐述地震数据重建、去噪的研究背景及意义，对传统数据重建与去噪方法进行分析归纳，并总结存在的问题，提出以稀疏表示和深度学习为主要研究方法，求解非线性不适定问题为主线的解决思路；简述稀疏约束基本原理，多尺度几何分析稀疏表示、字典学习稀疏表示，以及压缩感知的基本理论与应用框架；分析地震数据稀疏表示、观测采样、最优化求解方法应遵循的原则、步骤；简述深度学习应用地震数据重建与去噪的基本原理，数据样本组织方法，包括理论引导数据科学正演生成理论数据样本的过程，以及实际样本增广的方法。

第二部分包括第 3 章和第 4 章，在压缩感知框架下，分别提出基于曲波、波原子稀疏表示的地震数据重建方法。由于曲波具有高效稀疏表示地震数据纹理状信息的特点，利用贝叶斯最大后验概率估计建立稀疏约束正则化模型，重建地震数据过程采用 Landweber 迭代算法求解；波原子具有最优稀疏表示振荡函数的特点，可以提高稀疏约束正则化模型中解释变量的有效性。在波原子域建立稀疏性约束正则化模型，求解过程中采用循环平移方法抑制重建数据中的噪声，指数阈值收缩模型逐步促进编码系数的稀疏程度，保留地震数据主要特征。

第三部分包括第 5 章和第 6 章，分别提出基于结构聚类、多道相似组局部超完备字典稀疏表示的地震数据随机噪声压制方法。结构聚类字典将每一类结构集合通过训练得到局部超完备字典，稀疏表示该类地震数据，依据各个聚类中心对其进行重新编码，得到原始地震数据更稀疏的表示和描述，压制地震随机噪声；多道相似组字典利用多道波形相似度最高的一组数据块构造多道相似组，根据自适应超完备字典学习训练算法完成基于多道相似组的字典构建与稀疏编码，压制噪声的同时保留地震数据主要细节特征。

第四部分包括第7章和第8章，分别提出联合傅里叶域、小波域特征约束的深度学习地震数据重建方法。地震信号的频谱包含地震波有效频段的振幅与相位信息，以频谱特征为先验对地震数据重建网络加以约束，可以更好地区分有效信号与缺失道特征，提高重建数据的质量；小波变换能够提取地震数据的多尺度与多方向特征，将小波变换引入卷积神经网络，能够充分描述地震数据不同尺度与方向的频率和纹理信息，重建数据具有丰富纹理细节和全部拓扑信息。

第五部分包括第9章和第10章，分别提出联合傅里叶域约束、两阶段网络的深度学习地震数据去噪方法。联合傅里叶域约束的深度学习方法，考虑时间域与频率域两方面的特征信息，利用联合误差来定义损失函数，提高特征提取效果，减少地震数据细节的损失；两阶段网络的深度学习地震数据去噪方法由两部分子网构成，噪声分布估计子网采用多层卷积神经网络估计噪声分布，去噪子网引入特征融合策略，利用残差学习策略提取噪声特征，并通过样本增广的思路扩充实际地震数据的标签，增强网络模型的泛化能力。

最后，本书的结论部分主要说明了本书内容的主要创新之处，并展望稀疏表示与深度学习在地震数据处理中的发展方向。

参考文献

[1] 霍志周, 熊登, 张剑锋. 地震数据重建方法综述[J]. 地球物理学进展, 2013, 28(4): 1749-1756.

[2] Canales L L. Random noise reduction[J]. SEG Technical Program Expanded Abstracts, 1984, 3(1): 329.

[3] Duijndam A J W, Schonewille M A, Hindriks C O H. Reconstruction of band-limited signals irregularly sampled along one spatial direction[J]. Geophysics, 1999, 64: 524-538.

[4] Larner K, Rothman D. Trace interpolation and the design of seismic surveys[J]. Geophysics, 1981, 46: 407-415.

[5] Pieprzak A W. Trace interpolation of severely aliased events[J]. SEG Technical Program Expanded Abstracts, 1988, 7(1): 658-660.

[6] Ronen J. Wave-equation trace interpolation[J]. Geophysics, 1987, 52(7): 973-984.

[7] Canning A, Gardner G H F. Regularizing 3D data sets with DMO[J]. Geophysics, 1996, 61(4): 1103-1114.

[8] Biondi B, Fomel S, Chemingui N. Azimuth moveout for 3-D prestack imaging[J]. Geophysics, 1998, 63(2): 574-588.

[9] Chemingui N. Imaging irregularly sampled 3D prestack data[D]. Stanford: Stanford University, 1999.

[10] Spitz S. Seismic trace interpolation in the *f-x* domain[J]. Geophysics, 1991, 6(6): 785-794.

[11] Claerbout J F, Nichols D. Interpolation beyond aliasing by (*t*, *x*)-domain PEFs[C]//53rd EAEG Meeting, Florence, 1991.

[12] 国九英, 周光元. *F-K* 域等道距道内插[J]. 石油地球物理勘探, 1996, 31(1): 211-218.

[13] Naghizadeh M. Multistep autoregressive reconstruction of seismic records[J]. Geophysics, 2007, 72(6): V111-V118.

[14] Thorson J R. Velocity stack and slant stochastic inversion[J]. Geophysics, 1985, 50(12): 2727-2741.

[15] Hampson D. Inverse velocity stacking for multiple elimination[J]. Journal of the Canadian Society of Exploration Geophysicists, 1986, 22: 44-55.

[16] Liu B, Sacchi M D. Minimum weighted norm interpolation of seismic records[J]. Geophysics, 2004, 69(10): 1560-1568.

[17] Candès E J, Donoho D L. New tight frames of curvelets and optimal representations of objects with C2 singularities[J]. Communications on Pure & Applied Mathematics, 2004, 57(2): 219-266.

[18] Herrmann F J, Wang D, Hennenfent G, et al. Curvelet-based seismic data processing: A multiscale and nonlinear approach[J]. Geophysics, 2008, 73(1): A1-A5.

[19] Ma J, Plonka G. A review of curvelets and recent applications[J]. IEEE Signal Processing Magazine, 2010, 27(2): 118-133.

[20] Naghizadeh M, Sacchi M. Beyond alias hierarchical scale curvelet interpolation of regularly and irregularly sampled seismic data[J]. Geophysics, 2010, 75(6): 189-202.

[21] 国九英, 周兴元, 杨慧珠. 三维 *f-x, y* 域随机噪音衰减[J]. 石油地球物理勘探, 1995, 30(2): 207-215.

[22] 苏贵士, 周兴元, 李承楚. 频率空间三维 *F-xyz* 域预测去噪技术[J]. 石油地球物理勘探, 1998, 33(1): 95-103.

[23] 孙哲, 王建锋, 王静, 等. 基于时空变中值滤波的随机噪声压制方法[J]. 石油地球物理勘探, 2016, 51(6): 1094-1102.

[24] Liu C, Liu Y, Yang B, et al. A 2D multistage median filter to reduce random seismic noise[J]. Geophysics, 2006, 71(5): 105-110.

[25] 彭建亮, 彭真明, 张杰, 等. 基于分数域自适应滤波的地震信号去噪方法[J]. 地球物理学进展, 2012, 27(4): 1730-1737.

[26] 何潮观. *F-K* 数字滤波器的设计和应用[J]. 石油地球物理勘探, 1985, 20(5): 474-489.

[27] Qin F H, 高侠. 一种用于陆上地震数据集的频率波数域随机噪音衰减方法[J]. 油气地球物理, 2014, (1): 67-69.

[28] Wang R, Li Q, Zhang M. Application of multi-scaled morphology in denoising seismic data[J]. Applied Geophysics, 2008, 5(3): 197-203.

[29] 马国俊, 赵小春. 地震资料 *F-X* 域去噪方法研究[J]. 中国石油和化工标准与质量, 2013, (19): 112.

[30] 岳承祺, 唐权钧. 用 *K-L* 变换提高多道地震记录的信噪比[J]. 石油地球物理勘探, 1988, 23(5): 560-568.

[31] 杨文采. 非线性 *K-L* 滤波及其在反射地震资料处理中的应用[J]. 石油物探, 1996, (2): 17-26.

[32] 赵迎, 乐友喜, 黄健良, 等. CEEMD 与小波变换联合去噪方法研究[J]. 地球物理学进展, 2015, 30(6): 2870-2877.

[33] Pazos A, González M J, Alguacil G. Non-linear filter, using the wavelet transform, applied to seismological records[J]. Journal of Seismology, 2003, 7(4): 413-429.

[34] Zhang H, Song S, Liu T. The ridgelet transform with non-linear threshold for seismic noise attenuation in marine carbonates[J]. Applied Geophysics, 2007, 4(4): 271-275.

[35] 包乾宗, 高静怀, 陈文超. 面波压制的 Ridgelet 域方法[J]. 地球物理学报, 2007, 50(4): 1210-1215.

[36] 彭才, 常智, 朱仕军. 基于曲波变换的地震数据去噪方法[J]. 石油物探, 2008, 47(5): 461-464.

[37] Wang D L, Tong Z F, Tang C, et al. An iterative curvelet thresholding algorithm for seismic random noise attenuation[J]. Applied Geophysics, 2010, 7(4): 315-324.

[38] Fomel S, Liu Y. Seislet transform and seislet frame[J]. Geophysics, 2010, 75(3): V25-V38.

[39] 刘洋, Fomel S, 刘财, 等. 高阶 Seislet 变换及其在随机噪声消除中的应用[J]. 地球物理学报, 2009, 52(8): 2142-2151.

[40] 俞寿朋, 蔡希玲, 苏永昌. 用地震信号多项式拟合提高叠加剖面信噪比[J]. 石油地球物理勘探, 1988, 23(2): 131-139.

[41] 田小平, 丁玉美. 利用多项式拟合模板法消除地震数据中的低频随机干扰[J]. 地球物理学报, 1996, (S1): 309-315.

[42] Lu W. Adaptive noise attenuation of seismic images based on singular value decomposition and texture direction detection[J]. Journal of Geophysics & Engineering, 2006, 3(3): 28-34.

[43] Bekara M, Mirko V D B. Local singular value decomposition for signal enhancement of seismic data[J]. Geophysics, 2007, 72(2): V59-V65.

[44] Tang B, Cheng Y. Non-minimum phase seismic wavelet reconstruction based on higher order statistics[J]. Chinese Journal of Geophysics, 2001, 44(3): 401-407.

[45] Lu W. Non-minimum-phase wavelet estimation using second- and third-order moments[J]. Geophysical Prospecting, 2005, 53(1): 149-158.

[46] 焦李成, 谭山. 图像的多尺度几何分析: 回顾和展望[J]. 电子学报, 2003, 31(S1): 1975-1981.

[47] 邹建成, 车冬娟. 信号稀疏表示方法研究进展综述[J]. 北方工业大学学报, 2013, 25(1): 1-4.

[48] Candès E J. Ridgelets: Theory and Applications[R]. Stanford: Stanford University, 1998.

[49] Candès E J, Donoho D L. Curvelets[R]. Stanford: Stanford University, 1999.

[50] Starck J L, Candès E J, Donoho D L. The curvelet transform for image denoising[J]. IEEE Transactions on Image Processing A Publication of the IEEE Signal Processing Society, 2002, 11(6): 670-684.

[51] Pennec E L, Mallat S. Image compression with geometrical wavelets[C]//International Conference on Image Processing, Proceedings IEEE, Abu Dhabi, 2000.

[52] Do M N, Vetterli M. Contourlets: A directional multiresolution image representation[C]//Proceedings of IEEE International Conference on Image Processing, Rochester, 2002.

[53] Demanet L, Ying L X. Wave atoms and sparsity of oscillatory patterns [J]. Applied and Computational Harmonic Analysis, 2007, 23(3): 368-387.

[54] Candès E J, Romberg J, Tao T. Robust uncertainty principles: Exact signal reconstruction from highly incomplete frequency information[J]. IEEE Transactions on Information Theory, 2006, 52(2): 489-509.

[55] Donoho D L. Compressed sensing[J]. IEEE Transactions on Information Theory, 2006, 52(4): 1289-1306.

[56] Herrmann F J, Hennenfent G. Non-parametric seismic data recovery with curvelet frames[J]. Geophysical Journal International, 2008, 173(1): 233-248.

[57] 孔丽云, 于四伟, 程琳, 等. 压缩感知技术在地震数据重建中的应用[J]. 地震学报, 2012, 34(5): 659-666.

[58] Shahidi R, Tang G, Ma J, et al. Application of randomized sampling schemes to curvelet-based sparsity-promoting seismic data recovery[J]. Geophysical Prospecting, 2013, 61(5): 973-997.

[59] 徐明华, 李瑞, 路交通, 等. 基于压缩感知理论的缺失地震数据重构方法[J]. 吉林大学学报, 2013, 43(1): 282-290.

[60] 白兰淑, 刘伊克, 卢回忆, 等. 基于压缩感知的 Curvelet 域联合迭代地震数据重建[J]. 地球物理学报, 2014, 57(9): 2937-2945.

[61] Olshausen B A, Field D J. Emergence of simple-cell receptive field properties by learning a sparse code for natural images[J]. Nature, 1996, 381(6583): 607-609.

[62] Engan K, Aase S O, Hakon H J. Method of optimal directions for frame design[C]//IEEE International Conference on Acoustics, Speech, and Signal Processing, Proceedings IEEE, Kobe, 1999.

[63] Aharon M, Elad M, Bruckstein A. The-SVD: An Algorithm for designing overcomplete dictionaries for Sparse representation[J]. IEEE Transactions on Signal Processing, 2006, 54(11): 4311-4322.

[64] Mairal J, Bach F, Ponce J, et al. Online learning for matrix factorization and sparse coding[J]. Journal of Machine Learning Research, 2010, 11(1): 19-60.

[65] 练秋生, 石保顺, 陈书贞. 字典学习模型、算法及其应用研究进展[J]. 自动化学报, 2015, 41(2): 240-260.

[66] Zelnik-Manor L, Rosenblum K, Eldar Y C. Dictionary Optimization for Block-Sparse Representations[J]. IEEE Transactions on Signal Processing, 2012, 60(5): 2386-2395.

[67] Lesage S, Gribonval R, Bimbot F, et al. Learning unions of orthonormal bases with thresholded singular value decomposition[C]//IEEE International Conference on Acoustics, Speech, and Signal Processing, 2005, 5: 293-296.

[68] Rubinstein R, Zibulevsky M, Elad M. Learning sparse dictionaries for sparse signal approximation[J]. IEEE Transactions on Signal Processing, 2010, 58(3): 1553-1564.

[69] Bengio S, Pereira F, Singer Y, et al. Group sparse coding[C]//International Conference on Neural Information Processing Systems, Curran Associates Inc., 2009: 82-89.

[70] 唐刚, 马坚伟, 杨慧珠. 基于学习型超完备字典的地震数据去噪(英文)[J]. Applied Geophysics, 2012, 9(1): 27-32.

[71] Dong W, Li X, Zhang L, et al. Sparsity-based image denoising via dictionary learning and structural clustering[C]// IEEE Conference on Computer Vision and Pattern Recognition, IEEE Computer Society, Massachusetts, 2011.

[72] Zhang J, Zhao D, Gao W. Group-based sparse representation for image restoration[J]. IEEE Transactions on Image Processing, 2014, 23(8): 3336-3351.

[73] Xu J, Zhang L, Zuo W, et al. Patch group based nonlocal self-similarity prior learning for image denoising[J]. IEEE International Conference on Computer Vision, 2015: 244-252.

[74] Wang B F, Zhang N, Lu W K, et al. Deep-learning-based seismic data interpolation: A preliminary result deep learning for interpolation[J]. Geophysics, 2018, 84(6): 1-73.

[75] Wang F, Chen S C. Residual learning of deep convolutional neural network for seismic random noise attenuation[J]. IEEE Geoscience and Remote Sensing, 2019, 16(8): 1314-1318.

[76] Gao J H, Mao J, Man W S, et al. On the denoising method of prestack seismic data in wavelet domain[J]. Chinese Journal of Geophysics, 2006, 49(4): 1155-1163.

[77] 王钰清, 陆文凯, 刘金林, 等. 基于数据增广和 CNN 的地震随机噪声压制[J]. 地球物理学报, 2019, 62(1): 421-433.

[78] Chang D, Yang W, Yong X, et al. Seismic data interpolation using dual-domain conditional generative adversarial networks[J]. IEEE Geoscience and Remote Sensing Letters, 2020, 99: 1-5.

[79] Oliveira D, Ferreira R S, Silva R, et al. Interpolating seismic data with conditional generative adversarial networks[J]. IEEE Geoscience and Remote Sensing Letters, 2018, 15(12): 1952-1956.

[80] 郑浩, 张兵. 基于卷积神经网络的智能化地震数据插值技术[J]. 地球物理学进展, 2020, 35(2): 721-727.

[81] Jia Y, Ma J. What can machine learning do for seismic data processing? An interpolation application[J]. Geophysics, 2017, 82(3): V163-V177.

[82] 宋辉, 高洋, 陈伟, 等. 基于卷积降噪自编码器的地震数据去噪[J]. 石油地球物理勘探, 2020, 55(6): 1160, 1161, 1210-1219.

[83] Zhu W, Mousavi S M, Beroza G C. Seismic signal denoising and decomposition using deep neural networks[J]. IEEE Transactions on Geoscience and Remote Sensing, 2019, 57(11): 9476-9488.

[84] 张范民, 李清河, 张元生, 等. 利用人工神经网络理论对地震信号及地震震相进行识别[J]. 西北地震学报, 1998, 20(4): 43-49.

[85] Zhang K, Zuo W, Chen Y, et al. Beyond a Gaussian denoiser: Residual learning of deep CNN for image denoising[J]. IEEE Transactions on Image Processing, 2017, 26(7): 3142-3155.

[86] Yu S, Ma J, Wang W. Deep learning for denoising[J]. Geophysics, 2019, 84: V333-V350.

[87] Wang F, Chen S. Residual learning of deep convolutional neural network for seismic random noise attenuation[J]. IEEE Geoscience and Remote Sensing, 2019, 16(8): 1314-1318.

[88] Zhao Y, Li Y, Dong X, et al. Low-frequency noise suppression method based on improved DnCNN in desert seismic data[J]. IEEE Geoscience and Remote Sensing, 2019, 16(5): 811-815.

[89] Dong X T, Li Y, Yang B J. Desert low-frequency noise suppression by using adaptive DnCNNs based on the determination of high-order statistic[J]. Geophysical Journal International, 2019, 219(2): 1281-1299.

[90] Yang L, Chen W, Liu W, et al. Random noise attenuation based on residual convolutional neural network in seismic datasets[J]. IEEE Access, 2020, 8: 30271-30286.

[91] Zhang M, Liu Y, Chen Y. Unsupervised seismic random noise attenuation based on deep convolutional neural network[J]. IEEE Access, 2019, 7: 179810-179822.

[92] Chen Y K, Zhang M, Bai M, et al. Improving the signal-to-noise ratio of seismological datasets by unsupervised machine learning[J]. Seismological Research Letters, 2019, 90(4): 1552-1564.

[93] Liu P J, Zhang H Z, et al. Multi-level wavelet-CNN for image restoration[C]//Proceedings of the IEEE/CVF Conference on Computer Vision and Pattern Recognition Workshops. Salt Lake City, 2018.

[94] Zhu W, Mousavi S M, Beroza G C, et al. Seismic signal denoising and decomposition using deep neural networks[J]. IEEE Transactions on Geoscience and Remote Sensing, 2019, 57(11): 9476-9488.

[95] Zhang M, Liu Y, Chen Y K. Unsupervised seismic random noise attenuation based on deep convolutional neural network[J]. IEEE Access, 2019, 7: 179810-179822.

[96] Chen Y K, Zhang M, Bai M, et al. Improving the signal-to-noise ratio of seismological datasets by unsupervised machine learning[J]. Seismological Research Letters, 2019, 90(4): 1552-1564.

[97] 罗仁泽, 李阳阳. 一种基于 RUnet 卷积神经网络的地震资料随机噪声压制方法[J]. 石油物探, 2020, 59(1): 51-59.

[98] Goodfellow I, Pouget-Abadie J, Mirza M, et al. Generative adversarial nets[C]//Advances in Neural Information Processing Systems, Mortreal, 2014.

[99] Radford A, Metz L, Chintala S. Unsupervised representation learning with deep convolutional generative adversarial networks[C]//International Conference on Learning Representations, San Juan, 2016.

[100] Yang L Q, Chen W, Liu W, et al. Random noise attenuation based on residual convolutional neural network in seismic datasets[J]. IEEE Access, 2020, 8: 30271-30286.

[101] 俞若水, 张勇, 周创. 基于深度卷积生成对抗网络的瑞利波信号随机噪声去除[J]. 地球物理学进展, 2020, 35(6): 2276-2283.

第 2 章　相关基本理论

在地震数据的重建与去噪处理过程中，通过观测数据求解真实地震资料，经常会出现高维小样本数据的情况，过少的训练样本会导致过拟合问题，降低模型的泛化能力，进而导致模型的解不唯一。

2.1　稀 疏 表 示

近年来发展的多尺度几何分析与字典学习稀疏表示可将地震数据大量的冗余变量去除，只保留与响应变量最相关的解释变量。当解满足稀疏性条件，稀疏约束模型的求解转为求解具有稀疏性的非线性不适定问题，在压缩感知及字典学习理论的影响下，稀疏约束模型求解理论得到了迅速完善。本章简要介绍本书涉及的关键理论知识，包括稀疏约束模型、压缩感知、多尺度几何分析稀疏表示与超完备字典学习稀疏表示的基本理论与思想等。

2.1.1　稀疏约束模型

在地震勘探资料处理过程，可以转化为利用数学手段求解不适定反问题的过程。通常求解不适定问题的稳定近似解的方法称之为正则化方法。解决这一问题首选方法是 Tikhonov 正则化方法(岭回归)[1]，但当解满足稀疏性条件时，正则化稀疏模型具有更好的求解效果。

1. Tikhonov 正则化

设求解不适定问题正则化算子的空间为 Hilbert 空间，假定F为$X \to Y$的紧的非线性算子，X、Y均为 Hilbert 空间，由此定义非线性算子方程：

$$F(x)=y \tag{2.1}$$

在实际问题中，由于多种原因(如噪声和误差测量等)无法得到非线性方程右端的准确数据y，只能获得y的带有一定误差扰动的近似值y^{δ}，满足：

$$\left\|y-y^{\delta}\right\|_2^2 \leqslant \delta \tag{2.2}$$

式中，δ代表已知误差水平的估计。

由于反问题大多是不适定的，对于上面定义的非线性不适定算子方程来说，在求解不适定问题的众多方法中，最具有代表性的是 Engl 等[2]证明了极小值 y_α^δ 是非线性算子方程式(2.1)真解的一个很好的逼近，并且在减弱非线性算子条件的情况下，进行解的收敛性分析。因此非线性算子方程(2.1)的解由式(2.3)的极小值 y_α^δ 逼近。

$$\Phi_\alpha = \left\| y^\delta - F(x) \right\|_2^2 + \alpha \left\| \overline{x} - x \right\|_2^2 \tag{2.3}$$

式中，$\alpha > 0$ 为正则化参数；y^δ 为扰动数据；$\overline{x}$ 为先验条件(起到选择标准的作用)。

Tikhonov 正则化求解不适定问题的基本思想是：在目标函数 $\left\| F(x) - y \right\|_2^2$ 上加上 L_2 范数罚，使得求新的目标函数的极小值问题适定。即该正则化的解一方面使得目标函数 $\left\| F(x) - y \right\|_2^2$ 较小(从而是 $F(x) = y$ 的近似解)；另一方面通过罚项 $\alpha \left\| \overline{x} - x \right\|_2^2$ 来保证解的稳定性(从而使正则化的解)。

在求解反问题的研究中，如果目标信号是稀疏的，或者可能某些不适定问题的解在某个恰当的条件下是稀疏的。对于此类问题，经典的 Tikhonov 正则化通常是不适用的，Tikhonov 正则化对回归系数向量会进行了一定程度的压缩，但并不能将其压缩为零，因此不能产生稀疏解[3]，而正则化稀疏模型更适合求解具有稀疏性解的非线性不适定问题。

2. 正则化稀疏模型

1996 年，Tibshirani[4]把岭回归估计的 L_2 范数罚正则化项替换为 L_1 范数罚正则化项得到了 LASSO(least absolute shrinkage and selection operator)。L_1 范数罚具有产生稀疏模型的能力，使用 L_1 范数罚作为正则化项的 LASSO 具有变量选择功能和变量空间降维功能。当 LASSO 这种正则化稀疏模型以及可对其有效求解的 LAR 算法(least angle regression)[5]被提出后，正则化稀疏模型才得到了广泛深入的研究，并在机器学习、数理统计和信号处理学等领域逐渐流行起来。

LASSO 正则化稀疏模型可以看作是选取罚项为加权的 L_1 范数，适用于解具有稀疏性(解为不连续函数或解含尖点的函数)的非线性不适定反问题的求解，该方法能够很好地反演出跳跃性较大的参数部分，并且可以通过少量的信号实现信号的准确或近似重构。因此，稀疏约束正则化在地震数据反演中得到了广泛的应用。

同样地，考虑非线性不适定算子方程式(2.1)，并且噪声数据 y^δ 满足式(2.2)。

其误差大小由 L_2 范数测量，$\|\delta\| = \left(\int_{\Omega} |\delta|^2 \mathrm{d}x \right)^{1/2}$，可以极小化偏差函数：

$$\varPhi(x) = \left\| F(x) - y^{\delta} \right\|_2^2 \tag{2.4}$$

通过观测值 y^{δ} 求解 x，上述问题仍存在不适定性，必然要通过正则化方法解决，考虑到 Tikhonov 正则化的求解特点，该方法并不适用，所以考虑正则化稀疏模型，即相应的稀疏约束泛函可以表示为

$$\varPhi(x) = \left\| F(x) - y^{\delta} \right\|_2^2 + \varPsi(x) \tag{2.5}$$

式中，$\varPsi(x) = \|x\|_1$ 为罚项，更准确地适当地引入正交基或框架理论，给定一组正交基 $(\varphi_r)_{r \in \varGamma}$，稀疏约束泛函可写为

$$\varPhi_{\omega,p}(x) = \Delta(x) + \sum_{r \in \varGamma} \omega_r \left| \langle x, \varphi_r \rangle \right|_1 = \left\| F(x) - y^{\delta} \right\|_2^2 + \sum_{r \in \varGamma} \omega_r \left| \langle x, \varphi_r \rangle \right|_1 \tag{2.6}$$

式中，r 为序列下标；$\varGamma$ 为序列集合；ω_r 为权重序列；φ_r 为正交基。

于是参数 x 的反演问题就转为求解序列 $\omega = (\omega_r)_{r \in \varGamma}$ 的问题。至关重要的是，如果序列 $\omega = (\omega_r)_{r \in \varGamma}$ 中大量的元素为零或接近于零，对减少计算量和对数据的要求都是非常有利的。

当采用稀疏性的方式刻画反问题的解，LASSO 通过 L_1 范数罚来度量表示系数的稀疏性。在 LASSO 的基础上，正则化稀疏模型又发展了组稀疏、贝叶斯模型、近似无偏模型等稀疏模型。值得注意的是，在应用正则化稀疏模型求解非线性不适定问题时，首要任务是先明确目标函数确实关于某个基存在稀疏性的先验，这样引入稀疏表示才是有意义的。当前稀疏表示可以采用正交变换、多尺度几何分析、超完备字典学习等方法。

2.1.2　多尺度几何分析稀疏表示

在应用正则化稀疏模型求解非线性不适定问题时，要事先明确待重构的目标函数确实关于某个基是稀疏先验的，因此要求稀疏表示所采用的基函数能够捕捉信号的特征，用较少的系数就可以表示信号的主要特征。当前可用来进行地震数据稀疏表示的方法有很多，比较有代表性的包括正交变换法(如傅里叶变换、小波变换等)、具有方向性的多尺度几何分析法，如 Surfacelet 变换、曲波变换等，以及超完备字典学习技术等。由于地震波在地下传播时其波前具有曲线状特征，傅里叶变换和小波变换都不能很好地对其进行稀疏表示。曲波变换是一种新的信号分析和图像处理方法，它由曲线状的基元构成，在保持传统小波多尺度性

的同时，还具有多方向性和各向异性，在系数项个数相同的情况下，曲波变换的误差最小，比小波与脊波变换相比曲波更适合表示地震波前特征，用于地震信号分析。

1. 曲波变换

在二维空间情况下，定义尺度 2^{-j}，方向 θ_l，位置 $x_k^{(j,l)} = R_{\theta_l}^{-1}(k_1 \cdot 2^{-j}, k_2{}^{-j/2})$ 的曲波变换为

$$\varphi_{j,l,k}(x) = \varphi_j\left[R_{\theta_l}(x - x_k^{(j,l)})\right] \tag{2.7}$$

式中，R_θ 表示以弧度为 θ 的旋转。曲波系数可以简单地表示为两个元素 $f \in L^2(R^2)$ 和 $\varphi_{j,l,k}$ 的内积，因为连续曲波变换在频率域进行，可以得到频率域的曲波变换为

$$c(j,l,k) = \left\langle f, \varphi_{j,l,k} \right\rangle = \int_{R^2} f(x)\overline{\varphi_{j,l,k}(x)}\,\mathrm{d}x \tag{2.8}$$

$$\begin{aligned} c(j,l,k) &= \frac{1}{(2\pi)^2}\int \hat{f}(x)\overline{\hat{\varphi}_{j,l,k}(\omega)}\,\mathrm{d}\omega \\ &= \frac{1}{(2\pi)^2}\int \hat{f}(\omega)U_j(R_{\theta_L}\omega)\mathrm{e}^{j\left[x_k^{(l,j)},\omega\right]}\mathrm{d}\omega \end{aligned} \tag{2.9}$$

因此二维曲波变换对沿着光滑曲线上有奇异值的数据具有高效的表达，可以较为有效稀疏表示地震数据的波形信息。

2. 波原子变换

波原子变换可以看成是二维小波包变换的变体，其振动周期和支撑长度服从类似抛物线形状的尺度的关系，对于具有振荡性的函数或具有丰富方向纹理特征的函数，对其采用波原子变换进行表示将比采用小波、Gabor 或曲波等变换进行表示具有更稀疏的扩展能力。

设波原子为 $\varphi_\mu(x)$，下标 $\mu = j, m_1, n_1, m_2, n_2$（其中 j 为尺度参数，且 j, m_1, n_1, m_2, n_2 都取整数值），相空间的任意一点（x_μ, w_μ）满足 $x_\mu = 2^{-j}n$，$w_\mu = 2^j m\pi$，且 $C_1 2^j \leqslant \max|m_i| \leqslant C_2 2^j$。其中 C_1、C_2 均为大于 0 的常数；x_μ 和 w_μ 分别表征波原子 $\varphi_\mu(x)$ 在空间域和频率域的中心。

对于任意 $f(x) \in L^2(R)$，在 2^{-j} 尺度上的空间域一维波原子系数可以表示为

$$C_{j,m,n} = \int \psi_m(x - 2^{-j}n)f(x)\mathrm{d}x \tag{2.10}$$

频率域一维波原子系数可以表示为

$$C_{j,m,n} = \frac{1}{2\pi}\int \exp(2^{-jnw})\psi_m(w)\mathrm{d}w \tag{2.11}$$

二维波原子变换与一维具有类似的特点，是具有多分辨性、局域性和方向性的函数分析方法，这也是波原子具有好的非线性逼近能力的根本原因。虽然曲线波也满足抛物比例关系，但曲波对纹理部分的表征不如波原子。其原因就在于曲波只捕获了沿振荡方向的信息，而对穿过该方向的信息描述不够，所以在对纹理图像以及纹理信息较丰富的信号做处理时，使用波原子变换是较好的选择。

2.1.3 超完备字典学习稀疏表示

在稀疏约束正则化理论中，信号在稀疏域越稀疏，重构就越准确。对于地震数据而言，其本身具有非常复杂的特征，对于调和分析理论中的正交基，如傅里叶基、小波基、多尺度几何分析等，无法根据数据本身的特点刻画出信号的全部特征，因此其对应的变换域显然并不是最佳的稀疏域，超完备字典学习方法能够根据数据本身的特点自适应得到稀疏基，近年来逐渐成为地震数据处理领域重要的稀疏表示方法。

当前，正则化稀疏模型在信号处理、图像处理、地震资料处理等领域等到广泛应用的另外一个原因是超完备字典学习稀疏表示技术的发展。超完备字典学习能根据地信号本身的特点，通过基于待处理数据的学习和训练，自适应地调整变换基函数以适合特定数据本身，可以更好地稀疏表示信号。超完备字典学习稀疏表示技术在字典学习过程中的优化求解问题通常可以转化为非线性不适定的反问题，通过稀疏约束正则化可以很好地逼近最终解。最具代表性的超完备字典学习稀疏表示技术的算法是 2006 年，Elad 提出基于 K-SVD 的超完备冗余字典学习方法[6]来对信号进行稀疏表示，原先的基函数被超完备的冗余函数系统所取代，被称为字典，字典中的各个元素称为原子。

1. 全局字典学习

全局字典学习方法是针对整体数据而言的，通过一系列训练数据，学习训练得到针对数据整体的一个字典，使得训练信号在该字典上总体表示误差最小，从而使训练得到的字典能够更好地适应所要解决的问题。这类字典学习方法有递归最小二乘(RLS)字典学习方法[7]、最大后验概率逼近(MAP)[8]、K-SVD 方法等。RLS 方法的应用领域相对比较少，MAP 方法主要用于框架压缩以及框架设计等方面。K-SVD 基于 SVD 分解与正交匹配追踪(OMP)，提出采用交替优化字典原子和编码系数的方法，在图像处理领域已被广泛应用于图像去噪、图像去模糊和图像超分辨等领域，并取得了较好的效果，下面简要介绍一下 K-SVD 字典学习算法。

K-SVD 字典学习算法可以看作是 K 均值算法的一种泛化，其本质是范数稀疏约束追踪和奇异值分解算法交替应用，使字典和稀疏系数同步更新，对于给定的一组训练样本，能够自适应地按照稀疏的约束条件训练出超完备字典。假设矩阵 $\boldsymbol{D}\in R^{n\times K}$ 表示训练得到的超完备字典，向量 $\boldsymbol{b}\in R^{n}$，$\boldsymbol{\alpha}\in R^{K}$ 分别表示训练样本及其对应的稀疏表示系数向量，矩阵 $\boldsymbol{B}=\{\boldsymbol{b}_i\}_{i=1}^{N}$ 为 N 个训练样本的集合，矩阵 $\boldsymbol{\Lambda}=\{\boldsymbol{\alpha}_i\}_{i=1}^{N}$ 为 N 个系数向量的集合，则字典学习过程可用优化问题表示为

$$\min_{\boldsymbol{D},\boldsymbol{\alpha}}\{\|\boldsymbol{B}-\boldsymbol{D}\boldsymbol{\alpha}\|_F^2\},\qquad \forall i,\ \|\boldsymbol{\alpha}_i\|_0^0\leqslant T_0 \tag{2.12}$$

式中，T_0 为稀疏表示系数中非零元素个数的最大值。

K-SVD 字典学习技术的具体步骤为：

(1) 字典初始化。初始字典的选择可以在下面两种方式：一种是给定一个字典[如离散余弦(DCT)超完备字典]进行初始化；另一种是根据联合数据样本进行初始化。

(2) 稀疏编码。根据已知字典 $\boldsymbol{D}$，利用任意一种追踪算法，如基追踪(BP)、匹配追踪(MP)、正交匹配追踪(OMP)等，求解每一个样本 y_i 的稀疏系数向量 $\boldsymbol{\alpha}_i$，即

$$\min_{\boldsymbol{\alpha}_i}\{\|\boldsymbol{b}_i-\boldsymbol{D}\boldsymbol{\alpha}_i\|_2^2\},\qquad \|\boldsymbol{\alpha}_i\|_0^0\leqslant T_0,\ \ i=1,2,\cdots,N \tag{2.13}$$

(3) 字典更新。固定向量 $\boldsymbol{\alpha}_i$ 后更新字典 $\boldsymbol{D}$，设向量 $\boldsymbol{d}_k$ 为要更新的字典 $\boldsymbol{D}$ 的第 k 列原子，此时样本集的分解形式可表示为

$$\|\boldsymbol{B}-\boldsymbol{D}\boldsymbol{\alpha}\|_F^2=\left\|\left(\boldsymbol{B}-\sum_{j\neq k}\boldsymbol{d}_j\boldsymbol{\alpha}_{\mathrm{T}}^j\right)-\boldsymbol{d}_k\boldsymbol{\alpha}_{\mathrm{T}}^k\right\|_F^2=\|\boldsymbol{E}_k-\boldsymbol{d}_k\boldsymbol{\alpha}_{\mathrm{T}}^k\|_F^2 \tag{2.14}$$

式中，$\boldsymbol{\alpha}_{\mathrm{T}}^k$ 为 $\boldsymbol{d}_k$ 对应的稀疏系数集 $\boldsymbol{\alpha}$ 中的第 k 行向量；$\boldsymbol{E}_k$ 代表抽取字典原子 $\boldsymbol{d}_k$ 后的误差矩阵。

定义集合 $\omega_k=\{i\,|\,1\leqslant i\leqslant K,\boldsymbol{\alpha}_{\mathrm{T}}^k(i)\neq 0\}$ 为 $\boldsymbol{\alpha}_{\mathrm{T}}^k(i)\neq 0$ 点的索引集也就是样本集 $\{\boldsymbol{b}_i\}$ 分解中用到原子 $\boldsymbol{d}_k$ 时的所有 $\boldsymbol{b}_i$ 的索引所构成的集合；$\boldsymbol{\Omega}_k$ 为 $N\times|\omega_k|$ 阶矩阵，其在 $[\omega_k(i),i]$ 位置上的元素全部为 1，其他位置上的元素都为 0。设矩阵 $\boldsymbol{E}_k^R=\boldsymbol{E}_k\boldsymbol{\Omega}_k$ 和向量 $\boldsymbol{\alpha}_R^k=\boldsymbol{\alpha}_{\mathrm{T}}^k\boldsymbol{\Omega}_k$ 分别为 $\boldsymbol{E}_k$、$\boldsymbol{\alpha}_{\mathrm{T}}^k$ 去掉零输入后的收缩效果。通过选取仅与集合 ω_k 对应的列约束矩阵 $\boldsymbol{E}_k$ 以得到矩阵 $\boldsymbol{E}_k^R$，对 $\boldsymbol{E}_k^R$ 进行奇异值分解(SVD)，SVD 分解相关内容将在本节下文中简要介绍，使 $\boldsymbol{E}_k^R=\boldsymbol{U}\boldsymbol{\Delta}\boldsymbol{V}^{\mathrm{T}}$。式中，$\boldsymbol{U}$ 和 $\boldsymbol{V}$ 代表两个相互正交的矩阵；$\boldsymbol{\Delta}$ 代表一对角矩阵，并且满足：

$$\boldsymbol{\Delta}=\begin{bmatrix}\boldsymbol{\Sigma} & \boldsymbol{0}\\ \boldsymbol{0} & \boldsymbol{0}\end{bmatrix} \tag{2.15}$$

式中，$\boldsymbol{\Sigma}=\mathrm{diag}(\sigma_1,\sigma_2,\cdots,\sigma_r)$，$\sigma_i\left(i=1,2,\cdots,r\right)$ 为矩阵 $\boldsymbol{E}_k^R$ 的全部非零奇异值，r 为矩阵的秩。对角阵 $\boldsymbol{\Delta}$ 的最大奇异值表示为 $\boldsymbol{\Delta}(1,1)$。用矩阵 $\boldsymbol{U}$ 的第一列替代字典中的原子向量 $\boldsymbol{d}_k$，利用矩阵 $\boldsymbol{V}$ 的第一列与 $\boldsymbol{\Delta}(1,1)$ 的乘积更新系数向量 $\boldsymbol{\alpha}_R^k$，此时字典 $\boldsymbol{D}$ 中的 $\boldsymbol{d}_k$ 列原子更新完毕。按照该方式将 $\boldsymbol{D}$ 逐列进行更新，以产生新的字典。

2. *局部字典学习*

考虑到部分数据(图像)的不同局部内容变化较剧烈，仅仅一个通用的字典不足以对数据(图像)的每一部分局部内容都能最优的稀疏表示，因此为提高对整体数据中不同局部结构的适应性，图像处理领域提出了自适应局部字典学习的方法。

局部字典学习模型可以简要描述如下：首先将整个数据(图像)分块，把数据块划分为若干结构相似的集合 x_S，每一个集合 x_{S_k} 在局部字典 $\boldsymbol{D}_{G_k}$ 下的稀疏编码(sparse coding)过程是找到一个稀疏向量 $\boldsymbol{\alpha}_{S_k}$，使得 $x_{S_k}\approx\boldsymbol{D}_{S_k}\boldsymbol{\alpha}_{S_k}$。因此整个数据(图像) x 在不同的划分集合域上能够被一组稀疏码字(sparse code) $\{\boldsymbol{\alpha}_{G_k}\}$ 稀疏表示。从而利用稀疏码字 $\{\boldsymbol{\alpha}_{S_k}\}$ 重构整幅图 x 可以写成如下形式：

$$x\approx\boldsymbol{D}_S\circ\boldsymbol{\alpha}_S=\left(\sum_{k=1}^{n}\boldsymbol{R}_{S_k}^{\mathrm{T}}\boldsymbol{R}_{S_k}\right)^{-1}\sum_{k=1}^{n}(\boldsymbol{R}_{S_k}^{\mathrm{T}}\boldsymbol{D}_{S_k}\boldsymbol{\alpha}_{S_k}) \tag{2.16}$$

式中，$\boldsymbol{D}_S$ 为所有 $\boldsymbol{D}_{S_k}$ 的合并，而 $\boldsymbol{\alpha}_S$ 为所有 $\boldsymbol{\alpha}_{S_k}$ 的合并。

于是，对于数据恢复问题，稀疏约束正则化的框架下目标函数可表示如下：

$$\hat{\boldsymbol{\alpha}}_G=\mathrm{argmin}_{\boldsymbol{\alpha}_S}\frac{1}{2}\left\|\boldsymbol{D}_S\circ\boldsymbol{\alpha}_S-y\right\|_2^2+\lambda\cdot\left\|\boldsymbol{\alpha}_S\right\|_1^1 \tag{2.17}$$

获得以后 $\hat{\boldsymbol{\alpha}}_G$，重构图像可以表示为 $\hat{x}=\boldsymbol{D}_G\circ\hat{\boldsymbol{\alpha}}_G$。$L_1$ 范数用来刻画在结构组域上 $\boldsymbol{\alpha}_G$ 的稀疏性。

2.2 压缩感知

压缩感知是 2006 年以来兴起的一个新的信号采样和重建理论，它利用信号的稀疏特性，可以把高维空间的信号通过测量矩阵投影到一个低维的空间中，通过非线性重构来重建信号，成为地震信号处理领域当前研究的热点。压缩感知研究的主要内容包括三个方面，分别是信号的观测、稀疏表示，以及最优化重建，而信号的最优化重建的求解过程通常采用稀疏约束正则化实现[9]，因此压缩感知理论的发展也促进了稀疏约束正则化求解算法的发展。接下来简要介绍压缩感知相关理论。

压缩感知技术指出信号在某个变换域上 $\boldsymbol{\Psi}$ 是稀疏或可压缩的，就可以用一个与稀疏表示基不相关的测量矩阵 $\boldsymbol{\Phi}$ 对信号进行降维观测，如图 2.1 所示，通过式(2.18)

$$\boldsymbol{A}\boldsymbol{x} = \boldsymbol{y} \tag{2.18}$$

求解未知模型 $\boldsymbol{x}$ 的过程，转化为

$$\boldsymbol{y} = \boldsymbol{\Phi}\boldsymbol{x} = \boldsymbol{\Phi}\boldsymbol{\Psi}^{\mathrm{T}}\boldsymbol{\alpha} = \boldsymbol{A}^{\mathrm{cs}}\boldsymbol{\alpha} \tag{2.19}$$

式中，$\boldsymbol{\alpha}$ 为 $\boldsymbol{x}$ 在 $\boldsymbol{\Psi}$ 域下的变换系数，如图 2.2 所示。

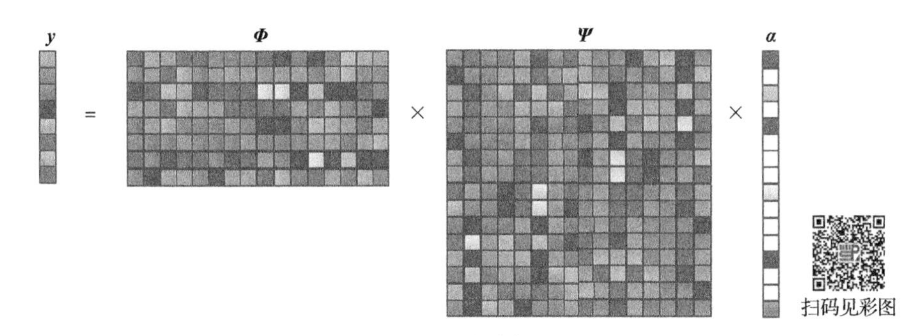

图 2.1　压缩感知原理

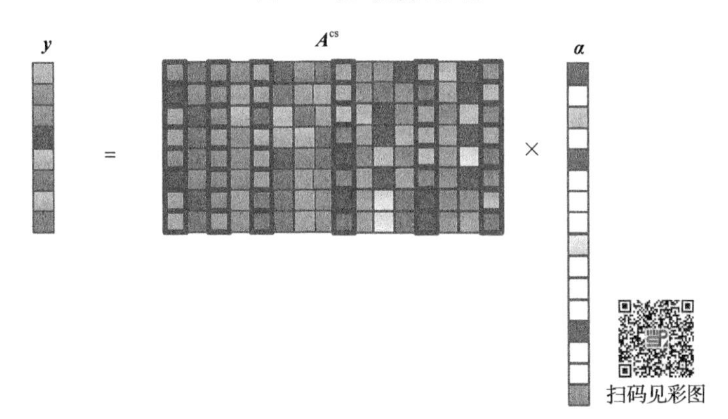

图 2.2　稀疏采样过程

设 $\boldsymbol{\alpha}$ 中 k 个元素非零，即稀疏度为 k，因此，在一定条件下当测度数只要超 $k+1$ 个自由度，就可以通过一些非线性的方法进行恢复。当任意选取感知矩阵 $\boldsymbol{A}^{\mathrm{cs}}$ 的 $k+1$ 列均线性无关时(即感知矩阵能够区分任意两个不同的均为 k 稀疏的信号)，在满足 $\boldsymbol{A}^{\mathrm{cs}}\boldsymbol{\alpha} = \boldsymbol{y}$ 的所有情况中找到的具有最稀疏特性的信号即为所求，即求

解如下的最优化问题：

$$\begin{aligned} &\min \|\boldsymbol{\alpha}\|_0 \\ &\text{s.t.} \quad \boldsymbol{A}^{\text{cs}}\boldsymbol{\alpha} = \boldsymbol{y} \end{aligned} \tag{2.20}$$

式中，$\|\boldsymbol{\alpha}\|_0$ 为 $\boldsymbol{\alpha}$ 的 0 范数，即其中非零元素的个数，给定一些其他约束条件以后，信号也可以通过求解式(2.21)的最优化问题来实现：

$$\begin{aligned} &\min \|\boldsymbol{\alpha}\|_p \\ &\text{s.t.} \quad \boldsymbol{A}^{\text{cs}}\boldsymbol{\alpha} = \boldsymbol{y} \end{aligned} \tag{2.21}$$

当 $0 \leqslant p \leqslant 1$，式(2.21)的目的可以理解为在直线 L（满足 $\{\boldsymbol{y} = \boldsymbol{A}^{\text{cs}}\boldsymbol{\alpha}\}$）上，寻找一点使得 l_p 球的半径最小，图 2.3 给出了最优化方法[式(2.21)]总会存在一个稀疏解的直观理解。图 2.3(a)中 $0 < p < 1$，l_p 球是内凸的，当球的半径逐渐增加时与直线的交点[式(2.21)的解]将位于坐标轴上，而这样的一个交点是稀疏的。图 2.3(b)

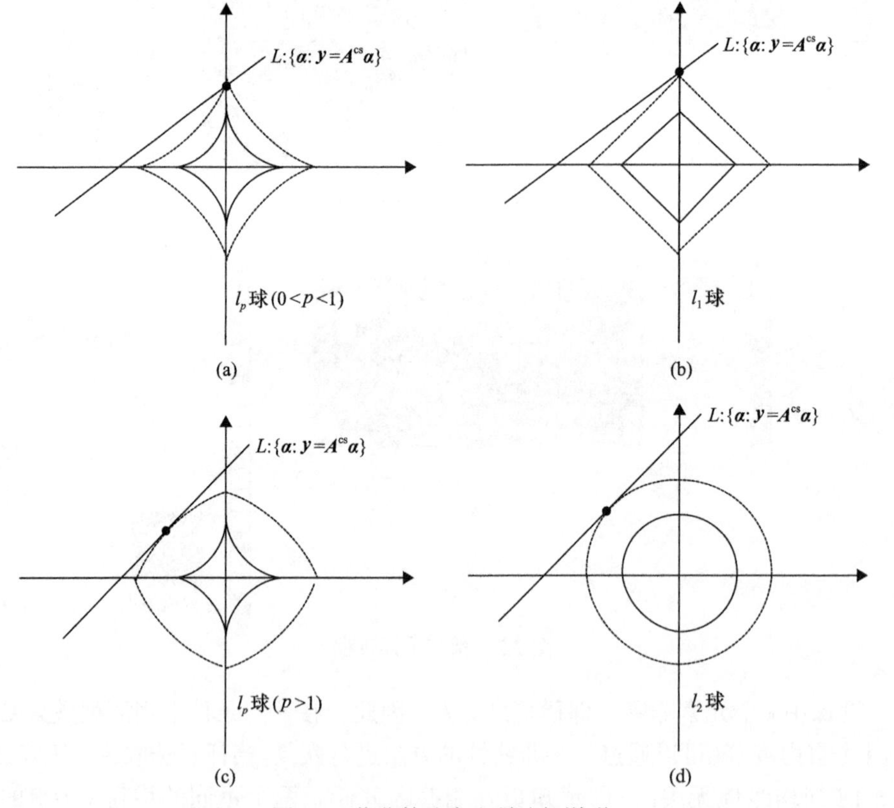

图 2.3　优化算法产生稀疏解说明

中 $p=1$，l_1 球是菱形的，在一定条件下同样会导致一个稀疏解。图 2.3(c) 中 $p>1$，l_p 球是外凸的，当逐渐膨胀时与直线 L 的切点位于坐标轴外，此时解不是稀疏的。特殊地，当 $p=2$ 时，l_2 球是圆形的，同样解不是稀疏的，如图 2.3(d) 所示。

在一定条件下，L_1 范数与 L_0 范数具有等价性，压缩感知从观测信号到原始信号的恢复，通常采用求解 L_1 范数最优化问题获得最优解。常见的方法包括：基追踪算法、匹配追踪和正交匹配追踪为代表的贪婪算法、迭代阈值收缩算法(iterative shrinkage threshholding algorithm)等。

2.3　深 度 学 习

随着人工智能、机器学习等智能化技术的发展，深度学习技术引起了广泛关注。深度学习是机器学习算法与多层神经网络的结合，旨在利用多层神经网络的特征学习能力，获取分层次的特征信息，从而完成数据的分类或回归任务。深度学习包含卷积神经网络(convolutional neural networks，CNN)[10]、受限玻尔兹曼机(restricted Boltzmann machine，RBM)[11]、深度置信网络(deep belief networks，DBN)[12]等多个重要算法，本书研究的重点在于卷积神经网络，因此下面重点介绍卷积神经网络的原理和传播算法。

2.3.1　卷积神经网络原理

卷积神经网络是一种深结构的前馈人工神经网络。人工神经网络的核心是人工神经元，每个神经元的输入是上一层神经元的输出，这些输入乘以对应的权重并求和，将总和在与偏置项求和后传递给下一层神经元，以此类推得到神经网络的最后输出。这里偏置项的存在是为了更好地拟合数据。另外，为增加神经网络的非线性表达能力，一些人工神经元可能在传递给下一层神经元之前对该层的输出进行非线性激活。

由上述可知，假设一个神经元有 n 个输入，则一般人工神经网络中线性神经元的表达式为

$$O=f\left(\sum_{i=1}^{n}W_iI_i+b\right) \tag{2.22}$$

式中，I_i 为神经元的输入；W_i 为与输入对应的权重参数；b 为偏置项；f 为激活函数；O 为该层的输出。

人工神经网络处理二维数据的方法是将其转化为一维向量作为网络的输入，不难发现，在转化的过程中将会损失大量的结构信息。卷积神经网络的出现在一定程度上解决了这个问题，在卷积神经网络中，卷积核替代了人工神经网络中的

线性神经元，增加了网络对多维数据的适应性。

卷积神经网络是一种带有卷积(convolution)结构的深度神经网络，通常由输入层、隐藏层和输出层三部分组成。典型的卷积神经网络模型如图 2.4 所示。其中隐藏层可以由交替相连的卷积层、池化层和全连接层组成。

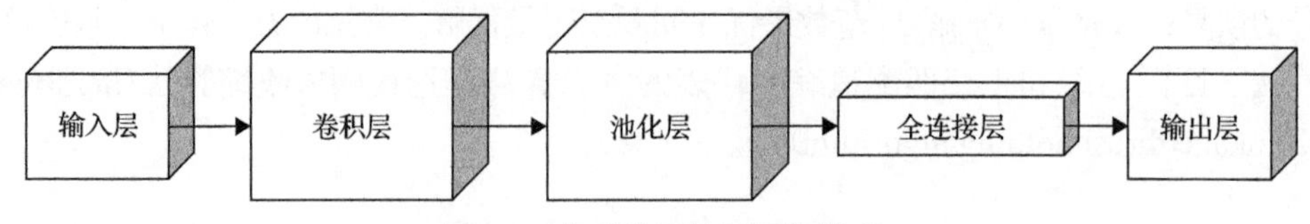

图 2.4　典型卷积神经网络模型

卷积层的核心是卷积操作，通过卷积核与图像卷积运算提取特征。传统二维卷积的计算方式为先旋转，然后对应位置相乘并求和，数学定义为

$$\boldsymbol{s}(i,j)=\sum_{p}\sum_{q}\boldsymbol{z}(i-p,j-q)\boldsymbol{\omega}(p,q) \tag{2.23}$$

卷积神经网络中的二维卷积运算与传统二维卷积的算法原理相同，区别在于不需要旋转，直接对相应位置相乘并求和，即

$$\boldsymbol{s}(i,j)=\sum_{p}\sum_{q}\boldsymbol{z}(i+p,j+q)\boldsymbol{\omega}(p,q) \tag{2.24}$$

式(2.23)和式(2.24)中，$\boldsymbol{z}$ 为卷积层的输入数据矩阵；$\boldsymbol{\omega}$ 为卷积核矩阵；p 、q 分别为卷积核的高度与宽度。卷积核在输入矩阵上由左向右，由上到下地滑动计算，卷积示意图如图 2.5 所示。

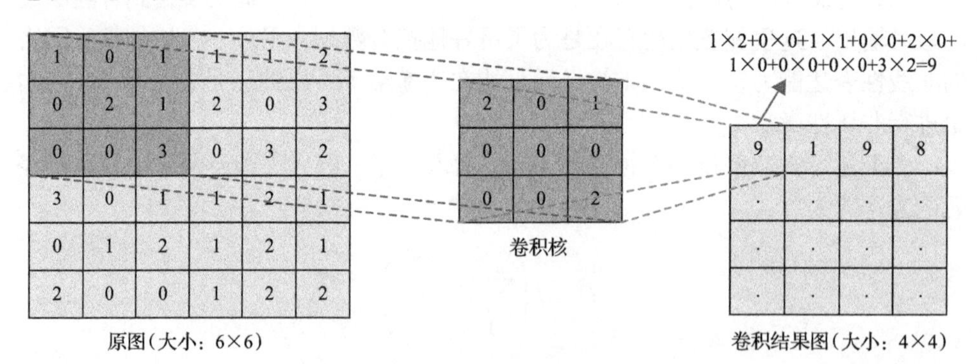

图 2.5　卷积示意图

如图 2.5，利用 3×3 的卷积核对一幅 6×6 的图像进行卷积，得到 4×4 的特征图，输出图片比输入图片尺寸小，这是由于卷积计算的特点。逐层的卷积使特征图越来越小，细节特征表示能力也越来越弱。在地震数据的处理中，考虑到噪

声压制前后地震数据尺寸的一致性，需要对原始数据的边界进行扩充，确保每层输出的特征图尺寸相同，这个操作叫填充(padding)。

为提高神经网络模型表达能力，拟合出任意非线性函数，卷积层经常搭配激活函数使用。如果没有激活函数，无论卷积神经网络有多少层，输出永远是输入数据的线性变换，大大降低了神经网络拟合函数的能力。目前常见的激活函数有 Sigmoid 函数、双曲线正切 tanh 函数、线性修正单元 ReLU 函数等。

Sigmoid 函数通常被用在分类任务中，该函数将$(-\infty,+\infty)$的数映射到$(0,1)$，当输入很大的负数时，输出接近 0；当输入很大的正数时，输出接近 1。Sigmoid 函数的公式为

$$f(z)=\frac{1}{1+\mathrm{e}^{-z}} \tag{2.25}$$

其导函数为

$$\frac{\mathrm{d}}{\mathrm{d}z}f(z)=\frac{1}{1+\mathrm{e}^{-z}}\left(1-\frac{1}{1+\mathrm{e}^{-z}}\right)=f(z)[1-f(z)] \tag{2.26}$$

Sigmoid 函数及其导函数如图 2.6 所示，由导数的图形可以看到，当输入的 z 值过大或过小时，Sigmoid 函数的导数接近 0，致使权重 w 的梯度接近 0，进而导致梯度消失。神经网络模型无法从训练数据中获得更新，损失几乎保持不变。

双曲正切 tanh 函数是 Sigmoid 函数的一种变体，该函数是将取值为$(-\infty,+\infty)$的数映射到$(-1,1)$，当输入是很大的负数时，输出接近 -1；当输入很大的正数时，输出接近 1。tanh 函数的公式为

$$f(z)=\frac{\mathrm{e}^{z}-\mathrm{e}^{-z}}{\mathrm{e}^{z}+\mathrm{e}^{-z}} \tag{2.27}$$

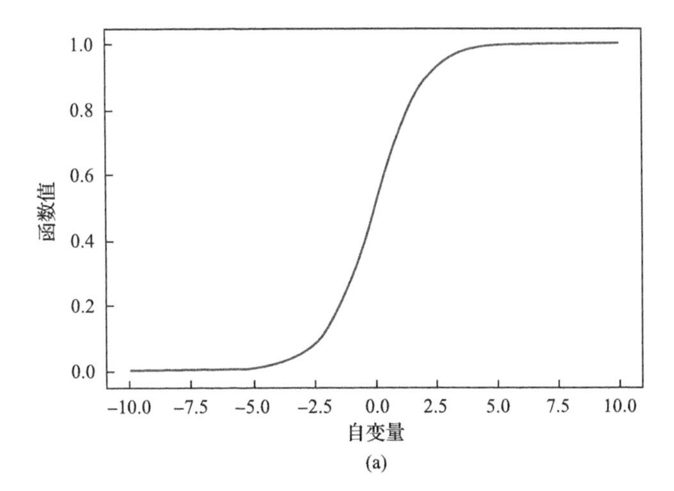

(a)

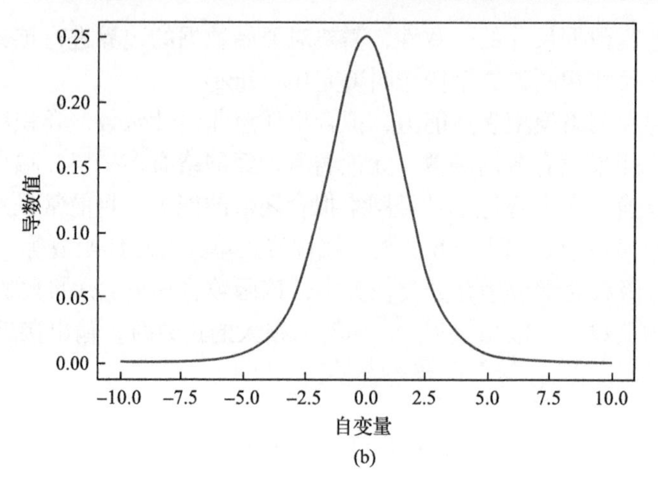

(b)

图 2.6 Sigmoid 函数(a)及其导函数(b)图像

其导函数为

$$\frac{\mathrm{d}}{\mathrm{d}z}f(z)=1-(\tanh z)^2=1-f(z)^2 \tag{2.28}$$

tanh 函数及其导函数如图 2.7 所示，相较于 Sigmoid 函数，tanh 函数是零均值的，更加有利于提高训练效率，但当输入的 z 值非常大或者非常小时，tanh 函数和 Sigmoid 函数一样存在着梯度消失的问题。

ReLU 函数是应用范围最广的一种激活函数，计算简单，有加速复杂模型训练的作用。该函数是将取值为 $(-\infty,0)$ 的数变为 0，取值为 $[0,+\infty)$ 的数保持不变。ReLU 函数的公式为

$$f(z)=\begin{cases} z, & z \geqslant 0 \\ 0, & z < 0 \end{cases} \tag{2.29}$$

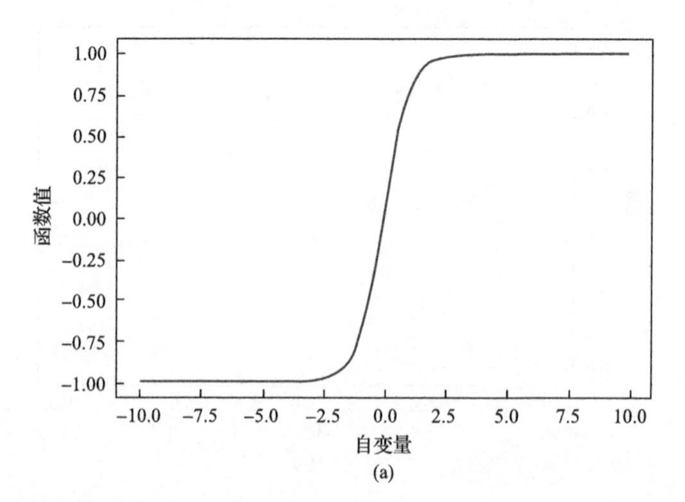

(a)

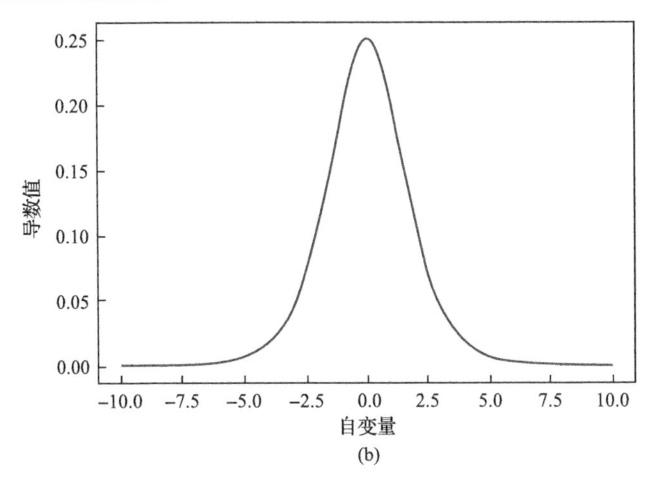

(b)

图 2.7　tanh 函数(a)及其导函数(b)图像

其导函数为

$$f(z)=\begin{cases}1, & z>0\\ 0, & z<0\\ \text{未定义}, & z=0\end{cases} \tag{2.30}$$

ReLU 函数及其导函数如图 2.8 所示，相较于 Sigmoid 函数和 tanh 函数，ReLU 函数的导数更加好求，大大提高计算速度。当 ReLU 激活函数的输入大于 0 时，导数恒等于 1，可以解决梯度消失的问题。另外，由于小于 0 部分为 0，大于 0 部分才有值，使网络具有稀疏性，这种稀疏性不仅能减少参数之间相互依存的关系，还可以减少网络模型过拟合的风险。针对地震数据特征的稀疏性以及模型的广泛适用性，本章将采用 ReLU 函数作为网络的激活函数。

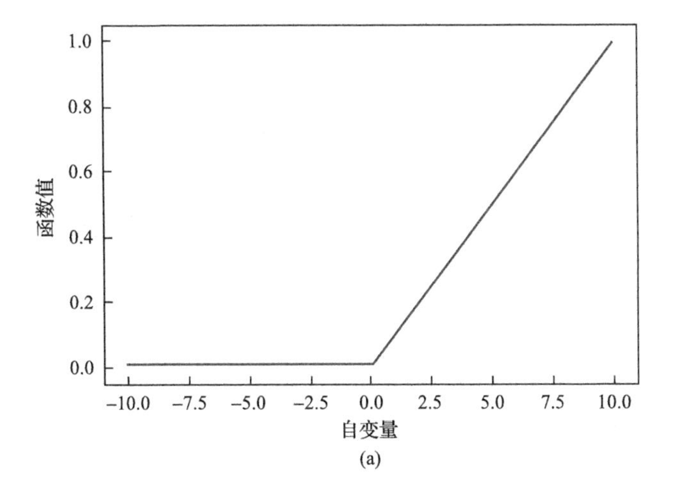

(a)

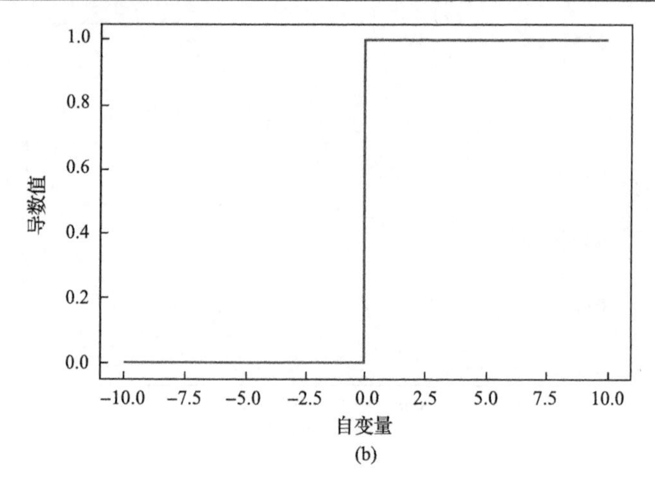

图 2.8　ReLU 函数(a)及其导函数(b)图像

池化层主要进行池化操作，本质上是一种尽量保留原图像特征的降采样操作。同卷积层类似，池化层在池化窗口内对输入图像做运算，与卷积层和输入图像在卷积窗口内做内积运算不同的是，池化层直接计算池化窗口内元素的最大值或者平均值，即池化包括平均池化和最大池化。本章研究主要针对地震数据，若网络模型中采用池化层，将会丢失大量原始信息，不利于地震数据的噪声压制，因此本章对网络模型的分析中不包含池化层。

全连接层相当于卷积神经网络中的“分类器”，输入数据映射到隐藏层后，通过全连接层将学习到的特征图像映射到样本的标记空间，全连接层可以看成是通过卷积操作得到，对于输入层是全连接的全连接层，通过 1×1 的卷积核与输入层做卷积得到；对于输入层是卷积层的全连接层，通过与输入卷积层宽高大小一样的卷积核做卷积得到。由于本章研究的内容是地震数据的噪声压制问题，而非分类问题，因此所讨论的网络模型中不包含全连接层。

2.3.2　卷积神经网络传播算法

卷积神经网络的传播算法由两部分构成，分别是前向传播和反向传播。输入图像经过卷积层、池化层、激活函数和全连接层后得到目标值，这就是卷积神经网络的前向传播过程，由于卷积神经网络是通过学习数据特征来实现参数更新的，而实现参数自动更新依赖于另一个重要的过程——反向传播。

卷积神经网络中每一层的输入都是上一层的输出。原始数据传入输入层，计算后传入隐藏层。最后一个隐藏层的输出传入到输出层得到最后的结果，该结果与训练数据中标签相对应，这个过程就是卷积神经网络的前向传播过程。前向传播算法原理公式如下：

$$\overline{O}=f\left(\sum_{i=1}^{n}W_iI_i+b\right) \tag{2.31}$$

式中，I_i 为输入值，经过逐层计算，完成输入到输出的前向传播过程，得到预测值 $\overline{O}$；W_i 为每层的权重值；b 为偏置项。我们的目标就是让 $\overline{O}$ 无限接近于标签值 O。

在阐述反向传播之前，首先需要介绍几个重要的概念：损失函数、链式法则和梯度下降。

(1)损失函数是评估预测值与真实值差异的函数，通常使用 $L(O,f(I))$ 表示，损失函数越小说明模型对真实情况拟合越好。神经网络训练的过程就是反向传播更新参数让损失函数降低，常用的损失函数有 MSE 损失函数、L_1 损失函数和 L_2 损失函数等。

MSE 是一类常用的回归损失函数，它计算预测值和真实值差值的平方，然后求平均数；L_2 损失与 MSE 损失相似，只是少了最后求平均值的过程；L_1 损失计算预测值和真实值的绝对值误差，然后求平均数。MSE、L_2 损失的收敛速度更快，而 L_1 损失更不易受到离群点影响。假设一批样本中有 n 个数据，则 MSE、L_2、L_1 损失函数的公式分别如下：

$$\mathrm{MSE}=\frac{1}{n}\sum_{i=1}^{n}(\mathrm{observed}_i-\mathrm{predicted}_i)^2 \tag{2.32}$$

$$L_2=\sum_{i=1}^{n}(\mathrm{observed}_i-\mathrm{predicted}_i)^2 \tag{2.33}$$

$$L_1=\frac{1}{n}\sum_{i=1}^{n}|\,\mathrm{observed}_i-\mathrm{predicted}_i\,| \tag{2.34}$$

式(2.32)～式(2.34)中，$\mathrm{observed}_i$ 和 $\mathrm{predicted}_i$ 分别为第 i 个数据的目标值和估计值($i=1,2,\cdots,n$)。

(2)链式法则是微积分中的求导法则，用来求复合函数的导数，定义如下：

如果函数 $u=\varphi(t)$ 及 $v=\psi(t)$ 都在 t 点可导，函数 $z=f(u,v)$ 在对应点 (u,v) 具有连续偏导数，那么复合函数 $z=f[\varphi(t),\psi(t)]$ 在点可导，则有

$$\frac{\mathrm{d}z}{\mathrm{d}t}=\frac{\partial z}{\partial u}\frac{\mathrm{d}u}{\mathrm{d}t}+\frac{\partial z}{\partial v}\frac{\mathrm{d}v}{\mathrm{d}t} \tag{2.35}$$

一个 3 层的神经网络如图 2.9 所示，以神经元 o_1 为例，局部放大展示如图 2.10 所示。神经网络的损失函数为 $J(w)$，w 表示所有权重参数，根据链式法则，损失

函数对 w_5 的偏导数可以表示为

$$\frac{\partial J(w)}{\partial w_5}=\frac{\partial J(w)}{\partial a_{o_1}}\times\frac{\partial a_{o_1}}{\partial z_{o_1}}\times\frac{\partial z_{o_1}}{\partial w_5} \tag{2.36}$$

(3)梯度下降是一种优化算法，参数在梯度的负值所定义的最陡下降方向上反复调整来最小化损失函数。在深度学习中梯度下降是更新模型参数最常用的优化算法，梯度下降的公式为

$$w_i=\hat{w}_i-\eta\frac{\partial J(w)}{\partial w_i} \tag{2.37}$$

式中，w_i 为更新后的权值；$\hat{w}_i$ 为更新前的权值；η 为学习率。

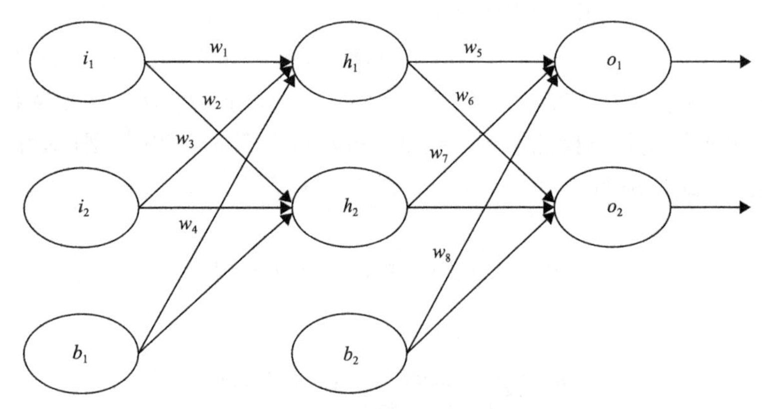

图 2.9　3 层神经网络结构

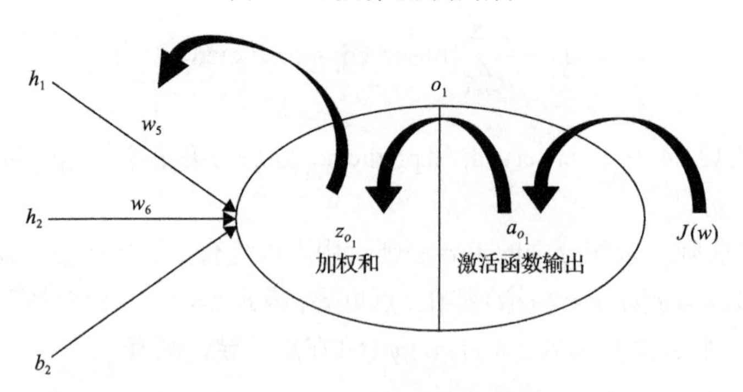

图 2.10　o_1 神经元的局部展示

神经网络前向传播的输出结果与实际标签有误差，需要根据该误差来调整网络参数，根据误差来实现参数更新的过程即为卷积神经网络的反向传播。反向传播算法将损失函数计算的误差从输出层向隐藏层反向传播，直至传播到输入层，

在此过程中，依赖链式法则和梯度下降算法，以图 2.10 为例，若更新参数 w_5，需要先对 w_5 求偏导，如式(2.36)所示，然后采用式(2.37)对 w_5 进行更新，其他参数的更新也是相似的思路。在反向传播的过程中，根据误差调整各种参数的值，不断迭代上述过程直至收敛，得到最终的训练模型。

2.3.3　基于深度学习的地震数据处理

深度学习中的特征提取部分主要由多层卷积神经网络与全连接网络两部分构成，如图 2.11 所示，卷积神经网络是基于感受野的概念对传统神经网络的改进，降低了模型复杂度，是深度学习中一种有效的特征提取方法。

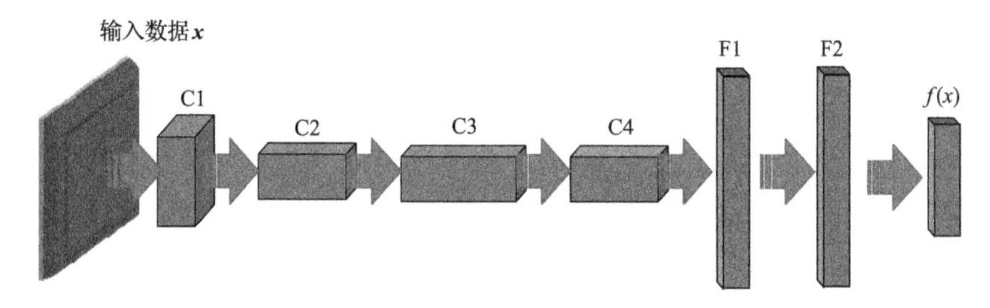

图 2.11　深度神经网络结构

C1～C4 分别表示卷积层 1～卷积层 4；F1 和 F2 分别表示全连接层 1 和全连接层 2

卷积神经网络一般由卷积层、池化层组成。卷积层中卷积操作是核心，这里的卷积计算不是数学意义上的卷积，它只是一种互相关运算，具体可以表示为卷积核参数与输入样本数据(被卷积区域内的)元素对应相乘并累加，从而实现特征提取，随着层数的加深提取的特征会逐渐抽象化，其计算公式为

$$h_{w,b}(\boldsymbol{x}) = f(w * \boldsymbol{x} + b) \tag{2.38}$$

式中，$\boldsymbol{x}$ 为输入的样本数据；w 为卷积神经网络参数；b 为偏置项；*为卷积操作；f 为激活函数。

激活函数的作用为加入非线性因素，提高神经网络对模型的表达能力。池化层是一种下采样处理，一般包括最大池化和平均池化两种，最大池化是在池化区域内保留最大值，平均池化是计算池化区域的平均值并保留。池化层减小了网络模型参数数量，加快了计算速度并降低了网络过拟合风险。

深度学习中全连接层一般用来将提取的特征重新排列分类、回归，但目前部分深度学习网络模型如全卷积网络(fully convolutional network, FCN)采用卷积操作代替全连接层。

随着深度学习理论的发展与成熟，学者们在不同领域逐渐开展相关研究。目前的实际应用主要集中在解决数据的分类与回归两类问题，本书聚焦于地震资料的重建与去噪处理的回归问题，如图 2.12 所示。

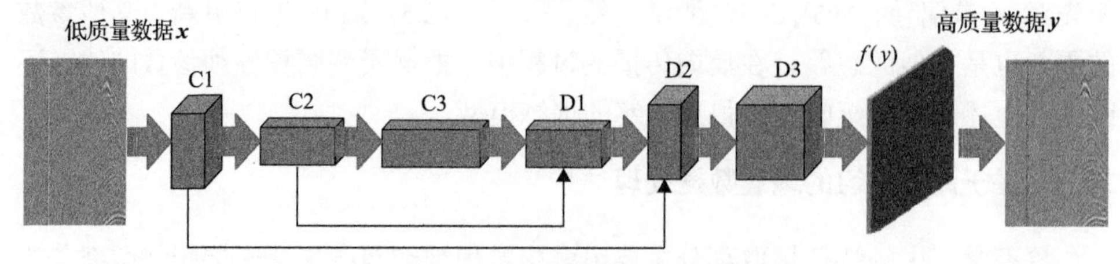

图 2.12　地震数据处理深度神经网络

下面主要讨论深度学习在地震数据处理回归问题的一般性方法：

1. 训练数据集

样本集 D 由输入网络的包含噪声与缺失道的低质量地震数据 $\boldsymbol{x}$ 和作为标签的高质量地震数据 $\boldsymbol{y}$ 组成，即 $D=\{\boldsymbol{x}_n,\boldsymbol{y}_n\}_{n=1}^{N}$（$N$ 为样本集数量），样本数据集包括三个互斥集合，分别为训练集 S、测试集 T 和验证集 V，即 $D=S\cup T\cup V$，$S\cap T\cap V=\varnothing$。设网络模型为 Net，通过监督学习大量低质量与高质量地震数据的非线性映射关系，得到训练好的网络模型，输入低质量地震测试数据生成预测的高质量地震数据 $\tilde{\boldsymbol{y}}$，即

$$\tilde{\boldsymbol{y}}=\mathrm{Net}(\boldsymbol{x},\theta) \tag{2.39}$$

式中，θ 为网络的参数。

2. 神经网络训练

在有监督学习过程中，神经网络通过训练大量样本数据学习与标签的映射关系，其在训练数据集 S 上的平均损失作为经验风险，记为 $R_{\mathrm{emp}}(\mathrm{Net})$：

$$R_{\mathrm{emp}}(\mathrm{Net})=\frac{1}{N_{\mathrm{s}}}\sum_{i=1}^{N_{\mathrm{s}}}L(\mathrm{Net}(\boldsymbol{x}_i,\theta),\boldsymbol{y}_i) \tag{2.40}$$

式中，L 为损失函数；N_{s} 为训练集样本数量。

神经网络算法以最小化经验风险为目标，通过大量数据为驱动建立模型。低频延拓的目标是从已知的大量中高频地震数据和低频地震数据中建立非线性映射关系，然后对未知样本进行回归预测。因此在经验风险最小化的约束下，用于地震数据低频延拓的网络优化目标 J 为

$$J(\boldsymbol{x},\theta,\boldsymbol{y})=\arg\min_{\theta}\sum_{i}L(\mathrm{Net}(\boldsymbol{x}_i,\theta),\boldsymbol{y}_i) \tag{2.41}$$

针对优化目标函数J，直接求取卷积神经网络的最优解相对困难，通常使用梯度下降法利用迭代思想逼近最优解，并将网络参数θ_{t+1}表示为

$$\theta_{t+1} = \theta_t + \mu(\nabla \theta_{i=1,2,\cdots,t} J(\boldsymbol{x}, \theta_i, \boldsymbol{y})) \tag{2.42}$$

式中，θ_t为第t次迭代后神经网络的参数；μ为更新方向；$\nabla \theta_{i=1,2,\cdots,t}$为目标函数$J$相对于参数$\theta_i$的梯度。

3. 损失函数设计

神经网络在训练学习期间，用损失函数来度量模型预测输出的低频成分与真实的低频成分的拟合程度。常见的损失函数的计算方法有平均绝对值误差(mean absolute error，MAE)和均方误差(mean square error，MSE)，又可分别称为L_1损失和L_2损失，具体的定义分别如式(2.43)、式(2.44)所示：

$$L_{\text{MAE}}(\tilde{\boldsymbol{y}}, \boldsymbol{y}) = \frac{1}{b}\sum_{i=1}^{b} |\tilde{\boldsymbol{y}}_i - \boldsymbol{y}_i| \tag{2.43}$$

$$L_{\text{MSE}}(\tilde{\boldsymbol{y}}, \boldsymbol{y}) = \frac{1}{b}\sum_{i=1}^{b} (\tilde{\boldsymbol{y}}_i - \boldsymbol{y}_i)^2 \tag{2.44}$$

式中，b为网络批大小。损失函数$L(\tilde{\boldsymbol{y}}, \boldsymbol{y})$的导数是网络误差反向传播的基础。$L_1$损失对任意输入值具有稳定的梯度，但不利于收敛且函数存在不可导点；L_2损失连续可导，且随着误差的减小梯度也会减小，有利于收敛，但对训练数据中的离群点敏感，受其影响较大。

目前，此类纯数据驱动的深度学习模型进行地震数据处理，避免了传统方法假设条件苛刻、求取参数复杂等问题，并且结果具有一定的可靠性。

2.4　样 本 组 织

由于储层的非均质性，求解地球物理问题往往缺失训练样本，导致石油地质问题具有多解性，难以获得供机器学习的“教材”（训练样本），如何获得高质量的训练样本是深度学习方法面临的一个难题。

2.4.1　模拟地震数据组织

深度学习方法发挥作用的前提是具有大体量的数据样本，而实际地震数据样本远远不能满足特征覆盖的需求。为了增强卷积神经网络对地震数据处理的泛化

能力，利用理论引导数据科学的思路。首先针对地下不同介质特点设计大量速度模型，再利用波动理论生成不同地质构造的地震数据，在一定程度上更符合实际地球物理问题的特点，是提高深度神经网络泛化能力的关键。

设计的部分地层速度模型如图 2.13 所示，其在水平方向的距离是 1.6km，垂直深度是 1km，速度变化范围是 2.5～3.5km/s，层数为 5～7，反射界面位置由式(2.45)确定：

$$z=\sum_{j=1}^{3}\left[A_j\left(\frac{x}{2\pi T_j}+\varphi_j\right)\right]^{n_j}+kx+b \tag{2.45}$$

式中，A_j 为振幅；T_j 为周期；φ_j 为相位；k 为控制地层倾斜程度；b 为确定界面的深度；n_j 为随机正整数。然后在相邻两界面之间填充波速值，根据实际地质构造特点，以速度值与深度正相关为准则，相邻两层的速度差异介于 225～350m/s。在实际情况中存在负反射系数的情况，因此按照比例互换相邻层速度。

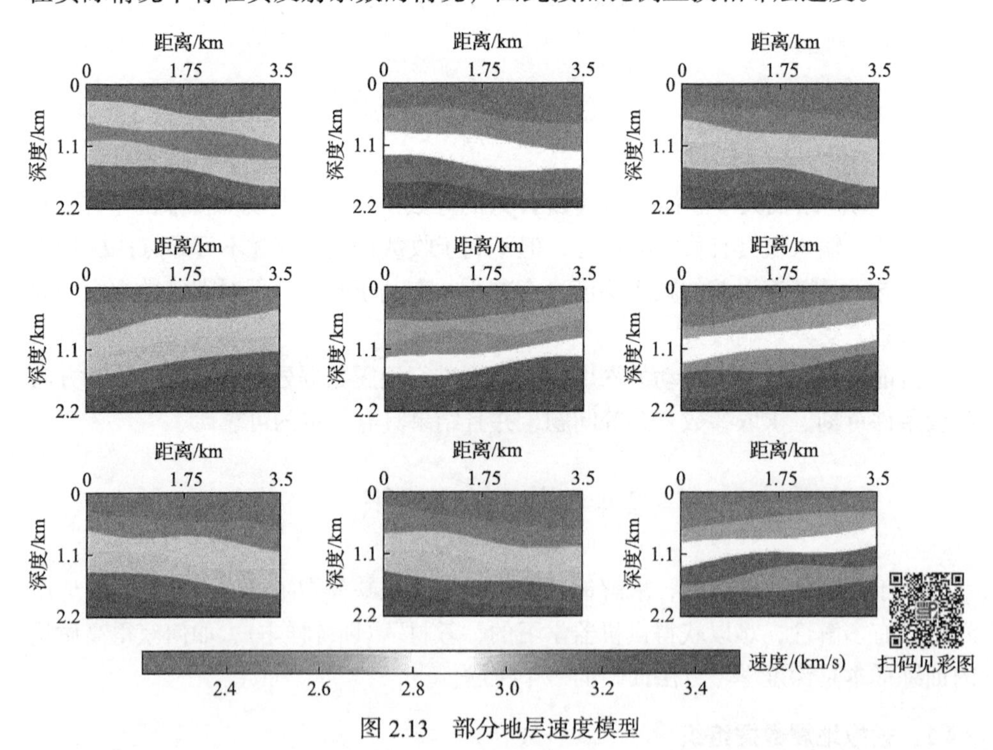

图 2.13　部分地层速度模型

采用 320×200 网格对所有速度模型进行剖分，网格间距是 5m。将主频是 25Hz 的里克子波作为激发震源，在地表共激发 17 次，震源间距为 0.1km。图 2.14

是震源第 5 次激发所采集的地震记录，在空间上共计 320 级，道间距为 5m，在时间方向上有 1800 个采样点，采样间隔 0.5ms，地震记录中含有 5 个同相轴，侧面反映了地下存在 5 个反射界面。由于该数据是基于不同地层速度正演生成，因此通过合理的速度模型设计与波动理论生成的地震记录，有助于弥补训练样本不充分的问题，使训练后的神经网络适应实际情况。

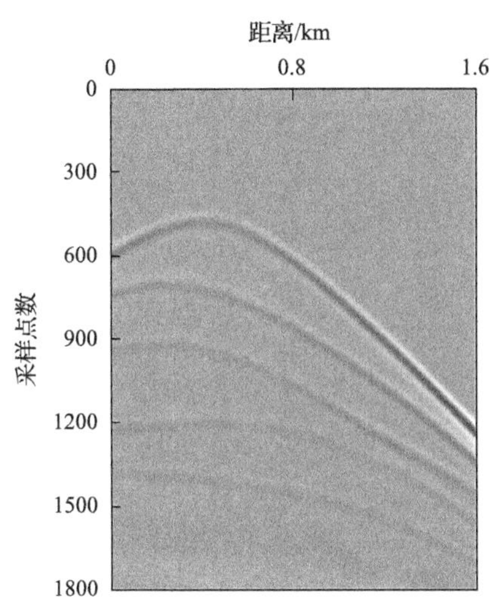

图 2.14　震源第 5 次激发所采集的地震记录

2.4.2　实际地震数据组织

多年来的油气勘探开发过程积累了一定量的地震资料，这些数据具有非常宝贵的实用价值，不仅反映了相应区块的地质构造信息，同时包含了实际采集过程中的经济技术水平，如何利用现有实际地震数据是非常重要的问题。

例如图 2.15 为某区域地震采集到的实际数据，数据集中包含了采集到的噪声，有些复杂区块数据还含有缺失道。组织实际数据时不需要人为加入高斯噪声，或者设计采样矩阵进行噪声或欠采样仿真。值得注意的是实际数据的标签不可获得，这里可以采用对采集到的现有数据，利用基于模型方法进行去噪或者重建等预处理操作得到的地震数据做为训练样本的标签，使模型能够学习到实际数据的复杂噪声分布或缺失道特征，从而更好地应用于实际地震数据去噪，具体处理流程如图 2.16 所示。实际数据标签制作的基本思想是采用现有的去噪/重建算法预处理，得到的有效信号作为有效信号标签，干扰信号作为训练样本的噪声标签。有理由认为这种方法得到的噪声更接近实际数据的噪声，而且深度神经网络可以根据多层卷积与非线性逼近能力学习到超越预处理算法效果的去噪/重建模型。然而，用于预处理的现有方法有很多，有些方法可能会将能量弱的同相轴信息当作噪声去除，也有些方法可能会去除噪声不充分。因此我们考虑采用多次预处理的方法：①对于实际含噪/欠采样数据，使用现有去噪/重建算法进行噪声压制/重建后得到原始数据和噪声数据；②为避免干扰信号中包括有效信号残余，笔者针对第一次预处理后得到的噪声数据进行了第二次预处理，使再次得到的干扰数据尽可能不包含有效信号，作为实际数据训练的干扰信号标签。为尽可能减少有效信号的损失，笔者将第二次预处理后得到的有效信号加强到第一次与处理后得到的有效数据上，作为实际数据训练原始信号标签。

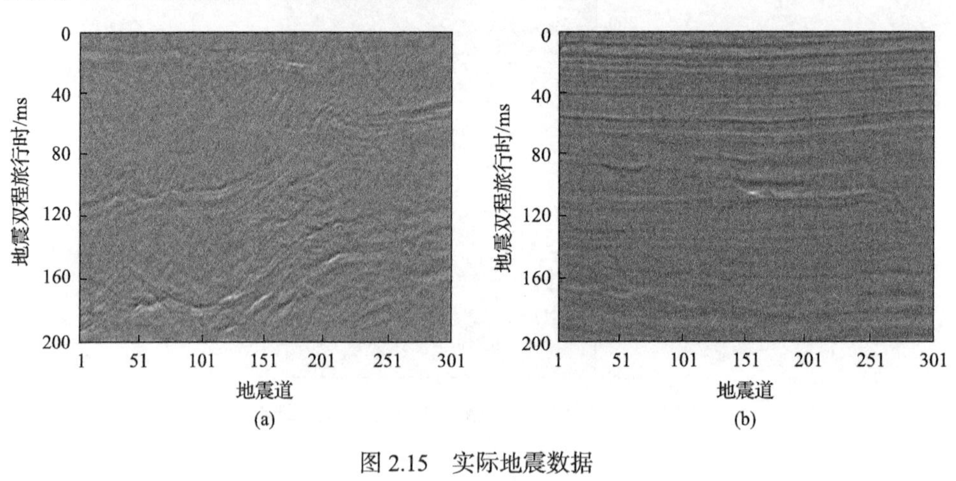

图 2.15　实际地震数据

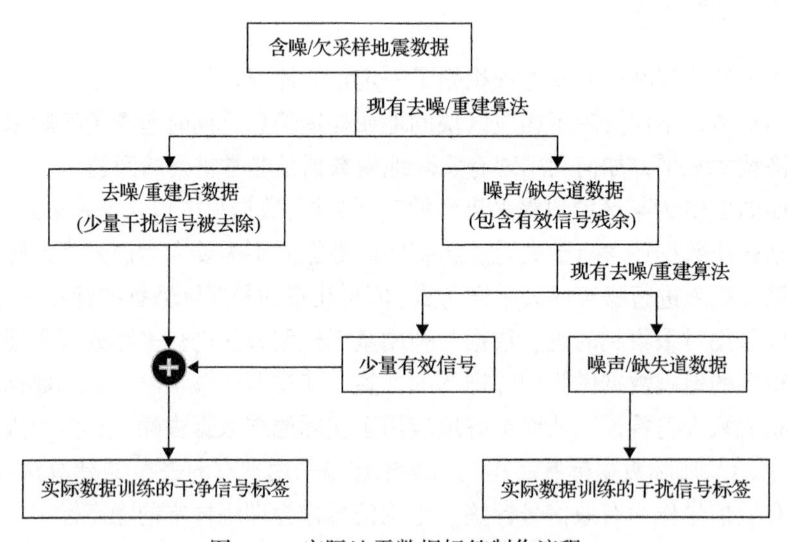

图 2.16　实际地震数据标签制作流程

2.5 本章小结

本章主要介绍后续章节涉及的关键理论基础知识，由于稀疏性是当前地震勘探资料处理的基础，地震数据的重建、去噪等处理可以转化为求解某种条件下的非线性不适定问题。近年来，压缩感知、稀疏表示理论与深度学习技术发展迅速，同时推动了不适定问题求解理论的丰富与完善，成为地震数据重建与去噪领域研究的热点。因此本章重点介绍了稀疏表示、压缩感知、深度学习，以及地震数据处理领域的样本组织的基本理论与思想等。

参考文献

[1] Tikhonov A N. Solution of incorrectly formulated problem and the regularization method[J]. Dokladg Mathematics, 1963, 4: 1035-1038.

[2] Engl H W, Kunisch K, Neubauer A. Convergence rates for Tikhonov regularisation of non-linear ill-posed problems[J]. Inverse Problems, 1989, 5(4): 523-540.

[3] 刘建伟, 崔立鹏, 刘泽宇, 等. 正则化稀疏模型[J]. 计算机学报, 2015, (7): 1307-1325.

[4] Tibshirani R J. Regression shrinkage and selection via the LASSO[J]. Journal of the Royal Statistical Society, 1996, 58(1): 267-288.

[5] Efron B, Hastie T, Johnstone I, et al. Least angle regression[J]. Annals of Statistics, 2004, 32(2): 407-451.

[6] Elad M, Aharon M. Image denoising via sparse and redundant representations over learned dictionaries[J]. IEEE Transactions on Image Processing, 2006, 15(12): 3736-3745.

[7] Skretting K, Engan K. Recursive least squares dictionary learning algorithm[J]. IEEE Transactions on Signal Processing, 2010, 58(4): 2121-2130.

[8] Turek J S, Yavneh I, Elad M. On MMSE and MAP denoising under sparse representation modeling over a unitary dictionary[J]. IEEE Transactions on Signal Processing, 2011, 59(8): 3526-3535.

[9] 裴翰奇, 杨春玲, 魏志超, 等. 基于 SPL 迭代思想的图像压缩感知重构神经网络[J]. 电子学报, 2021, 49(6): 1195-1203.

[10] Lecun Y, Bottou L. Gradient-based learning applied to document recognition[J]. Proceedings of the IEEE, 1998, 86(11): 2278-2324.

[11] Salakhutdinov R, Mnih A, Hinton G. Restricted Boltzmann machines for collaborative filtering[C]//Machine Learning, Proceedings of the Twenty-Fourth International Conference, Corvalis, 2007.

[12] Hinton G E, Osindero S, Teh Y W. A fast learning algorithm for deep belief nets[J]. Neural Computation, 2014, 18(7): 1527-1554.

第3章　基于曲波稀疏表示的数据重建

由于受地质环境与采集条件的影响，地震数据容易出现缺失道或空间采样不足等问题，而后续地震数据的处理又对数据的完整性与规则性有很高的要求，尤其是在波动方程偏移、表面相关多次波的消除、谱估计、时移地震数据处理等方面表现尤为明显，因此地震缺失道恢复重建是非常关键的基础问题。

传统地震数据重建方法[1]受到 Nyquist 采样定理的限制，采样频率至少是信号最高频率的两倍，否则极易出现假频现象而影响重建质量。Candès 和 Donoho[2]提出的压缩感知理论依靠信号本身的稀疏性和观测方式的非相关性，只要信号在某个变换域上是稀疏或可压缩的，就可以用一个与稀疏表示基不相关的测量矩阵对信号进行降维观测，并在接收端通过求解具有稀疏性先验的非线性不适定反问题，以较高的概率根据其低维观测值高精度重建原始信号，为低采样率下地震数据的重建问题提供了新思路。由于曲波变换具有良好的方向性、局部性与各向异性，可以捕获到各个方向上地震数据的同相轴，进而很好地稀疏表示，在地震数据处理中得到了广泛应用。Herrmann 和 Hennenfent[3]将压缩感知理念引入地震数据重建，在曲波域采用稀疏促进反演（curvelet-based recovery by sparsity-promoting inversion, CRSI）方法求解稀疏优化问题，得到了较好的重建效果。Shahidi 等[4]基于地震数据在曲波域稀疏性的先验，利用冷却阈值迭代方法求解 L_1 范数最小化问题进行数据恢复，得到了良好的重建质量。

上述方法在稀疏促进重建过程中，假定曲波域系数是完全独立的，每次迭代中各个尺度的曲波系数均使用同一阈值判别其重要性，虽然可以仅用少量的重要系数近似表示地震数据，但未考虑曲波域系数之间的联系，在低采样率下极易造成同相轴不连续，细节模糊的块效应。

Naghizadeh 和 Sacchi[5]在曲波域将系数划分为受空间采样影响较小的低尺度系数与含有假频的高尺度系数，然后设计掩模函数过滤掉假频系数得到了较好的重建效果，但同样未充分利用曲波域系数的相关性。曲波变换在各个尺度之间及局部相关性较强，利用欠采样数据的曲波父子系数的联系与邻域窗口系数的分布特点，结合完整地震数据和噪声分布模型的先验，可以较好地预测当前系数的真值。贝叶斯理论是图像处理领域广泛采用的统计推断方法[6-8]在小波域建立原始信号与噪声信号的分布模型，利用贝叶斯最大后验概率估计含噪声信号子系数的真值，得到了很好的预测效果。

近年来发展的求解压缩感知重构框架中，具有稀疏性的非线性不适定反问题算法当中的基追踪算法[9]计算复杂度高，且求解结果往往是次优的，基于贪婪思想的算法如稀疏信号匹配追踪(matching pursuits, MP)[10]、正交匹配追踪(orthogonal matching pursuits, OMP)[11]、梯度投影(gradient projection for sparse reconstruction, GPSR)[12]等，虽然可以大幅度降低计算复杂度，但却是以降低重构信号质量为代价的。迭代法是求解非线性不适定算子方程的有效途径，Landweber 迭代法[13]是求解所有的迭代方法中较为基础、高效且稳定的方法，也是求解二次泛函极小值的最速下降法，如文献[14]在 Landweber 迭代法的基础上提出稀疏性约束的迭代阈值法，采用稀疏约束正则化的方法，通过促进解空间的稀疏性策略求解重构数据所需要的最小元素个数，该算法因实现简单、计算复杂度低而得到了较高的关注。

鉴于以上分析，本章提出基于曲波域稀疏表示的贝叶斯估计阈值的压缩感知重建算法如下：①阐述地震数据在曲波域压缩感知重建框架下稀疏约束正则化模型的基本原理，着重分析传统重建方法忽略曲波域系数相关性对重建结果具有的影响；②总结地震数据在不同尺度下系数分布的特点，并提出地震数据曲波域系数不同尺度间父子联系的确定方法；③在研究传统地震数据采集过程计算关键步骤的基础上，提出改进的观测矩阵构造方法，以及最大间距控制的随机采样方式，提高计算效率，避免局部地震道采样过多或过少的问题；④提出曲波域贝叶斯估计阈值函数，通过分析地震数据与噪声信号曲波域多尺度父子系数联合分布特性，依据贝叶斯最大后验概率模型估计得到阈值函数，根据曲波域最高尺度系数的特点与邻域窗口局部相似性，确定最终解的参数值，充分利用曲波域系数的相关性；⑤在地震数据的压缩感知重建求解过程，采用 Landweber 迭代结合稀疏促进策略求解稀疏性约束的非线性不适定的反问题；⑥给出整体算法实现的步骤、流程及实验数值结果与分析。

3.1　压缩感知数据重建模型分析

本节首先阐述压缩感知框架下曲波域地震数据重建模型，在此基础上重点分析传统重建方法忽略曲波域系数相关性对重建结果的影响。设完整的二维地震数据为 $\boldsymbol{f}$（$N_t \times N_r$），其中 N_r 是检波器坐标样本数，N_t 是时间轴坐标样本数，完整地震数据 $\boldsymbol{f}$ 向量化后得 $\boldsymbol{x}$（$N_tN_r \times 1$）。实际采集到的不完整地震资料设为 $\boldsymbol{q}$（$N_t \times M_r$），$M_r < N_r$，向量化后设为 $\boldsymbol{y}$（$N_tM_r \times 1$），则欠采样地震数据可以表示为

$$\boldsymbol{y} = \boldsymbol{R}\boldsymbol{x} \tag{3.1}$$

式中，$\boldsymbol{R}$ 为一个二元采样矩阵，代表从 $\boldsymbol{x}$（N_tN_r 维）向量表示的完整地震数据采样得到 $\boldsymbol{y}$（M_tN_r 维）向量，相当于从完整的地震资料 $\boldsymbol{f}$ 中 N_r 道抽取 M_r 道数据。因

为 $M_r < N_r$，显然式(3.1)是欠定方程组，无法根据 $\boldsymbol{y}$ 求解 $\boldsymbol{x}$，设地震资料 $\boldsymbol{x}$ 在曲波变换域 $\boldsymbol{C}$ 下系数为 $\boldsymbol{\alpha}$。

有 $\boldsymbol{x}=\boldsymbol{C}^{-1}\boldsymbol{\alpha}$，$\boldsymbol{C}^{-1}$ 是 $\boldsymbol{C}$ 的反变换，则 $\boldsymbol{y}$ 可写成式(3.2)，如图 2.3 所示。

$$\boldsymbol{y}=\boldsymbol{R}\boldsymbol{x}=\boldsymbol{R}\boldsymbol{C}^{-1}\boldsymbol{\alpha}=\boldsymbol{A}^{\mathrm{cs}}\boldsymbol{\alpha} \tag{3.2}$$

在具备地震资料 $\boldsymbol{x}$ 的曲波变换系数 $\boldsymbol{\alpha}$ 是稀疏的先验知识和感知矩阵 $\boldsymbol{A}^{\mathrm{cs}}$ 满足有限等距性质(restricted isometric property, RIP) [15]的前提下，为通过 $\boldsymbol{y}$ 恢复完整地震数据 $\boldsymbol{x}$ 提供了理论保证。求解欠定方程组[式(2.1)]的问题转化为 L_p 范数优化问题如式(3.3)：

$$\min\|\boldsymbol{\alpha}\|_p, \quad \text{s.t.} \quad \boldsymbol{A}^{\mathrm{cs}}\boldsymbol{\alpha}=\boldsymbol{R}\boldsymbol{C}^{-1}\boldsymbol{\alpha}=\boldsymbol{y} \tag{3.3}$$

压缩感知理论指出，在 $\boldsymbol{R}$ 和 $\boldsymbol{C}$ 不相关的条件下，L_0 范数最小优化问题可以转为求解一个等价的、更加简单的 L_1 范数优化问题如式(3.4)：

$$\min\|\boldsymbol{\alpha}\|_1, \quad \text{s.t.} \quad \boldsymbol{A}^{\mathrm{cs}}\boldsymbol{\alpha}=\boldsymbol{R}\boldsymbol{C}^{-1}\boldsymbol{\alpha}=\boldsymbol{y} \tag{3.4}$$

使问题转化为求解一个凸优化问题，进而可解。由于 $\boldsymbol{\alpha}$ 是稀疏的，可以通过不断促进 $\boldsymbol{\alpha}$ 的稀疏性通过式(3.5)进行反演求解：

$$\hat{\boldsymbol{\alpha}}=\arg\min\frac{1}{2}\left\|\boldsymbol{y}-\boldsymbol{A}^{\mathrm{cs}}\boldsymbol{\alpha}\right\|_2^2+\lambda\|\boldsymbol{\alpha}\|_1^1 \tag{3.5}$$

式中，λ 为平衡因子；$\hat{\boldsymbol{\alpha}}$ 为 $\boldsymbol{\alpha}$ 的估计值。在 $\boldsymbol{\alpha}$ 的稀疏性促进过程一般采用 Landweber 下降法的冷却阈值迭代技术，迭代过程如式(3.6)：

$$\boldsymbol{\alpha}^{(k+1)}=T\left[\boldsymbol{\alpha}^{(k)}+\boldsymbol{C}\boldsymbol{R}^{\mathrm{T}}\left(\boldsymbol{y}-\boldsymbol{R}\boldsymbol{C}^{-1}\boldsymbol{\alpha}^{(k)}\right)\right] \tag{3.6}$$

式中

$$T(\boldsymbol{\alpha})=\begin{cases}\boldsymbol{\alpha}, & |\boldsymbol{\alpha}|\leqslant L\\ 0, & \text{其他}\end{cases}$$

冷却阈值法每次迭代更新减小阈值 L，可以找到离超平面 $\boldsymbol{y}=\boldsymbol{R}\boldsymbol{x}$ 距离最近的向量，对应式(3.5)中 $\frac{1}{2}\left\|\boldsymbol{y}-\boldsymbol{A}^{\mathrm{cs}}\boldsymbol{\alpha}\right\|_2^2$ 项，然后投影到 L_1 球上，得到 $\hat{\boldsymbol{\alpha}}$ 是 $\boldsymbol{\alpha}$ 的估计值，利用 $\hat{\boldsymbol{\alpha}}$ 反变换后得到重建后完整地震数据 $\hat{\boldsymbol{x}}$。

传统重建方法采用的软阈值函数在迭代过程中，假定的条件是系数之间相互独立，不考虑地震数据在曲波域系数的联系，仅依据幅值判断系数的重要性，将重要系数保留，不重要系数当作噪声滤除。受随机缺失道影响产生的噪声通常在曲波域对应比较小的系数，因此在采样率比较高的情况下，该方法可以过滤大多数噪声，通过逐次收缩阈值能够使重建结果逐渐逼近实际地震数据，会有较好的重建效果。但是在采样率较低的情况下，地震数据的同相轴曲线状特征被破坏，曲波变换无法捕捉到方向信息，在变换域会导致产生大量幅值较小的变换系数，此时如果仍仅依据幅值判断系数的重要性，则无法分辨有效信号与噪声系数，从而影响了稀疏表示的效果，降低求解稀疏约束不适定反问题的准确性与收敛性，进而导致重建地震数据同相轴信息不连续，块效应严重，所以仅依靠系数本身的幅值判断重要性的方法极易引入重建噪声，影响重建效果。

3.2　地震数据曲波域稀疏表示

本节首先叙述曲波变换有效稀疏表示地震数据的基本原理，然后总结地震数据在不同尺度下系数分布的特点，并提出地震数据曲波域系数不同尺度间父子联系的确定方法。

3.2.1　地震数据曲波域分析

曲波域分析是一种具有各向异性的多尺度分析方法，第二代曲波[16]直接在连续域进行定义，连续曲波变换中频率窗 U_j 将频率域光滑地分成角度不同的环形，如图 3.1 所示，阴影部分表示一个标准楔形窗在连续曲波变换的支撑区间。但这种分割不适合二维笛卡儿坐标系，因此在离散曲波变换中采用同中心的方块区域 $\tilde{U}_j$ 来代替，如图 3.2 所示。

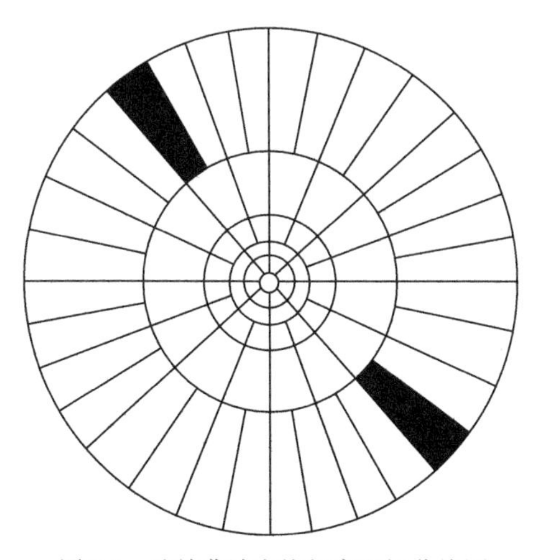

图 3.1　连续曲波变换频率空间分块图

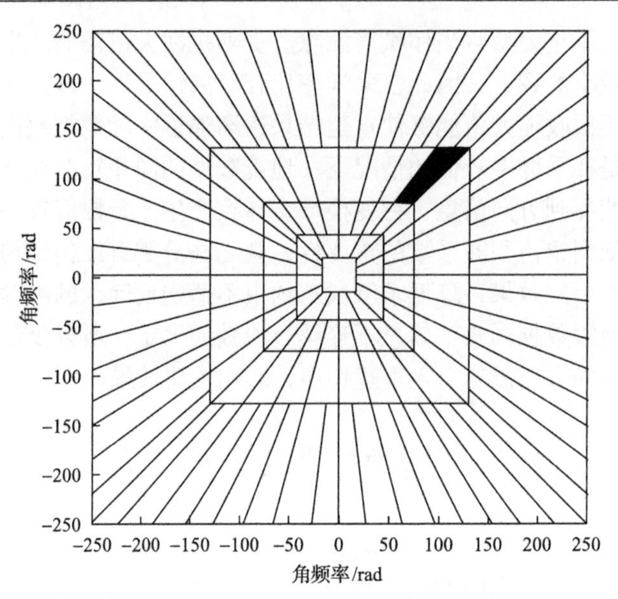

图 3.2 离散曲波变换频率空间分块图

阴影部分表示尺度为 j 且方向为 l 的楔形窗 $\tilde{U}_{jl}$，为离散曲波变换的支撑区间。笛卡儿坐标系下尺度窗定义为

$$\tilde{W}_j(\omega)=\sqrt{\Phi_{j+1}^2(\omega)-\Phi_j^2(\omega)}, \qquad j\geqslant 0 \tag{3.7}$$

式中，ω 为傅里叶变换后频率域参量；Φ 为笛卡儿算子。

C 定义为一维低通窗口的内积，各尺度低通窗口对应于图 3.2 中大小不同的笛卡儿方形窗，可以表示为

$$C_j\left(\omega_1,\omega_2\right)=C\left(2^{-j}\omega_1\right)C\left(2^{-j}\omega_2\right) \tag{3.8}$$

对于地震数据向量 $\boldsymbol{x}$ 经过曲波变换 C，可以表示为

$$C_{j,l,k}=\left\langle f,h_{j,l,k}\right\rangle, \qquad 0\leqslant l\leqslant 2^{\left\lfloor \frac{j}{2}\right\rfloor}-1, \quad j>0, \quad k\in \mathbf{Z} \tag{3.9}$$

式中，$C_{j,l,k}$ 为曲波变换后尺度为 j 且方向为 l、位置为 $k=\left(k_1,k_2\right)$ 的系数；$h_{j,l,k}$ 为曲波变换基函数。

由于曲波基在频率域形成楔形窗，只有当曲波基与信号中的边缘特征方向一致时，才产生较大的系数，而随机产生的噪声在曲波域通常对应较小的系数，如图 3.3 所示，因此曲波更加适合分析二维信号中的曲线状边缘特征，具有更高的逼近精度和更好的稀疏表达能力。

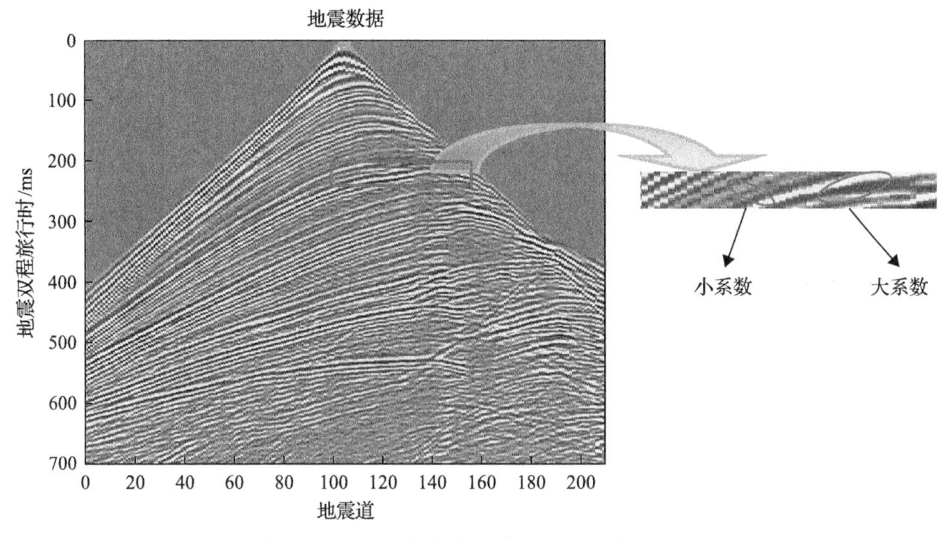

图 3.3　地震波前曲线与曲波变换系数对应图

3.2.2　曲波域多尺度相关性

地震勘探过程中采集到的地震数据，数据动态范围大、中低频信息丰富，在二维谱上通常是由曲线状的地震波构成(图 3.4)，与曲波变换的曲线状基元非常类似，因此曲波可以用较少的系数来逼近地震波前构成的曲线，是目前地震数据较为有效的稀疏表示方法。在地震数据中，如果某个区域的同相轴曲线方向性越强，则曲波变换获得的系数就越大，反之系数就越小，如图 3.4 中椭圆形选择的范围，同相轴方向性明显，因此其在曲波域对应的系数相对较大。曲波域同一方向变换系数在不同尺度之间存在着很强的相关性，在父系数幅值较大的情况下，子系数很大概率也具有较大的幅值，如图 3.5 不同尺度内红色矩形框选择的同方向系数所示。

曲波变换后各尺度包含的能量及熵的分布如表 3.1 所示，曲波变换前两级尺度区域中，系数包含的能量占总能量的比例很少，能量分布随着变换尺度的增加呈递增趋势。在曲波变换各尺度中信息熵分布代表了包含信息量的多少或纹理的复杂程度。曲波变换第一级尺度主要包含地震数据的低频信息，对应的熵相对较小，在 2～6 级尺度的中高频系数所包含的熵也呈现逐层递增的趋势。可见曲波变换虽然对地震数据具有较好的能量聚集特性，但是中高频尺度变换系数中仍然保留了大量的能量与细节信息，要较好地保持重构地震数据的纹理区域，则需根据曲波变换各尺度能量与熵的分布，设计合理的重构模型以滤出噪声，保留地震数据的中高频信息。

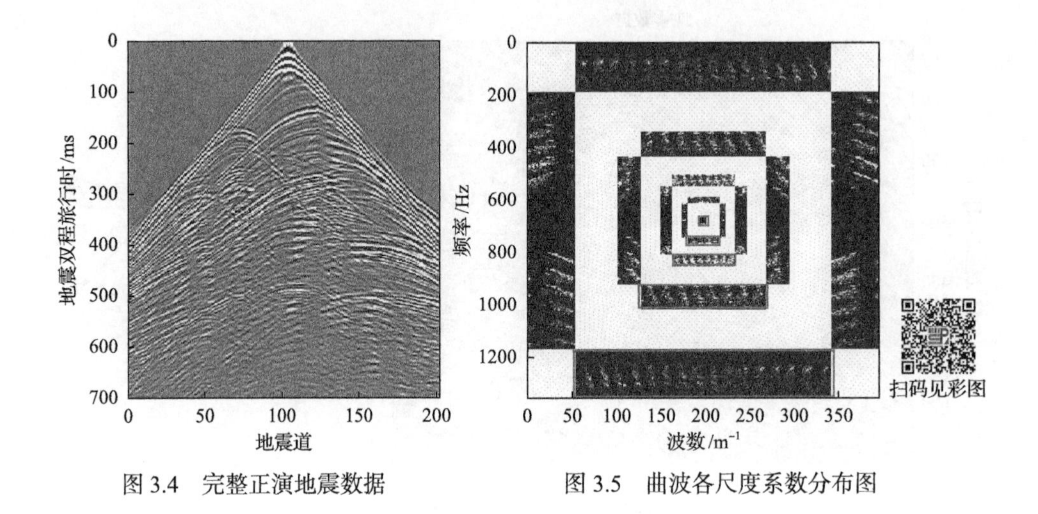

图 3.4 完整正演地震数据

图 3.5 曲波各尺度系数分布图

表 3.1 不同尺度能量及熵的分布

参数	尺度/级					
	1	2	3	4	5	6
能量百分比/%	0	0	0.01	0.10	0.65	0.24
信息熵/bit	0.75	0.75	1.72	2.95	3.31	6.39

选取在同一方向不同尺度的曲波变换系数区域(如图 3.5 中红色框选中所示),将图 3.5 所示同方向的系数分布整理如图 3.6 所示(为方便观察将各个尺度,不同方向的系数分布限定到相同的尺寸),依自上而下的顺序,考察不同尺度曲波系数

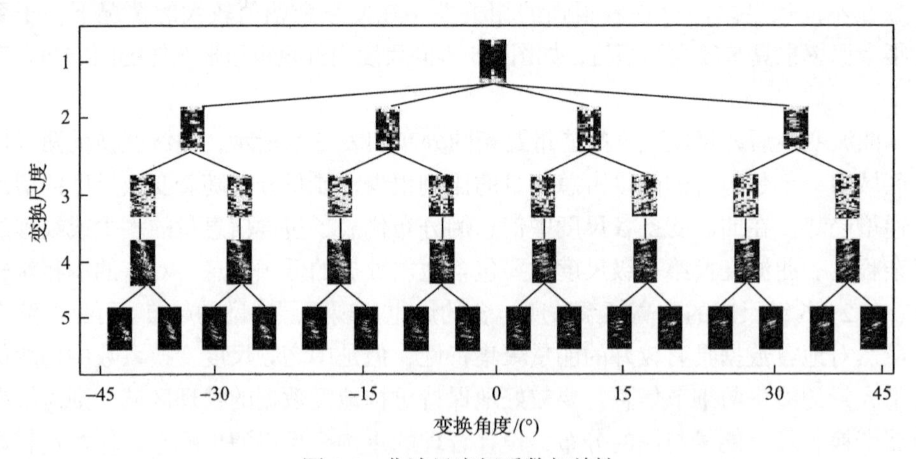

图 3.6 曲波尺度间系数相关性

的父子关系，参考小波、Counterlet 等其他多尺度变换，设同方向的相邻尺度中，较小一级尺度作为较大一级的父系数。其中黑色区域代表幅值较小的系数，白色代表系数较大的系数，可见父系数的分布形态与子系数存在很大的相似，对于任一个系数，如果其所在位置的父系数是重要的，则该系数对应的子系数很大可能是重要的，该特点与小波、Counterlet 等其他多尺度变换类似，各尺度之间的相关性比较明显。

由以上分析可知，在地震数据重构过程中，判断中高频区域重要系数时除了利用阈值外，还可以利用曲波变换各尺度之间相关性，结合前一尺度对应位置系数的重要性来预测当前尺度的系数重要性，更符合曲波域系数的分布特点。然而离散小波等正交变换域中，多尺度之间的系数具有明确四叉树结构的父子关系，任何一个父级尺度上的变换系数 ξ_p 同方向上都具有 4 个子系数，如图 3.7 所示，这种四叉树结构给利用小波变换系数多尺度之间的相关性进行信号处理带来了极大的方便。

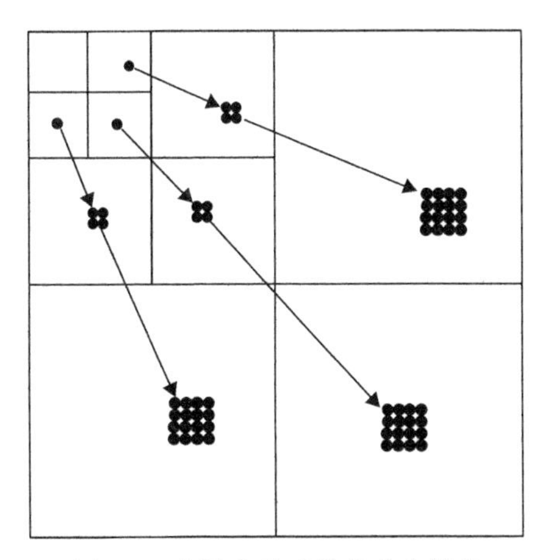

图 3.7　小波变换系数的分布结构

但是离散曲波变换基是由楔形窗构成的支撑区间，在各尺度间变换系数矩阵的尺寸不具有规则的倍数关系，因此在曲波域确定变换系数的父子关系需要进一步分析系数的结构。例如图 3.4 所示地震资料曲波变换后 1～3 级系数结构如表 3.2 所示。

表 3.2　地震资料的曲波变换后系数结构

尺度	方向数目	系数结构
1	1	21×5
2	16	18×6，16×6，16×6，18×6，22×5，22×4，22×4，22×5 18×6，16×6，16×6，18×6，22×5，22×4，22×4，22×5

续表

尺度	方向数目	系数结构
3	32	34×6，32×6，32×6，32×6，32×6，32×6，32×6，34×6 22×9，22×8，22×8，22×8，22×8，22×8，22×8，22×9 34×6，32×6，32×6，32×6，32×6，32×6，32×6，34×6 22×9，22×8，22×8，22×8，22×8，22×8，22×8，22×9

根据曲波多尺度变换系数的结构，提出确定系数父子关系的方法，设曲波域尺度为j，方向为l的楔形窗$\tilde{U}_{jl}$的大小为$m\times n$，变换系数ξ坐标为(k_1,k_2)，其父级尺度为$j-1$，方向为l的楔形窗$\tilde{U}_{p,jl}$的大小为$m_p\times n_p$，变换系数ξ父系数坐标为$(k_{p,1},k_{p,2})$可定义如式(3.10)和式(3.11)所示：

$$k_{p,1}=\begin{cases}\left\lceil\dfrac{k_1}{2}\right\rceil, & \text{Round}\left(\dfrac{m}{m_p}\right)=2\\ \min(k_1,m_p), & \text{其他}\end{cases} \tag{3.10}$$

$$k_{p,2}=\begin{cases}\left\lceil\dfrac{k_2}{2}\right\rceil, & \text{Round}\left(\dfrac{n}{n_p}\right)=2\\ \min(k_2,n_p), & \text{其他}\end{cases} \tag{3.11}$$

式(3.10)和式(3.11)中，Round表示四舍五入运算；$\lceil\ \rceil$表示上取整运算；min表示取最小值运算。

根据曲波变换系数父子关系确定方法，利用曲波变换多尺度之间相关性较强的特点，可以得到如果父级尺度的系数ξ_p值较大，则子级尺度系数ξ值很大概率也相应较大，因此通过ξ_p可以较好地预测ξ的重要性，从而能更好地保留中高频曲波的细节信息，减小地震数据重建过程中的失真。

3.3 地震数据采样

根据压缩感知理论，感知矩阵$\boldsymbol{A}^{\text{cs}}=\boldsymbol{RC}^{-1}$满足有限等距性条件下，即使只测得极少量的不完整地震数据，平均采样间隔低于Nyquist采样定理所要求的极限，也存在很大可能恢复出满足一定精度要求的完整数据，因此本节在研究传统地震数据采集过程计算关键步骤的基础上，为提高计算效率和避免完全随机的采样方式可能出现局部采样间隔过大的问题，提出改进的观测矩阵构造方法，以及最大间距控制的随机采样方式。

3.3.1　地震数据观测矩阵构造

在地震勘探中可以通过寻找有效的稀疏表示方法，结合设计合理的地震采集布线方法，尽可能地减少炮点和接收点数，节约成本。有限等距性质定义如下：

设 $\boldsymbol{A}^{\mathrm{cs}}$ 是一个 $m \times p$ 矩阵，s 是满足 $1 \leqslant s \leqslant p$ 的一个整数，如果存在一个常数 δ_s，对 $\boldsymbol{A}^{\mathrm{cs}}$ 的每个 $m \times s$ 的子矩阵以及每一个向量 $\boldsymbol{\beta}$ 满足式(3.12)：

$$(1-\delta_s)\|\boldsymbol{\beta}\|_2^2 \leqslant \left\|\boldsymbol{A}_s^{\mathrm{cs}}\boldsymbol{\beta}\right\|_2^2 \leqslant (1+\delta_s)\|\boldsymbol{\beta}\|_2^2 \tag{3.12}$$

则称矩阵 $\boldsymbol{A}^{\mathrm{cs}}$ 以有限等距常数 δ_s，满足 s 有限等距性质。在通常情况下，判定矩阵 $\boldsymbol{A}^{\mathrm{cs}}$ 是否满足 RIP 是一个很难计算的问题。RIP 的等价条件为如果测量矩阵与稀疏变换基不相关，则感知矩阵在高概率的条件下满足 RIP。通过 RIP 的性质可知，设计合理的观测矩阵在相同的采样率下，可以提高欠采样地震数据的重建质量。并且通过研究地震数据的采集过程，可以分析观测矩阵对地震重建质量的影响，优化地震数据采集系统的布线设计，传统的地震数据采样过程的数学计算可以描述如下：

(1)完整地震数据向量化：完整地震数据 $\boldsymbol{f}$（$N_t \times N_r$）转换成 N_tN_r 列向量 $\boldsymbol{x}$，如图 3.8 所示。

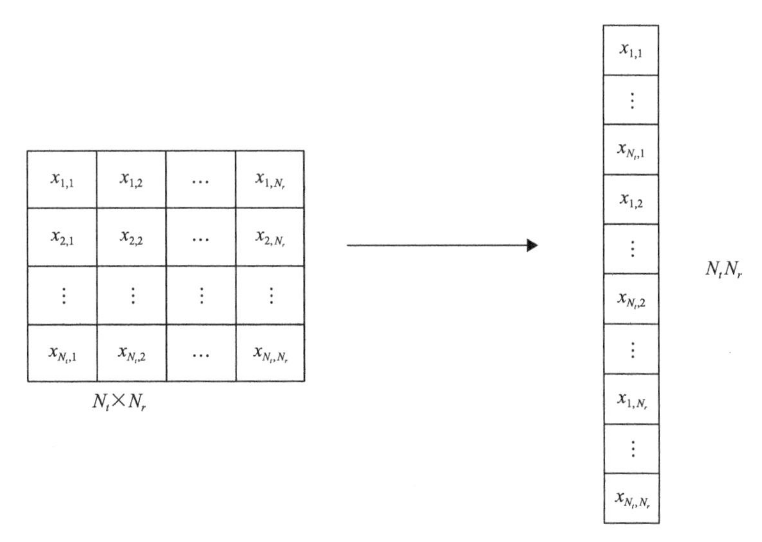

图 3.8　地震数据向量化

(2)采样矩阵设计：设采样率为 rate，采样后数据有 $M_r = N_r \times \text{rate}$ 列，被采样的列所在的位置是随机的，坐标集合设为 idx，采样矩阵 $\boldsymbol{R}$ 的设计方法为：利用

Kronecker 积构造大小为 $M_r \times N_r$ 的分块矩阵，其中每一列中只能存在一个 $\boldsymbol{I}$ 分块，每一行最多也只能存在一个 $\boldsymbol{I}$ 分块。如图 3.9 所示，$\boldsymbol{R}$ 中每个 0 分块代表每个元素都是 0 的 $N_t \times N_t$ 矩阵，每个 $\boldsymbol{I}$ 分块代表大小为分块为 $N_t \times N_t$ 的单位矩阵。

(3) 地震数据观测：采样矩阵 $\boldsymbol{R}$ 与向量化的完整地震数据 $\boldsymbol{x}$ 相乘，得到的观测数据 $\boldsymbol{y} = \boldsymbol{Rx}$，其尺寸为 $N_t M_r$ 的列向量，反向量化后的欠采样地震数据 $\boldsymbol{q}$ 大小为 $N_t \times M_r$ 的矩阵。采样后保留下来的观测地震道共 M_r 列，位置为 $\boldsymbol{f}$ 中列序号属于集合 idx 所在的列，缺失的地震道数据共 $N_r - M_r$ 列，如图 3.10 所示。

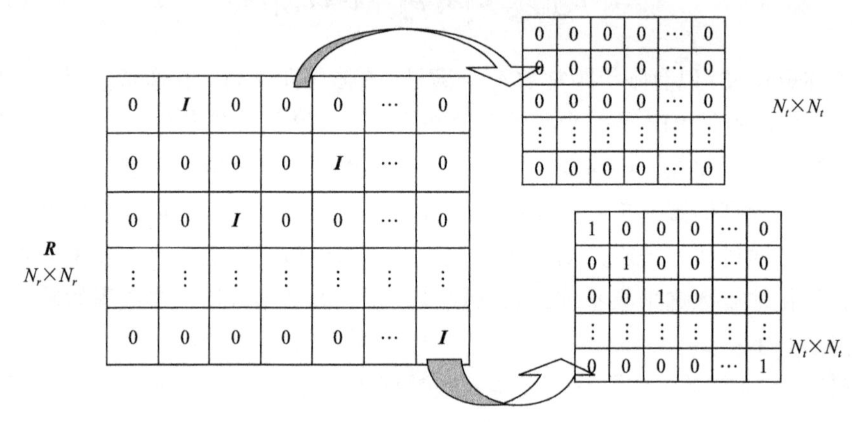

图 3.9　地震数据观测矩阵

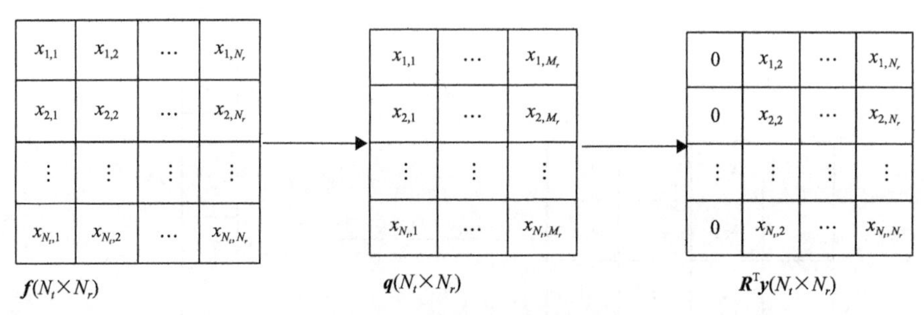

图 3.10　观测地震数据构造

上述的传统地震数据采样计算过程存在的问题在于：采样矩阵的尺寸较大（为 $N_t M_r \times N_t N_r$），随着地震数据尺寸的增加，采样矩阵的大小呈平方级增长，提高了计算机系统的内存负荷，而且在采样计算的同时需要处理矩阵 $\boldsymbol{R}$ 与向量 $\boldsymbol{x}$ 的相乘，采样前需要向量化操作，采样之后需要反向量化操作，也额外增加了计算复杂度。

本章提出一种简便快速的采样计算方法，采样之前不需要向量化，只需将 $\boldsymbol{x}$ 转置得到 $\boldsymbol{x}^{\mathrm{T}}$（大小为 $N_r \times N_t$），采样矩阵设计为一个大小为 $N_r \times N_r$ 二元采样矩阵，每行只有一个 1，其他都是 0，在采样道处的对应列设置为 1，未采样道处对应的列均为 0，采样过程为 $\boldsymbol{Rx}^{\mathrm{T}}$ 大小为 $N_t \times N_r$，其中每一行为一道地震数据，最后将 $\boldsymbol{Rx}^{\mathrm{T}}$ 转置即得采样地震数据，从完整的地震资料 $\boldsymbol{x}$ 中 N_r 道抽取 M_r 道数据，其余道为 0，如图 3.11 所示。

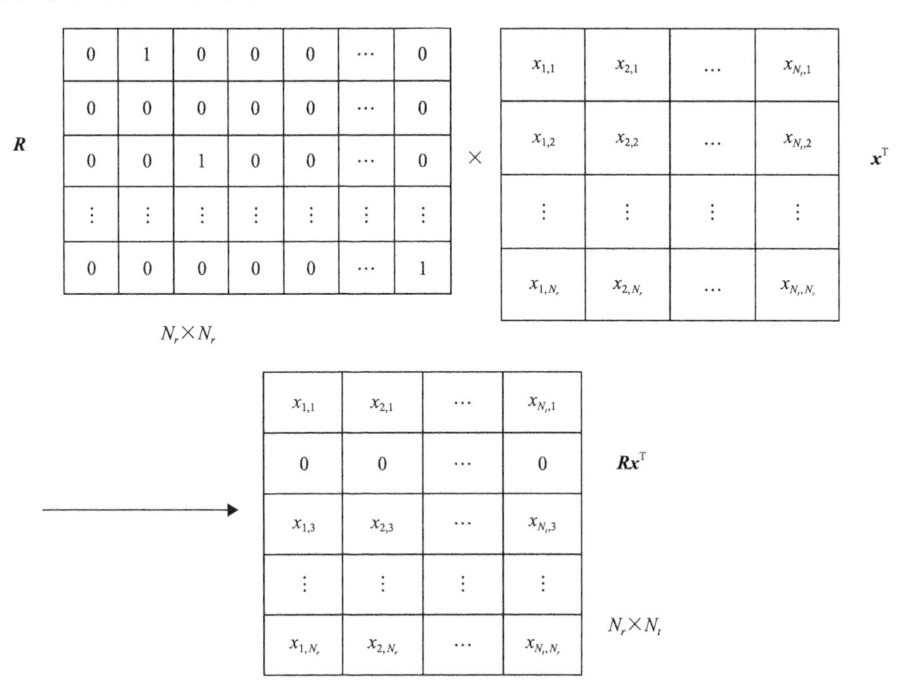

图 3.11　本章地震数据采样过程

根据相邻道的间隔是否是均匀的，地震数据在采样过程中可以划分为均匀采样与非均匀采样，以图 3.12 地震数据为例在采样率为 0.8 下，均匀采样结果如图 3.13 所示。

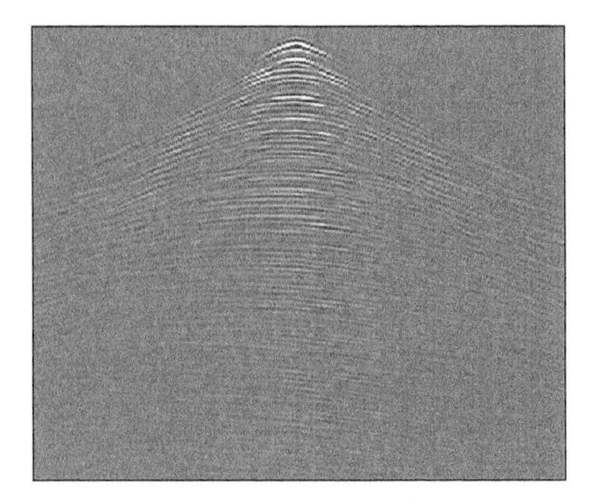

图 3.12　完整采样地震数据

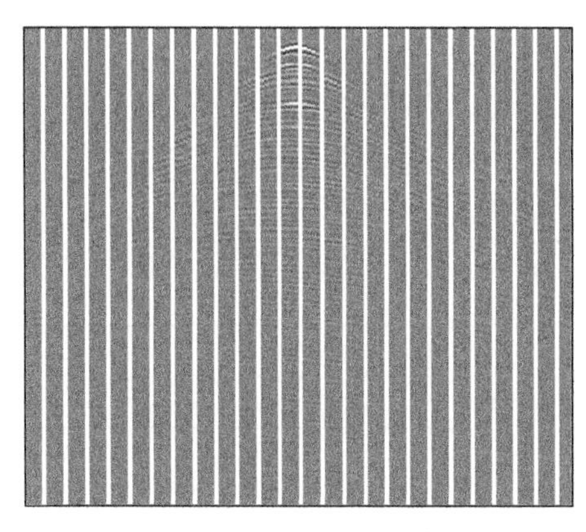

图 3.13　均匀采样数据

对于如图 3.14 所示的一维地震信号，如果使用满足 Nyquist 采样的等间隔均匀采样，则采样数据不会导致频率混淆，欠采样数据能够较好地反映原始数据的频谱，如图 3.15 所示。而在不满足 Nyquist 采样情况下，均匀采样则是对目标数据等间隔地均匀抽样，相邻采样点之间的间隔是相等的，假频幅值和真值相当，以致无法检测出真实频谱，这些假频会被带入重建过程，严重影响数据恢复质量，如图 3.16 所示。随机采样的采样间距是完全无规律的，假频幅值远小于真实数据频谱的幅值，在重建数据中可以有效消除假频带来的影响，提高重建质量，如图 3.17 所示。

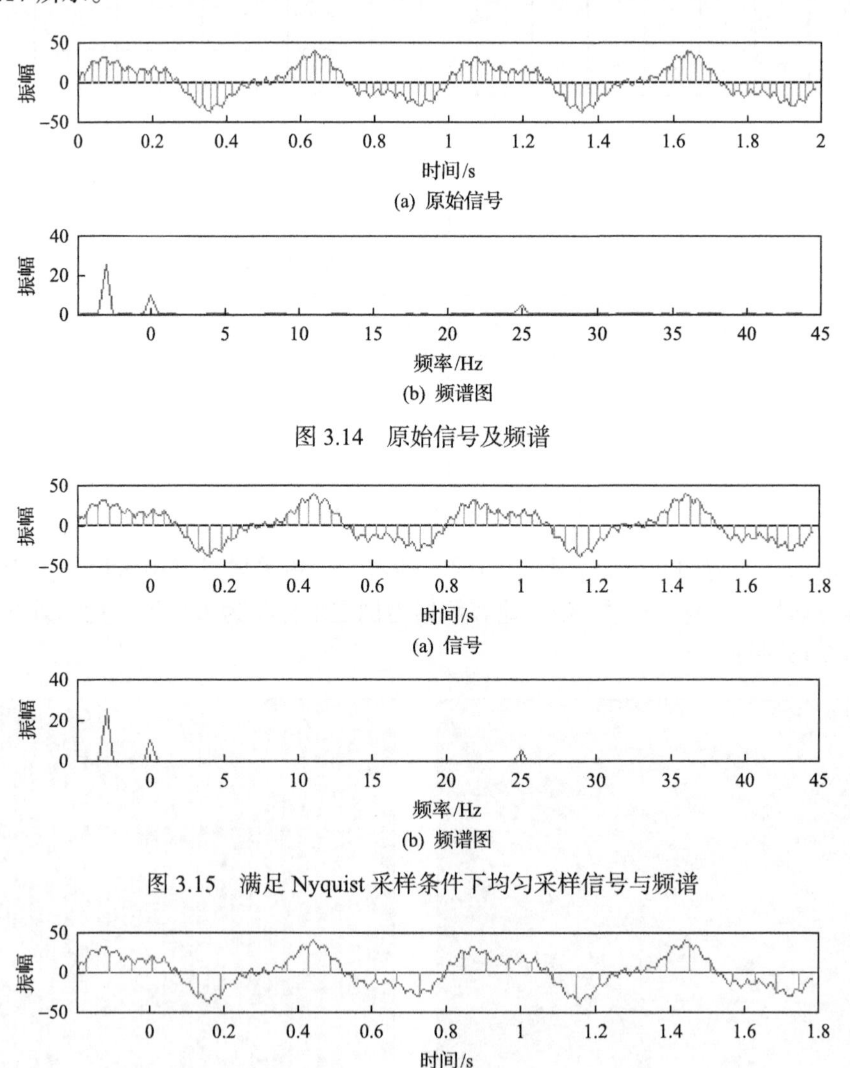

(a) 原始信号

(b) 频谱图

图 3.14　原始信号及频谱

(a) 信号

(b) 频谱图

图 3.15　满足 Nyquist 采样条件下均匀采样信号与频谱

(a) 信号

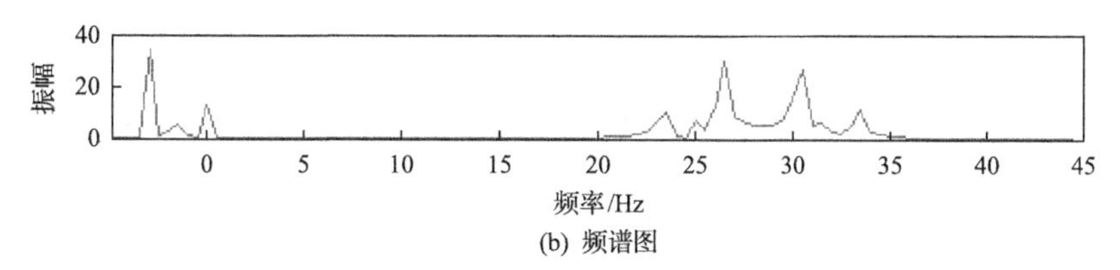

(b) 频谱图

图 3.16　不满足 Nyquist 采样条件下均匀采样信号与频谱

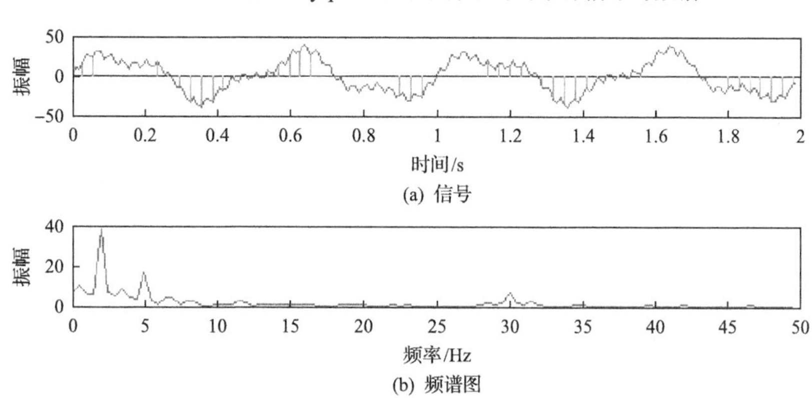

(b) 频谱图

图 3.17　不满足 Nyquist 采样条件下随机采样信号与频谱

可见随机采样能消除假频的影响，如图 3.18(a)所示，但是完全随机的采样方式可能会引起局部采样过多或过少的问题。如图 3.18(b)采样间距过大，重建数据过程中由于严重缺少相邻道的信息，将影响重建数据质量。

(a) 采样间距适中　　(b) 采样间距过大

图 3.18　完全随机采样间距适中和间距过大情况下的效果对比

3.3.2　最大间距控制的随机采样

为解决完全随机的采样方式可能出现局部采样过多或过少的问题，提出最大间距控制的随机采样方式，首先根据采样率确定最大采样间隔 maxspace，以

maxspace 作为阈值对完全随机的采样间隔进行限制，如果相邻两个采样道间隔超过 maxspace，则重新随机产生一个新的间隔值来调整采样间距，具体步骤描述如图 3.19 所示。完全随机采样与最大间距控制的随机采样结果对比如图 3.20 所示，

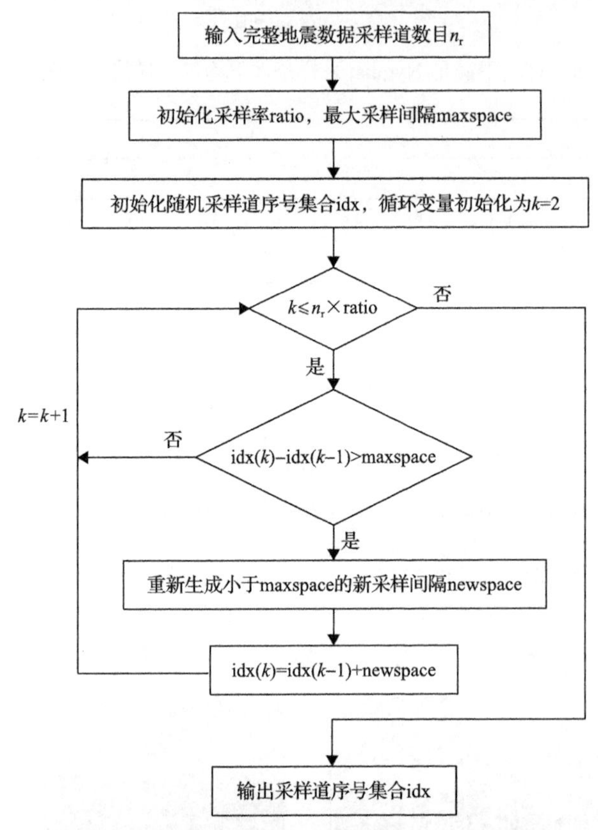

图 3.19　最大间距控制的随机采样方式流程图

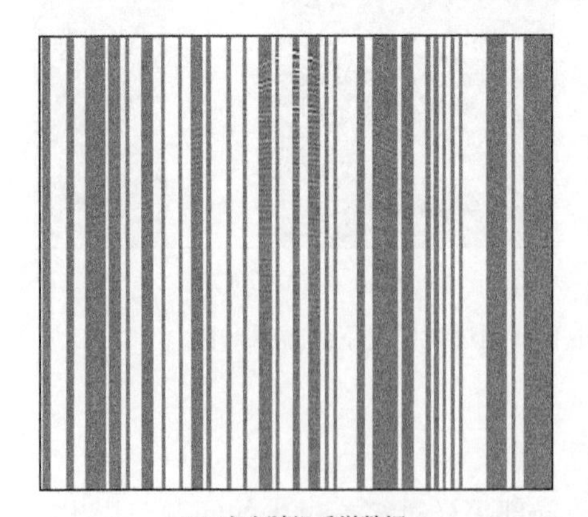

(a) 完全随机采样数据

(b) 最大间距控制的随机采样数据

图 3.20　完全随机和最大间距控制的随机采样数据对比

当采样率为 0.5，最大间隔 maxspace=4，可见最大间距控制随机采样的结果不但可以保证随机地抽取地震道，而且地震道之间的间隔分别更趋于平均，重建缺失道时可以获得相对多的邻近地震道信息，从而提高重建质量。

3.4　地震数据压缩感知重建算法

本节提出基于曲波域贝叶斯估计阈值函数的重建算法，根据曲波域地震数据在各个尺度之间及尺度内部的相关性，建立联合分布模型，结合贝叶斯最大后验估计模型推导得出贝叶斯估计阈值函数，并将其运用到压缩感知地震数据重建模型中，模型的求解利用 Landweber 迭代法，最后给出整个重建模型求解算法的实现步骤与流程。

3.4.1　贝叶斯估计阈值函数

曲波变换在各个尺度之间及尺度内部相关性较强，通过建立地震数据与噪声数据的曲波父子系数的联合分布模型，结合贝叶斯最大后验估计模型，会更好地预测缺失地震数据当前系数的真值。设 γ 是欠采样地震数据曲波变换系数，w 是完整地震数据曲波变换系数，ε 是因缺失道产生的噪声信号曲波变换系数，于是有：$\gamma = w + \varepsilon$。

通过贝叶斯理论，在已知 γ 条件下，最大后验概率估计 w 如式(3.13)：

$$\hat{w}(\gamma) = \arg\max_{w} p_{w|\gamma}(w \mid \gamma) \tag{3.13}$$

式中，$p_{w|\gamma}$ 为在 γ 条件下发生 w 的概率。

利用贝叶斯准则得式(3.14)：

$$\begin{aligned}\hat{w}(\gamma) &= \arg\max_{w} [p_{\gamma|w}(\gamma \mid w) \cdot p_w(w)] \\ &= \arg\max_{w} [p_{\varepsilon}(\gamma - w) \cdot p_w(w)]\end{aligned} \tag{3.14}$$

等价为式(3.15)：

$$\hat{w}(\gamma) = \arg\max_{w} \{\lg[p_{\varepsilon}(\gamma - w)] + \lg[p_w(w)]\} \tag{3.15}$$

式(3.13)～式(3.15)中，p_w 为完整地震数据曲波系数概率分布函数；p_{ε} 为噪声信号曲波系数概率分布函数。经过统计得到完整地震数据曲波系数在各个尺度分布如图 3.21 所示，近似拉普拉斯分布，噪声信号系数在各个尺度分布如图 3.22 所示，近似高斯分布。

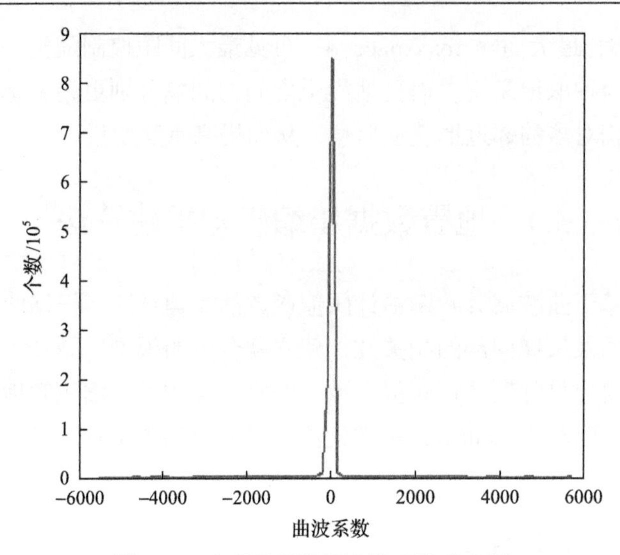

图 3.21　完整地震数据曲波系数分布图

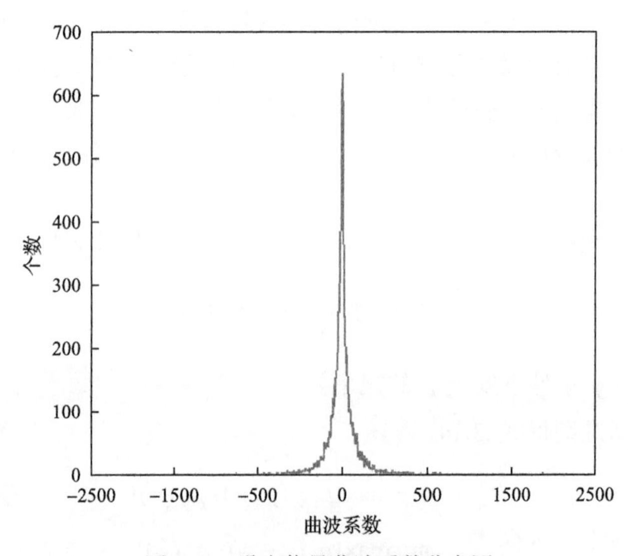

图 3.22　噪声信号曲波系数分布图

为充分利用曲波域各个尺度之间及尺度内部相关性，设γ_1是欠采样地震数据曲波变换的子系数，γ_2是γ_1的父系数，w_1是完整地震数据曲波变换的子系数，w_2是w_1的父系数，ε_1是噪声信号曲波变换的子系数，ε_2是ε_1的父系数，即：$w=(w_1,w_2)$，$\gamma=(\gamma_1,\gamma_2)$，$\varepsilon=(\varepsilon_1,\varepsilon_2)$。由于地震数据采样矩阵是随机产生的，产生的噪声在曲波域在各尺度的分布可以由零均值的高斯分布近似，噪声信号的父系数和子系数联合概率分布函数可定义为式(3.16)：

$$p_{\varepsilon}(\varepsilon)=\frac{1}{2\pi\sigma_{\varepsilon}^{2}}\exp\left(-\frac{\varepsilon_{1}^{2}+\varepsilon_{2}^{2}}{2\sigma_{\varepsilon}^{2}}\right) \tag{3.16}$$

式中，σ_{ε} 为噪声信号曲波系数均方差。

由于完整地震数据曲波域系数在各尺度分布近似为拉普拉斯分布，则父子系数联合概率分布函数可以定义为式(3.17)：

$$p_{w}(w)=\frac{1}{2\pi\sigma^{2}}\exp\left(-\frac{\sqrt{2}}{\sigma}(|w_{1}|+|w_{2}|)\right) \tag{3.17}$$

式中，σ 为完整地震数据曲波系数均方差。

将式(3.16)和式(3.17)两个概率分布函数代入式(3.15)，得到式(3.18)：

$$\hat{w}(\gamma)=\arg\max_{w}\left\{-\frac{(\gamma_{1}-w_{1})^{2}}{2\sigma_{\varepsilon}^{2}}-\frac{(\gamma_{2}-w_{2})^{2}}{2\sigma_{\varepsilon}^{2}}+\lg(p_{w}(w))\right\} \tag{3.18}$$

假定 $p_{w}(w)$ 是凸的且可微的，经过整理可得式(3.19)：

$$\hat{w}_{1}=\frac{\left(\sqrt{\gamma_{1}^{2}+\gamma_{2}^{2}}-\frac{\sqrt{3}\sigma_{\varepsilon}^{2}}{\sigma}\right)_{+}}{\sqrt{\gamma_{1}^{2}+\gamma_{2}^{2}}}\cdot\gamma_{1} \tag{3.19}$$

式中，$(g)_{+}$ 运算表示对于给定的参数 g，如果 $(g)>0$，则 $(g)_{+}=g$，否则，$(g)_{+}=0$。式(3.19)即为曲波域对当前系数的贝叶斯估计阈值公式，但其最终解的确定需要预知地震数据的曲波域分布参数，如噪声信号曲波系数均方差 σ_{ε}，以及完整地震数据曲波系数均方差 σ。由于曲波域最高尺度子带通常包含极少的重要系数，大量噪声信号的系数保留在该尺度中，因此可采用最高尺度各子带的系数均值作为 σ_{ε} 的估计值。曲波变换相邻系数具有较强的局部相关性，可以当前系数 γ_{1} 为中心的 3×3 邻域窗口的均方差作为 σ 的估计值。可见式(3.19)中的估计值 $\hat{w}_{1}$ 不再仅取决于幅值，而是由父系数和邻域窗口系数等分布情况共同决定，父系数越小，当前系数的估计值缩减的程度越大，特别地，当 γ_{2} 为 0 时，$\hat{w}_{1}=\left(\gamma_{1}-\frac{\sqrt{3}\sigma_{\varepsilon}^{2}}{\sigma}\right)_{+}$ 即软阈值函数。

3.4.2　算法实现步骤与流程

在欠采样地震数据压缩感知重建过程中，需要求解非线性的不适定问题，理

论与实践皆表明迭代法可以有效处理此类反问题，而且迭代法没有参数选择的问题(迭代次数起到正则化参数的作用)，是求解非线性不适定算子方程的有效途径之一，Landweber 迭代[13]是较为基础、高效且稳定的求解不适定问题的方法。该迭代方法是求解二次泛函$\left\|\boldsymbol{y}-\boldsymbol{A}^{\mathrm{cs}}\boldsymbol{\alpha}\right\|_2^2$极小值的最速下降法，可以表示为求解如式(3.5)的极小值问题。1995 年，Hanke 等[17]将求解线性问题的 Landweber 迭代法延拓到非线性问题，并定义了其迭代格式，同时给出了收敛性的分析，推动了 Landweber 迭代法的发展。本章采用凸投影和滤波操作交替迭代的 Landweber 迭代算法，每次迭代的滤波操作通过曲波域贝叶斯估计阈值函数过滤噪声，如式(3.20)所示：

$$\tilde{T}\left(\gamma_i^{(k+1)}\right)=\begin{cases}\hat{w}_i^{(k+1)}, & \sqrt{\gamma_i^2+\gamma_{i-1}^2}>\dfrac{\sqrt{3}\sigma_\varepsilon^2}{\sigma}\\ 0, & \text{其他}\end{cases} \tag{3.20}$$

式中，$\left(\gamma_i^{(k+1)}\right)$表示第$k+1$次迭代，欠采样地震数据在曲波域尺度为$i$的系数；$\hat{w}_i^{(k+1)}$表示曲波域完整地震数据尺度为$i$的系数的贝叶斯最大后验估计值。本章提出的基于曲波域贝叶斯估计阈值的地震数据压缩感知重建算法的实现步骤如下：

(1)输入：给定迭代停止参数τ，最大迭代次数K，地震数据观测矩阵$\boldsymbol{R}$，地震数据观测数据$\boldsymbol{y}$。

(2)初始化：迭代计数器$k=0$，曲波变换算子为$\boldsymbol{C}$，曲波变换级数为s，贝叶斯估计阈值算子为$\tilde{T}$，重建地震数据初值为$\boldsymbol{x}^{(0)}=\boldsymbol{R}^{\mathrm{T}}(\boldsymbol{y})$。

(3)重建处理过程：

while $\left\|\boldsymbol{x}^{(k+1)}-\boldsymbol{x}^{(k)}\right\|_2>\tau$ and $k\leqslant K$

曲波变换：$\boldsymbol{\alpha}^{(k)}=C(\boldsymbol{x}^{(k)})$

for $i=2$ to s

凸投影和贝叶斯估计阈值滤波处理：

$\boldsymbol{\alpha}_i^{(k+1)}=\tilde{T}\left\{\boldsymbol{\alpha}_i^k+C\left[y-C^T(\boldsymbol{\alpha}_i^k)\right]\right\}$

end for

曲波反变换：$\boldsymbol{x}^{k+1}=C^T\left(\boldsymbol{\alpha}^{(k+1)}\right)$

end while

return $\hat{\boldsymbol{x}}=\boldsymbol{x}^{(k+1)}$。

(4)输出：重建地震数据$\hat{\boldsymbol{x}}$。

详细流程如图 3.23 所示。

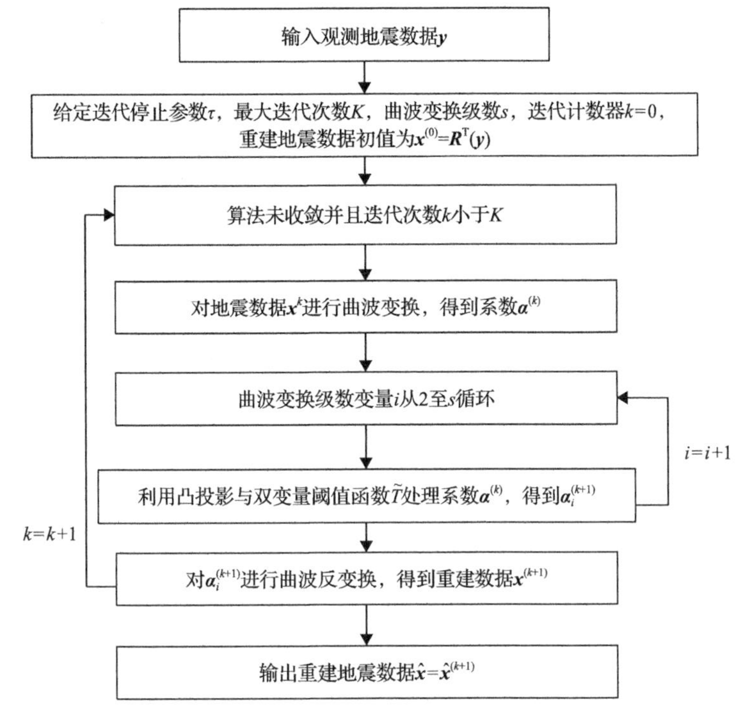

图 3.23　基于曲波稀疏表示的数据重建算法流程图

3.5　实验结果及分析

为验证本章算法的可行性及有效性，分别以合成地震数据、Marmousi 模型地震数据，Marmousi 地震模型是由法国石油研究院(Institut Francais Du Petrole, IFP)于 1988 年建立的，通常被用于检验先进地球物理数据处理方法的正确性和合理性，以及实际数据为例，把本章算法与软阈值算法进行对比数值实验。重建数据效果的衡量指标采用峰值信噪比(PSNR)如式(3.21)所示：

$$\mathrm{PSNR}=10\times\lg\frac{\max(\boldsymbol{f})^2}{\mathrm{MSE}} \tag{3.21}$$

式中，$\boldsymbol{f}$ 为原始完整地震数据；MSE 为完整地震数据与重建地震数据均方误差。

3.5.1　合成地震数据实验

首先采用一个模型做实验，采样间隔为 1ms，选择里克子波作为震源子波。选取合成单炮地震记录的部分数据如图 3.24(a)所示，图 3.24(b)为采样率 70%(即 30%欠采样)的欠采样地震数据，软阈值迭代算法重建效果如图 3.24(c)所示，本章算法重建效果如图 3.24(d)所示，可见图 3.24(c)椭圆形选择区域同相轴较模糊、块效应明显，而图 3.24(d)对应区域同相轴较为连续光滑。图 3.24(e)给出

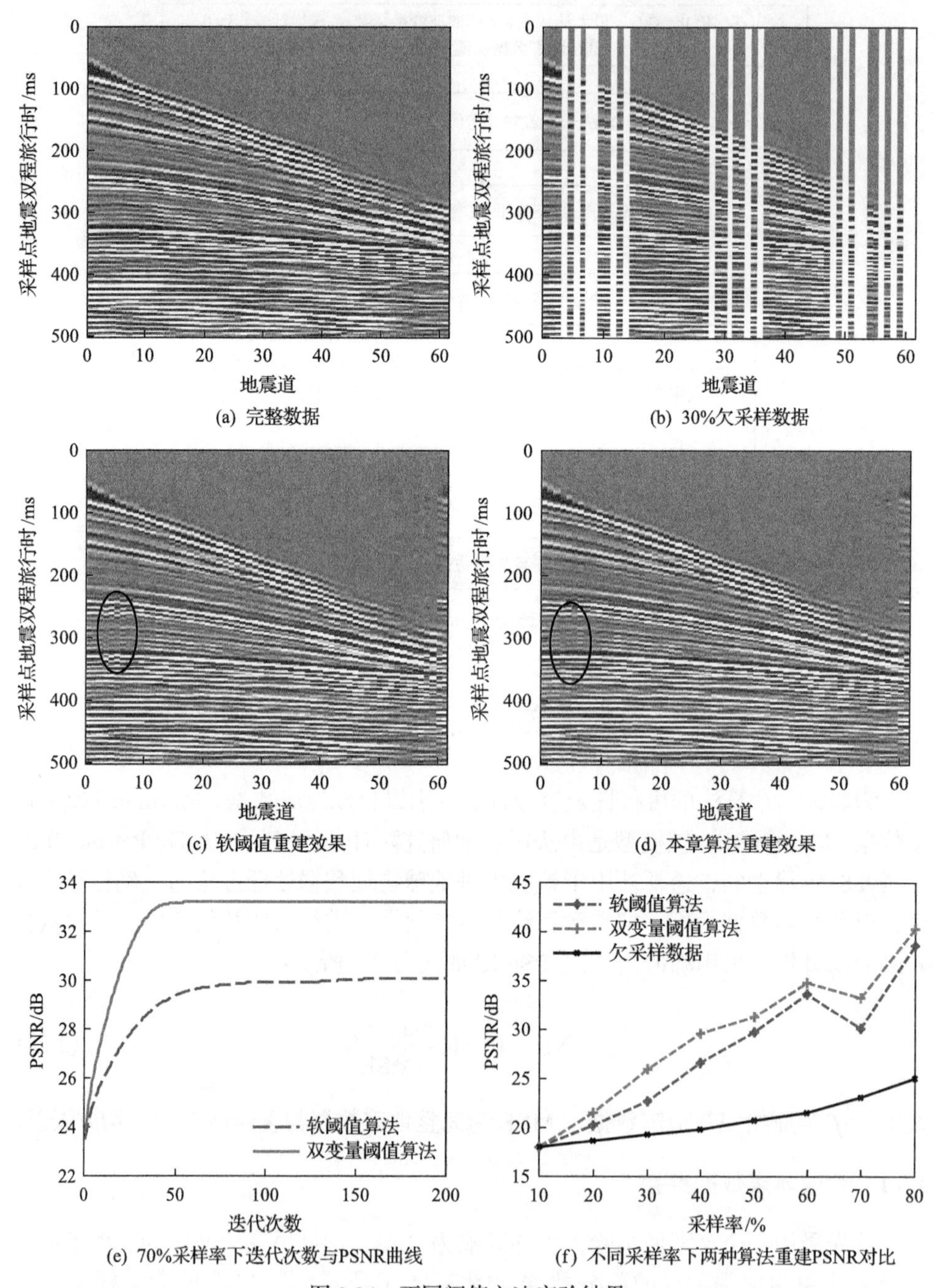

(a) 完整数据　(b) 30%欠采样数据

(c) 软阈值重建效果　(d) 本章算法重建效果

(e) 70%采样率下迭代次数与PSNR曲线　(f) 不同采样率下两种算法重建PSNR对比

图 3.24　不同阈值方法实验结果

了采样率 70% 下两种算法 PSNR 随不同迭代次数的变化对比曲线，图中两种算法随迭代次数的增加，PSNR 都逐渐提高最终趋于平稳，但本章算法首先达到收敛，且收敛的极大值高于软阈值算法。图 3.24(f)给出了不同采样率下两种算法重建 PSNR 对比，可见本章算法在不同采样率下重建 PSNR 均高于软阈值算法的 PSNR 值。

图 3.25 给出采样率 60%下软阈值算法与本章算法在迭代次数为 60 次、120 次的重建效果，本章算法在相同的迭代次数下，同相轴信息保持得较好，同相轴曲线更加光滑连续。

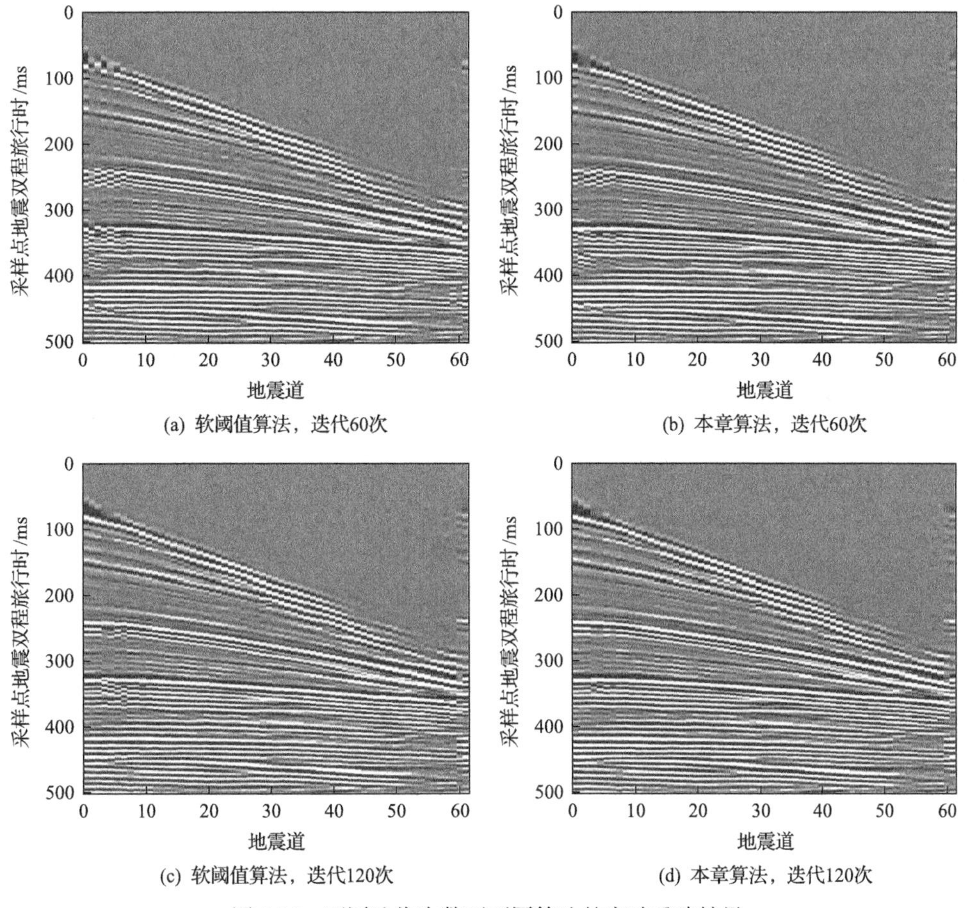

图 3.25　不同迭代次数下不同算法的实验重建结果

3.5.2　标准地震模型实验

为进一步验证本章算法的有效性，实验用例采用典型的 Marmousi 地震模型记录数据，选取 Marmousi 模型中间放炮两端接收的单炮地震记录如图 3.26(a)所示，

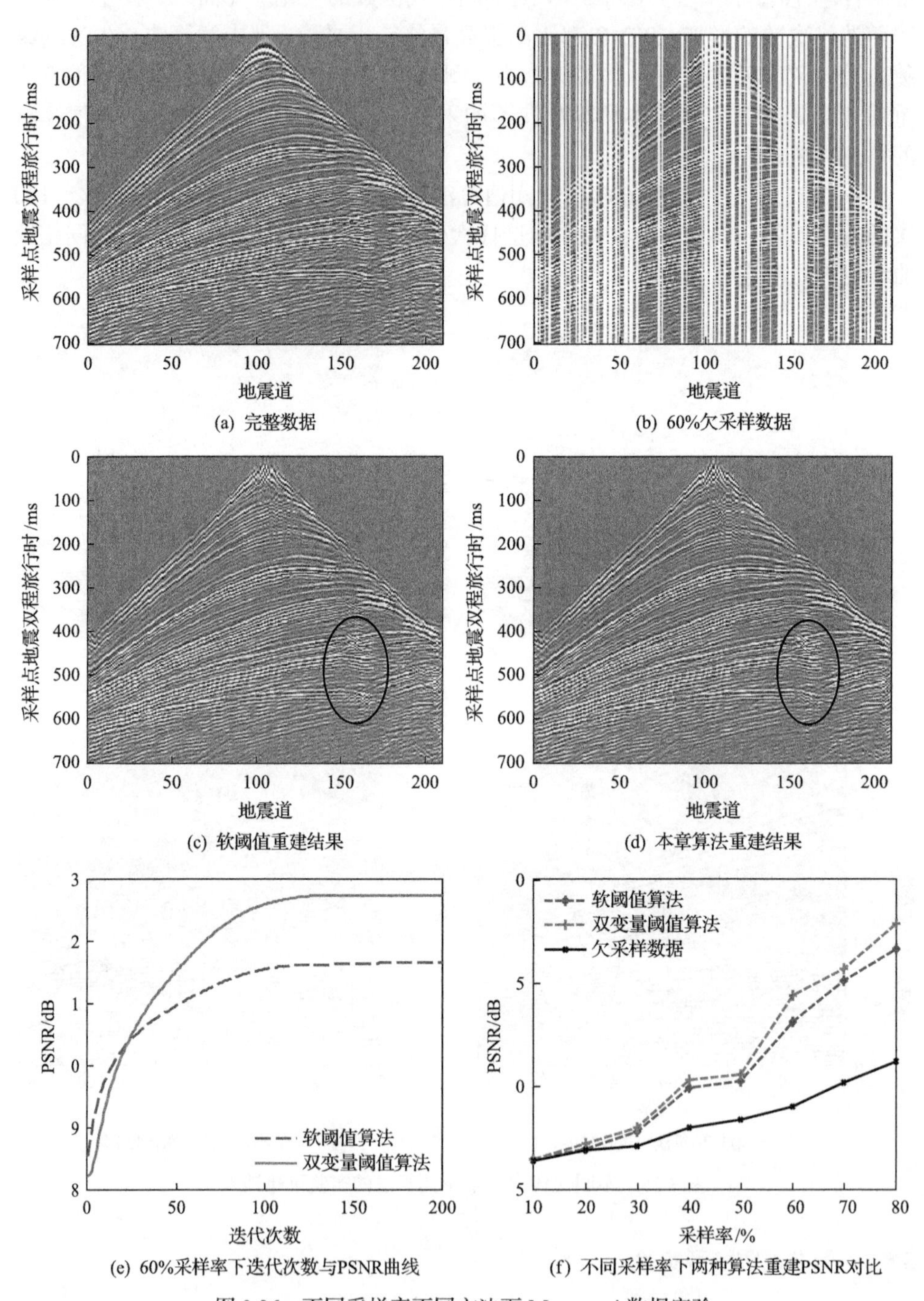

(a) 完整数据

(b) 60%欠采样数据

(c) 软阈值重建结果

(d) 本章算法重建结果

(e) 60%采样率下迭代次数与PSNR曲线

(f) 不同采样率下两种算法重建PSNR对比

图 3.26　不同采样率不同方法下 Marmousi 数据实验

图 3.26(b)为采样率为 60%的欠采样地震数据，软阈值重建效果如图 3.26(c)所示，本章算法重建效果如图 3.26(d)所示，可见图 3.26(c)椭圆形选择区域块效应比较突出，而图 3.26(d)对应区域同相轴相对光滑。图 3.26(e)给出了采样率为 60%下软阈值重建与本章算法 PSNR 随不同迭代次数的变化对比曲线，可见本章算法在迭代初期 PSNR 值低于前者，但在迭代 20 次后收敛速度明显加快，最终收敛于更高的 PSNR。图 3.26(f)给出了不同采样率下两种算法重建 PSNR 对比，可见本章算法重建效果在不同的采样率下均可以获得更高的 PSNR。

图 3.27 分别给出了软阈值算法与本章算法在迭代 50 次、100 次的重建效果，随迭代次数的增加，二者重建主观效果逐渐增强，在同相轴平滑区域重建质量差别不大，但在同相轴复杂区域本章算法重建效果优于前者。图 3.28 给出了软阈值算法与本章算法在采样率为 50%、70%及 80%重建效果的对比，在采样率为 50%时，二者重建的效果在同相轴复杂区域都产生一些模糊现象，由于软阈值算法在

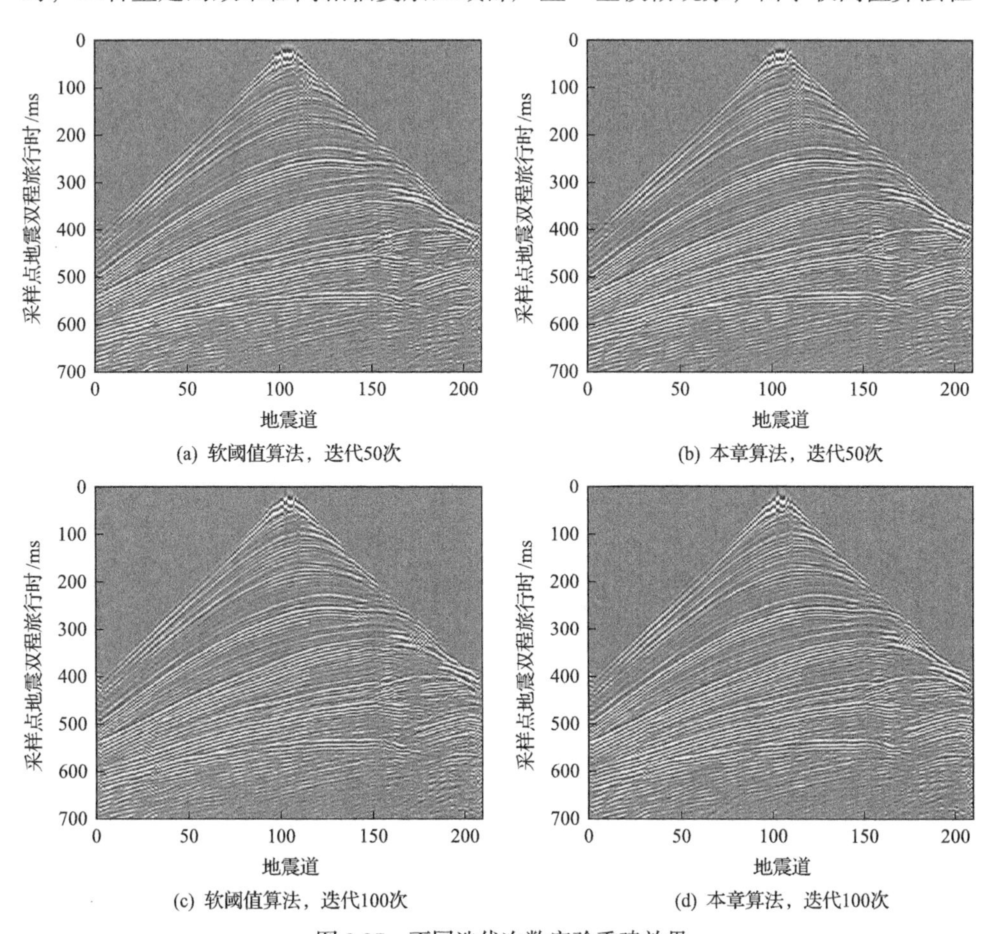

(a) 软阈值算法，迭代50次　(b) 本章算法，迭代50次

(c) 软阈值算法，迭代100次　(d) 本章算法，迭代100次

图 3.27　不同迭代次数实验重建效果

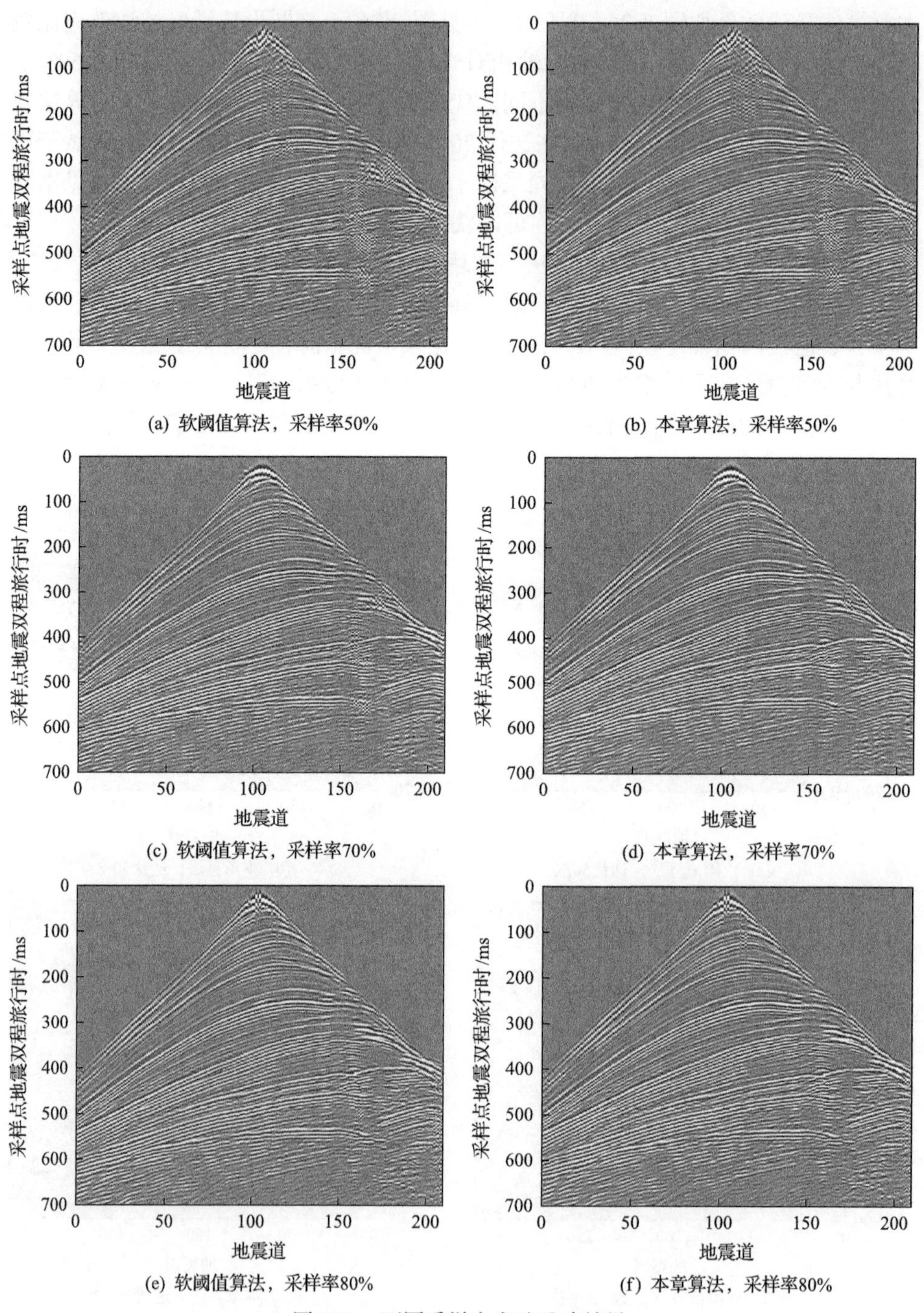

图 3.28　不同采样率实验重建结果

各个尺度都采用统一的阈值处理，而本章算法结合了曲波变换系数的相关性，使得同相轴相对连续光滑，主观效果有所提高，随着采样率的增加，如在 70%、80%时，本章算法重建效果的优势越来越明显。

图 3.29 分别给出软阈值算法与本章算法对于第 100 道数据(时间轴从 0～700ms)的重建结果对比，其中图 3.29(a)为软阈值算法重建效果，图 3.29(b)为本章算法重建效果，图中实线代表原始地震信号，虚线代表重建结果，通过对比可见本章算法幅值的恢复结果更接近原始信号。为了对比算法的计算复杂程度，表 3.3 给出软阈值算法与本章算法在不同采样率下，迭代 200 次的运行时间对比。相同采样率下，本章算法运行时间要大于软阈值算法 20～50s，原因在于每次迭代阈值处理过程中，软阈值算法中阈值的设定是固定的，阈值运算仅需要根据当前系数值与阈值比较即可，而本章算法额外需要搜索当前系数的父系数，并结合当前系数窗口的分布方差得到阈值，从而增加了计算量。

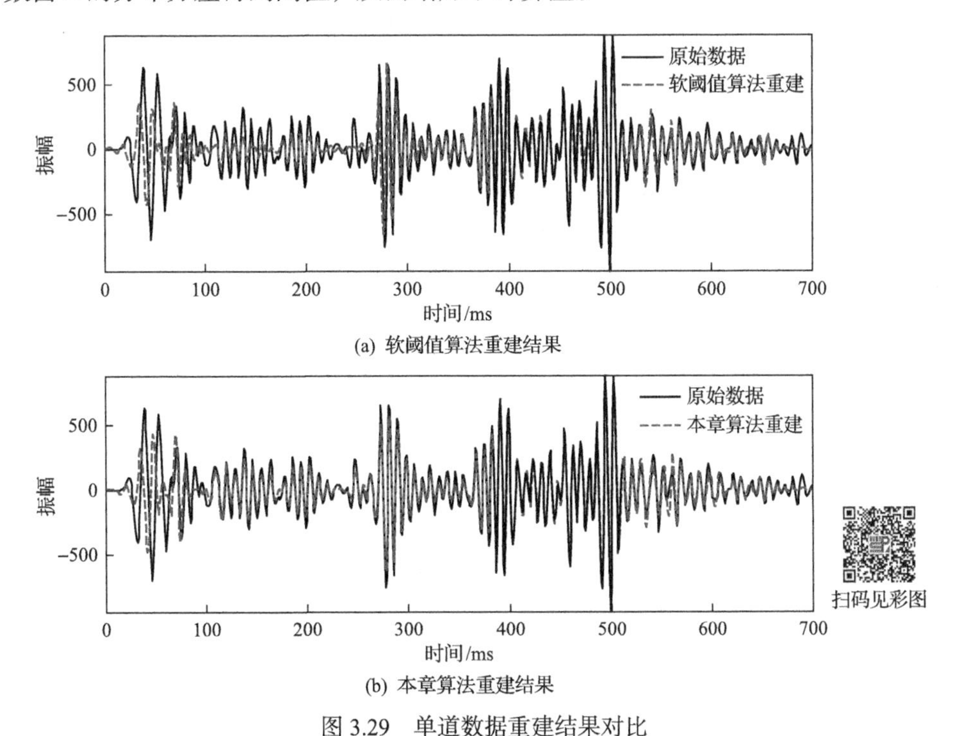

(a) 软阈值算法重建结果

(b) 本章算法重建结果

图 3.29　单道数据重建结果对比

表 3.3　不同采样率下运行时间对比

算法	不同采样率下运行时间/s								
	10%	20%	30%	40%	50%	60%	70%	80%	90%
软阈值算法	140.28	160.25	155.85	157.42	147.60	137.29	137.82	139.83	138.56
本章算法	191.29	185.61	193.86	190.72	177.46	163.48	167.27	165.09	170.08

3.5.3 实际地震数据实验

图 3.30(a)为某区实际叠后地震数据，选取 500 道，每道 400 个采样点(采样

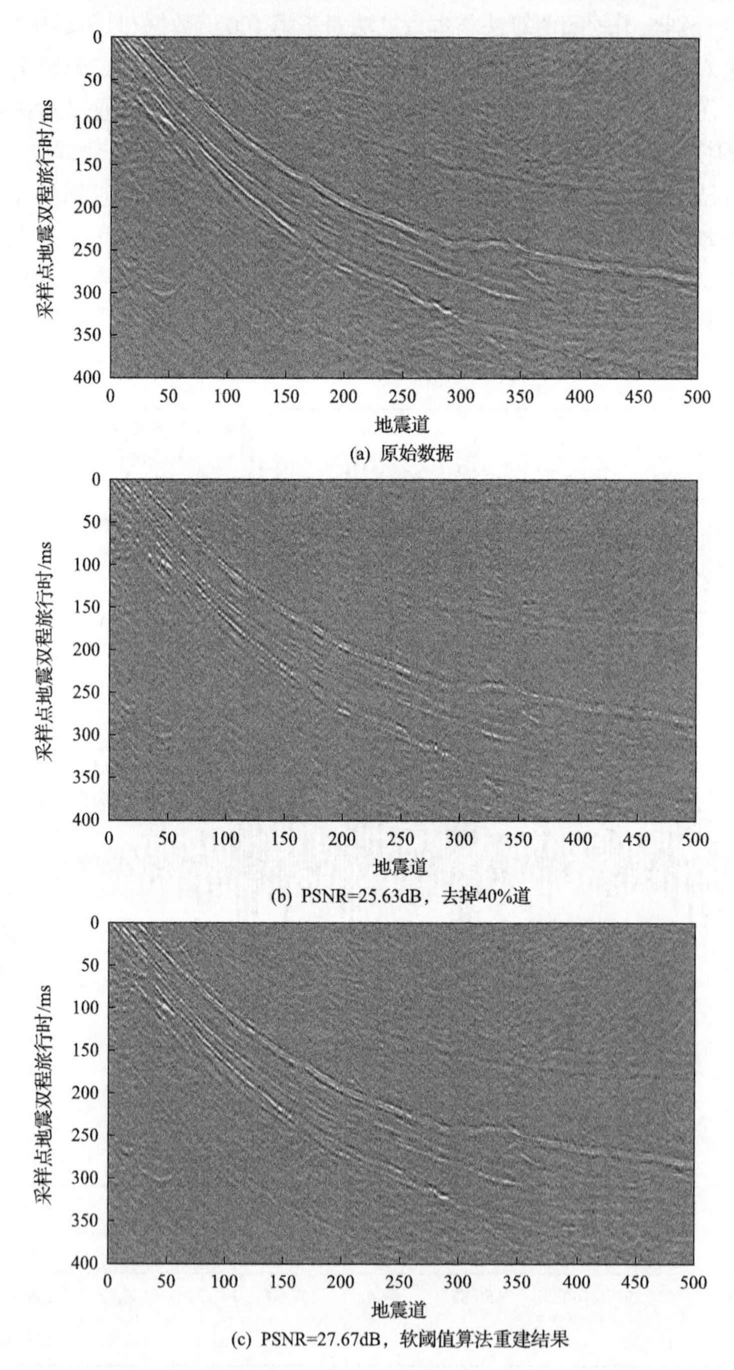

(a) 原始数据

(b) PSNR=25.63dB，去掉40%道

(c) PSNR=27.67dB，软阈值算法重建结果

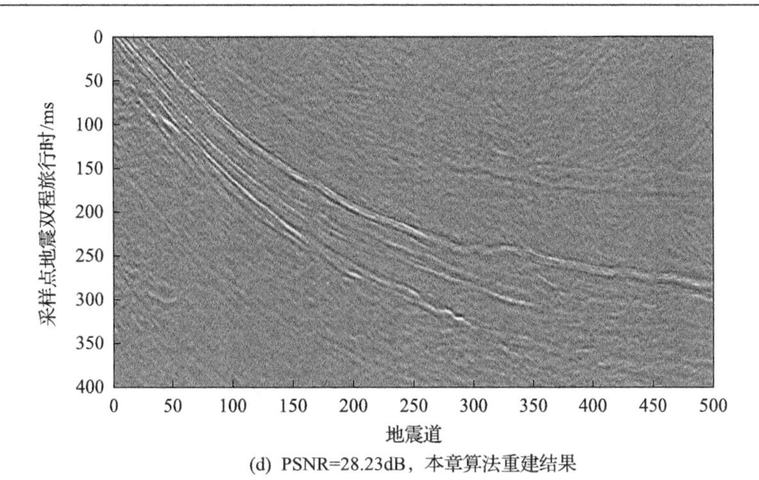

(d) PSNR=28.23dB，本章算法重建结果

图 3.30　实际叠后地震数据片段(a)、采样率为 60%的欠采样数据(b)、软阈值算法重建结果(c)和本章算法重建结果(d)

间隔 1ms)，采样间隔为 1ms。图 3.30(b)为随机采样率为 60%的地震道后的数据，图 3.30(c)为软阈值算法重建结果，图 3.30(d)为本章算法重建结果，从图 3.30(d)可见，各缺失道均得到了很好地恢复，地震同相轴较为光滑连续，其中强振幅同相轴恢复效果尤为明显。由于欠采样地震数据中的缺失道会改变原始地震数据的频谱，甚至引起假频，从而导致不准确的断层构造与不合理的地震解释，图 3.31 与图 3.32 分别给出了 *f-k* 域与 *f-x* 域软阈值算法和本章算法重建结果的频谱对比，可见两种重建算法恢复的数据都无假频存在，较好地逼近原始数据的频谱，相比之下本章算法能够得到与原始数据频谱更为接近的效果。

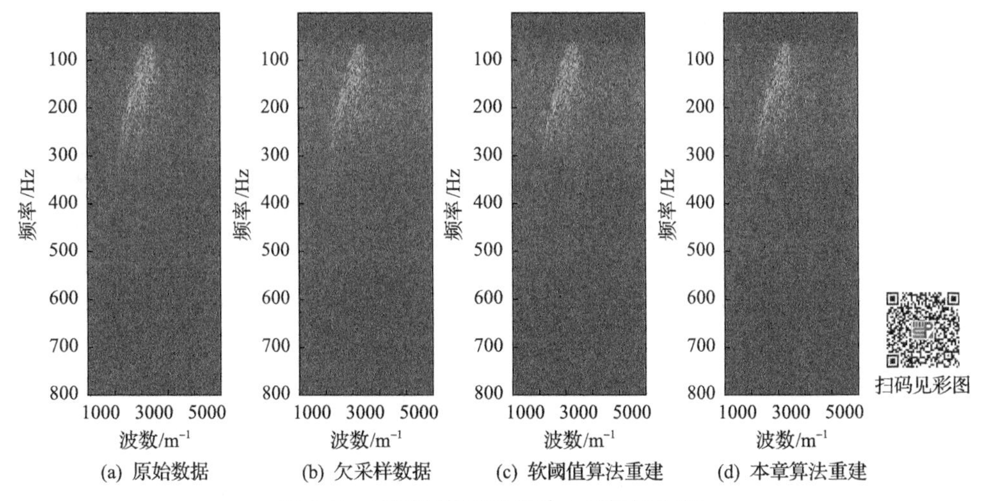

(a) 原始数据　(b) 欠采样数据　(c) 软阈值算法重建　(d) 本章算法重建

图 3.31　不同阈值方法重建 *f-k* 域结果对比

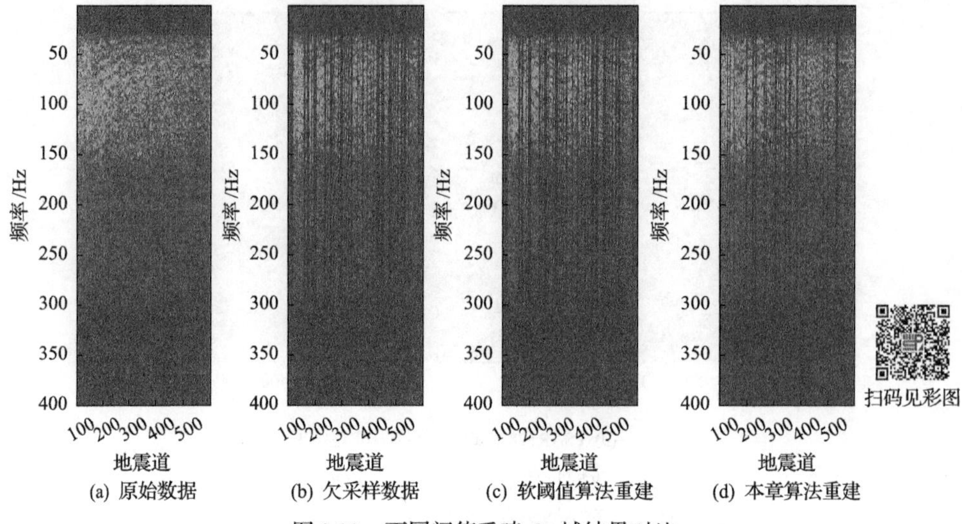

(a) 原始数据 (b) 欠采样数据 (c) 软阈值算法重建 (d) 本章算法重建

图 3.32 不同阈值重建 f-x 域结果对比

3.6 本章小结

本章从提高地震数据曲波域稀疏表示效果出发，进行了地震数据压缩感知重建技术的研究。在压缩感知重建理论框架下，利用地震数据曲波变换系数的相关性，对地震数据与噪声信号曲波变换父子系数联合分布建模，得到地震数据系数近似拉普拉斯分布，噪声信号系数近似高斯分布的先验，结合贝叶斯最大后验概率估计得到当前系数的双变量阈值函数，确定最终解时利用地震数据曲波域最高尺度系数与邻域窗口系数分布特点估计参数，提高曲波域地震数据重建处理的稀疏表示效率。此外本章还分析了压缩感知理论基本前提条件之一的采样方式问题，因为采样方式会影响数据重建的效果与布线方式，提出最大间距控制的随机采样方法，保证欠采样地震道间距在一定范围内随机，避免出现局部采样过多或过少的问题；分别通过在采样率为 10%至 80%的合成地震数据与 Marmousi 模型数据，及实际地震数据中实验，并与目前稀疏促进迭代方法中较为先进的软阈值法对比，本章算法具有较高的收敛性与准确性，重建 PSNR 高于软阈值算法 0.3～3dB，并且得到的重建数据中同相轴相对连续光滑，与原始数据频谱更为近似，但由于双变量阈值函数的计算复杂度较软阈值算法有所提高，总体运行时间略高于软阈值算法。

参 考 文 献

[1] Chemingui N. Handling the irregular geometry in wide-azimuth surveys[J]. SEG Technical Program Expanded Abstracts, 1996, 15(1): 32-35.

[2] Candès E J, Donoho D L. Curvelets[R]. Stanford: Department of Statistics, Stanford University, 1999.

[3] Herrmann F J, Hennenfent G. Non-parametric seismic data recovery with curvelet frames[J]. Geophysical Journal International, 2008, 173(1): 233-248.

[4] Shahidi R, Tang G, Ma J, et al. Application of randomized sampling schemes to curvelet-based sparsity-promoting seismic data recovery[J]. Geophysical Prospecting, 2013, 61(5): 973-997.

[5] Naghizadeh M, Sacchi M D. Beyond alias hierarchical scale curvelet interpolation of regularly and irregularly sampled seismic data[J]. Geophysics, 2010, 75(6): 189-202.

[6] Figueiredo M A T, Nowak R D. Wavelet-based image estimation: An empirical Bayes approach using Jeffrey's noninformative prior[J]. IEEE Transactions on Image Processing, 2001, 10(9): 1322-1331.

[7] Hyvärinen A. Sparse code shrinkage: Denoising of nongaussian data by maximum likelihood estimation[J]. Neural Computation, 1999, 11(7): 1739-1768.

[8] Sendur L, Selesnick I W. Bivariate shrinkage functions for wavelet-based denoising exploiting interscale dependency[J]. IEEE Transactions on Signal Processing, 2002, 50(11): 2744-2756.

[9] Chen S B, Donoho D L. Atomic decomposition by basis pursuit[J]. SIAM Journal on Scientific Computing, 2001, 43(1): 129-159.

[10] Tropp J A, Gilbert A C. Signal recovery from random measurements via orthogonal matching pursuit[J]. IEEE Transactions on Information Theory, 2007, 53(12): 4655-4666.

[11] Needell D, Vershynin R. Signal recovery from incomplete and inaccurate measurements via regularized orthogonal matching pursuit[J]. IEEE Journal of Selected Topics in Signal Processing, 2007, 4(2): 310-316.

[12] Figueiredo M A T, Nowak R D, Wright S J. Gradient projection for sparse reconstruction: Application to compressed sensing and other inverse problems[J]. IEEE Journal of Selected Topics in Signal Processing, 2008, 1(4): 586-597.

[13] Landweber L. An iteration formula for fredholm integral equations of the first kind[J]. American Journal of Mathematics, 1951, 73(3): 615-624.

[14] Daubechies I, Defrise M, de Mol C. An iterative thresholding algorithm for linear inverse problems with a sparsity constraint[J]. Communications on Pure Applied Mathematics, 2004, 57(11): 1413-1457.

[15] Candès E J. The restricted isometry property and its implications for compressed sensing[J]. Comptes Rendus Mathematique, 2008, 346(9-10): 589-592.

[16] Candès E J, Donoho D L. New tight frames of curvelets and optimal representations of objects with C2 singularities[J]. Communication on Pure and Applied Mathematics, 2004, 57(2): 219-266.

[17] Hanke M, Neubauer A, Scherzer O. A convergence analysis of the Landweber iteration for nonlinear ill-posed problems[J]. Numerische Mathematik, 1995, 72(1): 21-37.

第 4 章　基于波原子稀疏表示的数据重建

目前基于压缩感知的地震数据重建方法逐渐引起国内外学者的关注[1]，压缩感知理论依靠信号本身的稀疏性和观测方式的非相关性，只要信号在某个变换域上是稀疏或可压缩的，就可以用一个与稀疏表示基不相关的测量矩阵对信号进行降维观测，并在接收端通过求解最优化问题，以较高的概率根据其低维观测值，高精度重建原始信号。

当前基于压缩感知的地震数据重建重点研究的问题包括：①地震数据不相关的观测方法[2]；②地震数据最优的稀疏表示[3]；③重建模型最优化的求解算法[4]。上述一系列问题中地震数据最优的稀疏表示方法是提高重建效果的关键。传统地震数据稀疏表示的方法有傅里叶变换[5]、Radon 变换[6]、小波变换[7]等。傅里叶变换是一种全局变换，没有局部化分析功能，基于傅里叶变换的重建方法容易产生吉布斯现象；Radon 变换能够较好地捕捉地震数据中的直线特征，但地震波前在空间上通常呈曲线状；小波变换是一种时间-频率域的局域性变换，因而能有效表示各向同性的点奇异特征，虽然在地震数据处理方面表现出一定能力，但在边界和波前奇异线条附近存在不光滑和模糊现象。

近年来发展的多尺度几何分析技术由于具有良好的多尺度性、多方向性和各向异性，更加适合稀疏表示地震波前特征，在地震数据处理中得到了广泛应用，如 Ridgelets 变换[8]，曲波变换等多尺度几何分析稀疏表示方法也逐渐应用于地震数据重建等处理，并取得了较好的效果[9-11]。本书第 3 章为提高曲波域的稀疏表示能力，利用曲波变换的系数相关性，在曲波域通过贝叶斯最大后验估计建立阈值函数，得到较好的重建效果，但是曲波变换对于简单的纹理模型，如地震波前信息不具有最优的稀疏表能力，影响重建模型中解释变量的有效性，容易导致地震波形纹理区域的重建效果不理想。

波原子变换(wave atoms transform)[12]是一种特殊的二维波包的变形，与曲波相比，其基的支撑区间是各向同性的，而其每个波包的振动周期和支撑尺寸满足抛物尺度关系，即波长约等于支撑尺寸的平方，在这个意义下可以简单地将波原子理解为方向小波和 Gabor 原子的插值。相对于小波、Gabor 和曲波而言，波原子对简单纹理模型具有最优的稀疏表示，对于给定的精度，只需要 $O(N)$ 个波原子系数就可以表示(其中，O 表示量级，N 表示规模)，但需要 $O(N^{3/2})$ 个曲波系数，$O(N^2)$ 个小波系数和 Gabor 系数才能达到同样的精度。陈书贞等[13]将波原子变换引入图像的压缩感知重构处理中，由于波原子可以有效稀疏表示图像的纹理区域，于是得到了较好的重构效果。杨宁等[14]利用波原子具有准确稀疏表示地震波前曲线的特点，通过系数相关性对叠前地震数据进行去噪处理，具有较高的信噪比。

本章提出基于波原子域的地震数据压缩感知重建算法，首先分析波原子变换的基本原理与波原子的构造方式，研究波原子变换稀疏表示地震数据的效果；接着基于波原子域建立压缩感知框架下的地震数据重建稀疏约束正则化模型；在模型的求解过程中，采用循环平移技术抑制重建数据中的噪声，结合指数阈值收缩模型逐步促进编码系数的稀疏程度，保留地震数据主要特征；最后给出整体算法实现的步骤、流程及实验数值结果与分析。

4.1　波原子域稀疏表示

本节首先阐述波原子变换的基本原理与波原子的构造方式，在此基础上对比小波变换、波原子变换、曲波变换三种不同的稀疏表示方法对地震数据的表示效果，说明波原子变换稀疏表示地震数据的效果。

4.1.1　波原子变换

波原子是一种特殊二维波包的变形，实现了多尺度、方向性、和局域性较好的权衡。每个小波包的振动周期和支撑尺度满足抛物线函数，即波长约等于支撑尺寸的平方，相对于小波、Gabor 和曲波而言，波原子对于振荡函数(简单的纹理模型)具有最优的稀疏表示，因此具有较好的纹理保持性能。

1. 波原子变换原理

在二维空间考虑波原子形式的定义，记 $x=(x_1,x_2)$，傅里叶变换为

$$\hat{f}(\omega)=\int \mathrm{e}^{-\mathrm{i}x\cdot\omega} f(x)\mathrm{d}x\,,\quad f(x)=\frac{1}{(2\pi)^2}\int \mathrm{e}^{\mathrm{i}x\cdot\omega}\hat{f}(\omega)\mathrm{d}\omega \tag{4.1}$$

设波原子为 φ_μ，下标 $\mu=(j,m,n)=(j,m_1,m_2,n_1,n_2)$，其中 j,m_1,m_2,n_1,n_2 均为整数，定位相空间中的点 (x_μ,ω_μ)，其中 $x_\mu=2^{-j}n$，$\omega_\mu=\pi\cdot 2^j m$，$C_1 2^j\leqslant\max\limits_{i=1,2}|m_i|\leqslant C_2\cdot 2^j$，$C_1$、$C_2$ 分别为大于零的常数；x_μ、ω_μ 分别表征波原子在空间域和频率域的中心。此外，二维波原子在相空间 (x_μ,ω_μ) 附近还必须满足局部化条件。假定波包 $\{\varphi_\mu\}$ 的框架元为波原子，若对任意 $M>0$，φ_μ 在空间域和频率域中的局部化条件为

$$\left|\hat{\varphi}_\mu(\omega)\right|\leqslant C_M\cdot 2^{-j}(1+2^{-j}\left|\omega-\omega_\mu\right|)^{-M}+C_M\cdot 2^{-j}(1+2^{-j}\left|\omega+\omega_\mu\right|)^{-M} \tag{4.2}$$

并且

$$\left|\varphi_{\mu}(x)\right| \leqslant C_M \cdot 2^j\left(1+2^j\left|x-x_{\mu}\right|\right)^{-M} \tag{4.3}$$

以上两个条件是对波原子在时频局部化约束下的定性描述。

2. 波原子构造

在一维空间中，假设 g 为实值无穷可微的冲击函数，支撑区间为$[-7\pi/6,5\pi/6]$。当$|\omega| \leqslant \pi/3$时，满足：

$$g(\pi/2-\omega)^2+g(\pi/2+\omega)^2=1, \quad g(-2\omega-\pi/2)^2+g(\pi/2+\omega)^2=1 \tag{4.4}$$

利用 g 定义：

$$\hat{\varphi}_m^0(\omega)=\mathrm{e}^{-\mathrm{i}\omega/2}\left(\mathrm{e}^{\mathrm{i}\alpha_m} g\left\{\varepsilon_m\left[\omega-\pi\left(m+\frac{1}{2}\right)\right]\right\}+\mathrm{e}^{-\mathrm{i}\alpha_m} g\left\{\varepsilon_{m+1}\left[\omega+\pi\left(m+\frac{1}{2}\right)\right]\right\}\right) \tag{4.5}$$

式中，$\varepsilon_m=(-1)^m$，$\alpha_m=\dfrac{\pi}{2}\left(m+\dfrac{1}{2}\right)$。

选择适当的 m，使 $\sum\limits_m\left|\hat{\varphi}_m^0(\omega)\right|=1$，则 $\left\{\varphi_m^0(t-n)\right\}$，$n\in Z$，构成 $L^2(R)$ 空间的一组正交基。于是频率域轴的多尺度覆盖可以通过二进缩放 $\hat{\varphi}_m^0(\omega)$ 实现。引入尺度指标为 j，记基函数为

$$\varphi_{m,n}^j(x)=\varphi_m^j(x-2^{-j}n)=2^{j/2}\varphi_m^0(2^j x-n) \tag{4.6}$$

虽然 $\left\{\varphi_{m,n}^j(x)\right\}$ 也称作波包[15]，但它与标准小波包有着本质的差异，其在空间域与频率域都具有一致有界局部化性质，这一点对于波原子的构造及其性质起着至关重要的作用。对于一维信号 $f(x)$，其波原子变换可视为

$$c_{j,m,n}=\int \varphi_m^j(x-2^{-j}n)f(x)\mathrm{d}x \tag{4.7}$$

进一步，由 Plancherel 公式，有

$$c_{j,m,n}=\int \varphi_m^j(x-2^{-j}n)f(x)\mathrm{d}x=\frac{1}{2\pi}\int \mathrm{e}^{\mathrm{i}2^{-j}n\omega}\,\overline{\hat{\varphi}_m^j(\omega)}\hat{f}(\omega)\mathrm{d}\omega \tag{4.8}$$

在二维空间中，波原子的构造可以通过一维波原子实现。设一维波原子为 $\varphi_m^j(x-2^{-j}n)$，$\mu=(j,m,n)$，$m=(m_1,m_2)$，$n=(n_1,n_2)$，令：

$$\psi_{\mu}^{+}(x_1,x_2)=\varphi_{m_1}^{j}(x_1-2^{-j}n_1)\cdot\varphi_{m_2}^{j}(x_2-2^{-j}n_2) \tag{4.9}$$

$$\psi_{\mu}^{-}(x_1,x_2)=H\left\{\varphi_{m_1}^{j}(x_1-2^{-j}n_1)\right\}\cdot H\left\{\varphi_{m_2}^{j}(x_2-2^{-j}n_2)\right\} \tag{4.10}$$

式中，$H\{\cdot\}$ 表示 Hilbert 变换。$\psi_{\mu}^{+}(x_1,x_2)$ 和 $\psi_{\mu}^{-}(x_1,x_2)$ 都是规范正交基(事实上，它们是一对张量形式的波原子正交基)，于是其组合 $\psi_{\mu}^{(1)}=\dfrac{\psi_{\mu}^{+}+\psi_{\mu}^{-}}{2}$ 和 $\psi_{\mu}^{(2)}=\dfrac{\psi_{\mu}^{+}-\psi_{\mu}^{-}}{2}$，构成了冗余度为 2 的波原子紧框架，它们在频率域中有对称的两部分，即与一维波原子有相似的结构与性质，由此可见波原子变换的基函数具有完备性与反变换的唯一性。

4.1.2　地震数据波原子域稀疏表示

地震数据中的同相轴构成丰富的曲线状纹理，由波原子变换的基本原理可知，波原子域可以对地震数据具有较好的稀疏逼近特性。如图 4.1(a)所示的地震数据包含 256 个采样点、128 个记录道，分别采用小波变换、波原子变换、曲波变换三种不同的稀疏表示方法得到的系数数目如表 4.1 所示，曲波得到的系数最多，小波变换得到的系数最少。分别取其中 2000 个幅值最大的系数重构数据，效果分别如图 4.1(b)～(d)所示，可见波原子对于同相轴中的纹理信息重构效果最好，曲波的曲线特征保持能力优于小波，而小波变换重构的整体 SNR 高于曲波变换。图 4.2 给出了三种不同稀疏表示方法重构的 SNR 随系数数目变化的曲线，可见在

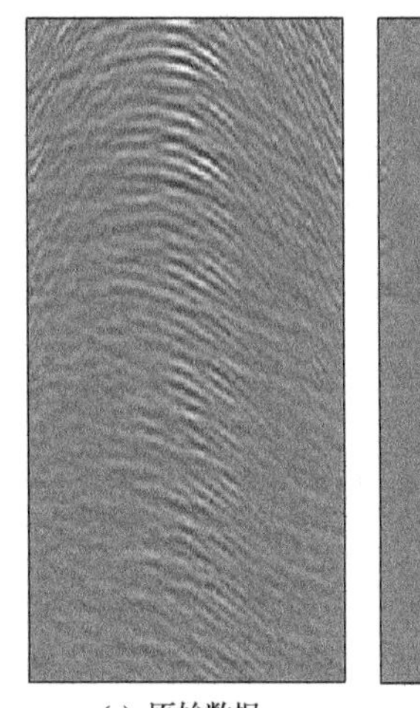

(a) 原始数据

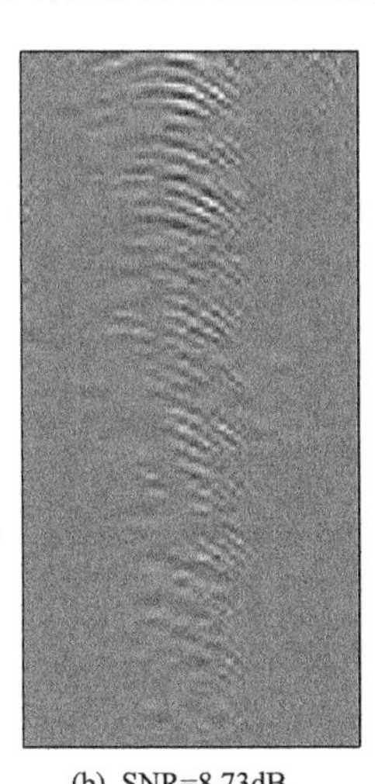

(b) SNR=8.73dB，小波重构

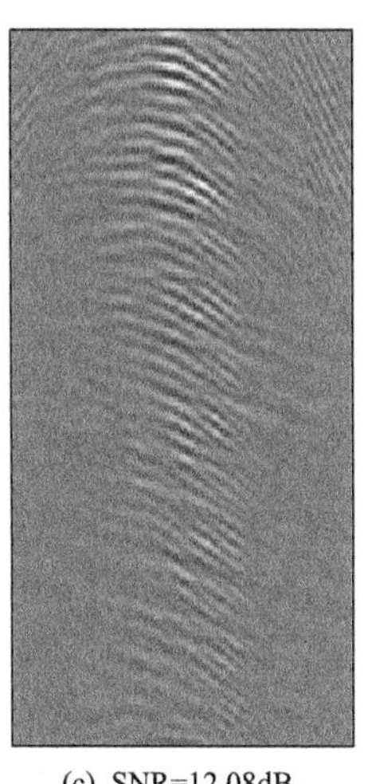

(c) SNR=12.08dB，波原子重构

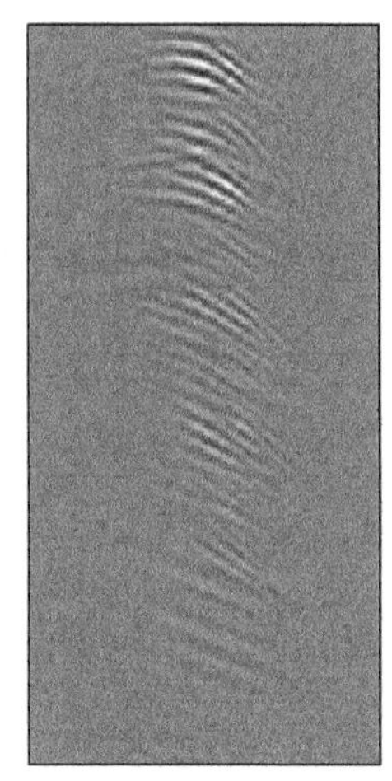

(d) SNR=7.57dB，曲波重构

图 4.1　不同稀疏表示方法重构效果对比

表 4.1 不同稀疏表示方法得到系数数目

稀疏表示方法	小波变换	波原子变换	曲波变换
系数数目	37304	65536	92712

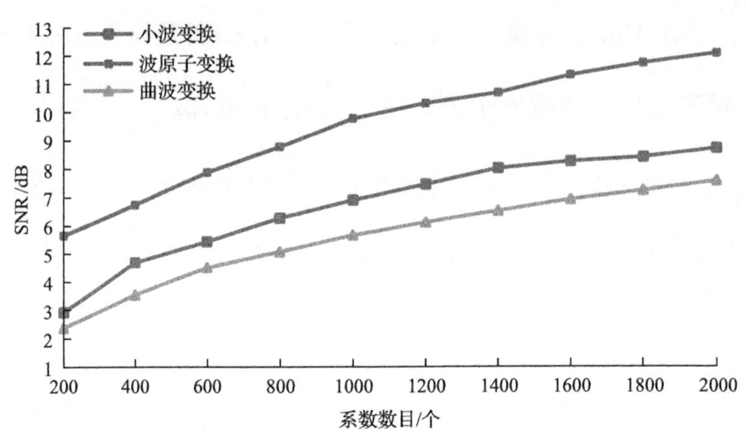

图 4.2 不同稀疏表示方法随系数数目变化重构的 SNR 曲线

系数数目相同的条件下，波原子重构得到的 SNR 均高于小波与曲波变换。从而说明波原子变换得到的变换系数冗余程度相对低，并且能够更准确地稀疏表示地震数据，提高地震数据重建稀疏约束正则化模型中解释变量的有效性。

4.2 波原子域压缩感知重建算法

本节提出基于波原子域稀疏表示的地震数据压缩感知重建算法，在地震数据重建稀疏性约束正则化模型求解过程中，提出引入循环平移方法抑制重建数据中的噪声；在迭代过程中，提出利用指数阈值收缩模型逐步促进编码系数的稀疏程度，保留地震数据的主要特征，最后给出整个模型求解算法的实现步骤与流程。

4.2.1 循环平移技术

在求解本章提出的地震数据重建模型过程中，可利用波原子域冷却阈值迭代法，反演求解 L_1 最小优化问题，由于波原子变换缺乏平移不变性，易在地震数据缺失道邻域产生吉布斯现象，而导致重建数据失真，该失真与地震数据缺失道的位置密切相关。在图像处理领域 Coifman 和 Donoho[16]提出的循环平移(cycle spinning)技术，通过对含噪声图像循环平移、阈值去噪、逆向循环平移，由于每次平移后的图像进行阈值去噪会使吉布斯现象出现在不同的地方，针对图像行和列方向上的每组平移量都会得到一个不同的去噪结果，对所有去噪结果进行线性平均，可抑制噪声。杨勇等[17]提出在轮廓波变换域下，结合人眼视觉系统特性和循环平移的图像融合方法，利用循环平移克服融合过程中奇异点产生的吉布斯现象，提高了融合效果。薛诗桂[18]基于曲波变换结合循环平移技术，提出了一种用于地震随机噪声衰减的方法，在利用曲波变换阈值去噪算法基础上，引入循环平移技术，消除曲波变换由于缺乏平移不变性所导致的信号吉布斯效应，保留有效信号，获得了较好的去噪效果。宋宜美和宋国乡[19]结合波原子变换和循环平移技术的优点，提出一种图像去噪算法。由于波原子变换缺乏平移不变性，直接对系数阈值去噪会在去噪图像边缘产生吉布斯现象，导致图像的失真，引入循环平移技术可有效抑制这种视觉失真，减弱传统去噪方法引起的吉布斯现象，视觉效果可以得到较好的改善。

本章提出利用循环平移技术，对地震数据分别在时间轴和检波器轴上进行循环平移，设 $S_{i,j}$ 表示平移量为 i 、j（$i=0,1,2,\cdots,K_1$ ， $j=0,1,2,\cdots,K_2$ ， K_1 和 K_2 分别为时间轴和检波器轴最大平移量）的循环平移算子，$\hat{S}_{i,j}$ 为逆循环平移算子，地震数据重建迭代过程式(4.10)在平移量为 i 和 j 条件下的可以表示为

$$\boldsymbol{\alpha}_{i,j}^{(k+1)}=T\left[\boldsymbol{\alpha}_{i,j}^{(k)}+W\boldsymbol{R}_{i,j}^{\mathrm{T}}\left(\boldsymbol{y}_{i,j}-\boldsymbol{R}_{i,j}W^{-1}\boldsymbol{\alpha}_{i,j}^{(k)}\right)\right] \tag{4.11}$$

式中，T 为阈值算子；$\boldsymbol{\alpha}_{i,j}^{(k)}=W(\boldsymbol{x}_{i,j}^{(k)})$ ， $\boldsymbol{x}_{i,j}^{(k)}=V\{S_{i,j}[V^{-1}(\boldsymbol{x}^{(k)})]\}$ 为循环平移原始地震数据向量；$\boldsymbol{R}_{i,j}=S_{i,j}(\boldsymbol{R})$ 为循环平移观测矩阵；$\boldsymbol{y}_{i,j}=V\{S_{i,j}[V^{-1}(\boldsymbol{y})]\}$ 为循环平移的观测地震数据向量。

最大平移量 K_1 和 K_2 下（$K_1=0,1,2,\cdots,N_t$ ， $K_2=0,1,2,\cdots,N_r$），对应的重建地震数据向量可以表示为

$$\boldsymbol{x}^{(k)}=\frac{1}{K_1K_2}\sum_{i=1}^{K_1}\sum_{j=1}^{K_2}\boldsymbol{x}_{i,j}^{(k)} \tag{4.12}$$

4.2.2　指数阈值收缩模型

地震数据重建过程中，阈值收缩迭代参数的选择方式对重建效率有重要影响。由于欠采样地震数据包含的曲线状波前信息被随机缺失的地震道所打断，在波原子域表现为噪声特征，且迭代初期该噪声的能量强度相对较大，如图 4.3 所示，同时噪声对应的波原子变换系数在迭代初期幅值也相应较大，如图 4.4 所示。

因此阈值收缩速度的设定在迭代初期应该相对加快，以加速噪声的去除；在迭代接近结束时，噪声相对较小，阈值收缩速度的设定应该适当放缓，加强地震数据的细节信息保留。线性变化的阈值收缩模型无法满足上述要求，如图 4.5 所示。

文献[20]在凸集投影(projection onto convex sets，POCS)框架下，提出利用指数型阈值集合模型在傅里叶域进行地震数据重建的研究，相对于线性模型阈值可以有效减少迭代次数，提高重建效率，受该研究的启发，本章提出波原子域的指数阈值收缩模型，阈值收缩函数表示为

$$\text{Threshold}^{(k)} = \text{Threshold}^{(1)} \times \delta^{k-1} \tag{4.13}$$

式中，k 为迭代次数；$\text{Threshold}^{(1)}$ 为初始阈值；δ 为阈值收缩因子。

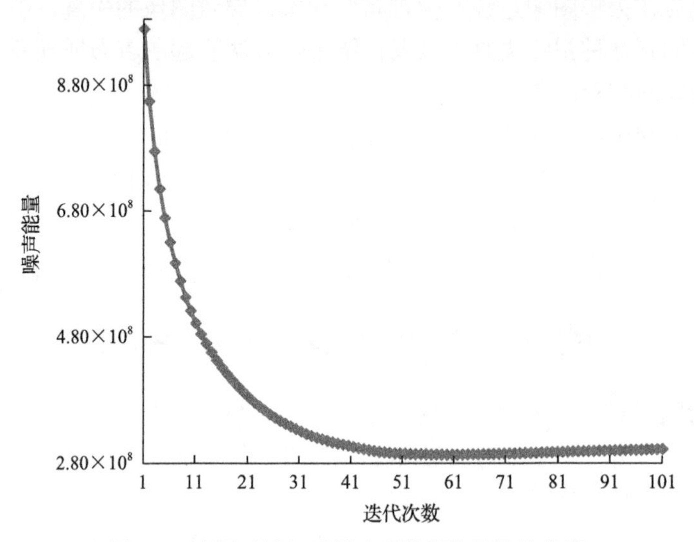

图 4.3　波原子域欠采样地震数据能量变化曲线

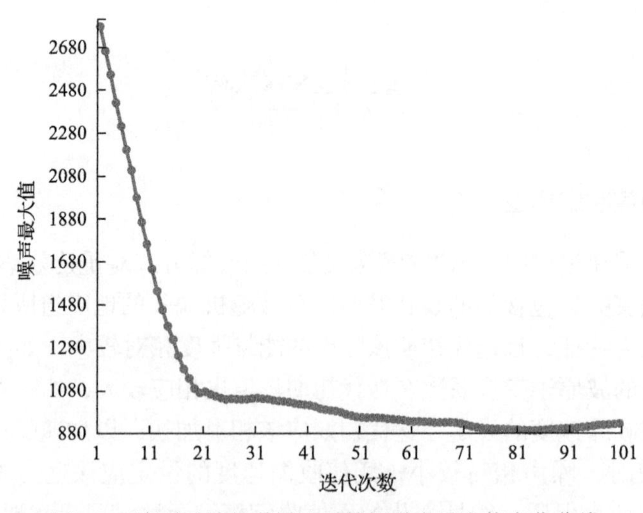

图 4.4　波原子域欠采样地震数据噪声最大值变化曲线

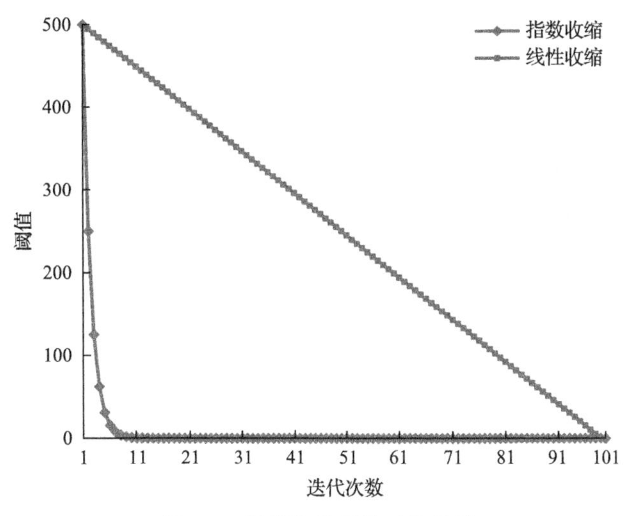

图 4.5　阈值收缩函数对比曲线

4.2.3　算法实现步骤与流程

提出的基于波原子域稀疏表示的地震数据压缩感知重建算法的总体思想是：通过 Landweber 迭代阈值收缩算法反演求解提出的正则框架下 L_1 范数最小优化问题，每次迭代结合循环平移技术抑制重建数据中的噪声，采用指数阈值收缩模型逐步促进编码系数的稀疏程度，逐渐逼近原始地震数据。本章提出的基于波原子域的地震数据压缩感知重建算法的实现步骤如下：

(1) 输入：给定迭代停止参数 τ，最大迭代次数 L，阈值收缩因子 δ，地震数据观测采样矩阵 $\boldsymbol{R}$，地震欠采样观测数据 $\boldsymbol{q}$。

(2) 初始化：迭代计数器 $k=1$，初始阈值 $\text{Threshold}^{(1)}$，阈值收缩因子 δ，最大循环平移量 K_1 和 K_2，波原子变换算子为 W，向量化算子 V，$\boldsymbol{y}=V(\boldsymbol{q})$，重建初值为 $\boldsymbol{x}^{(1)}=\boldsymbol{R}^{\mathrm{T}}(\boldsymbol{y})$。

(3) 重建处理过程：

while $(k \leqslant L)$

for $i=1$ to K_1

for $j=1$ to K_2

$\boldsymbol{x}_{i,j}^{(k)}=S_{i,j}(\boldsymbol{x}^{(k)})$

$\boldsymbol{\alpha}_{i,j}^{(k)}=W(\boldsymbol{x}_{i,j}^{(k)})$

$\boldsymbol{\alpha}_{i,j}^{(k+1)}=\boldsymbol{\alpha}_{i,j}^{(k)}+WR_{i,j}^{\mathrm{T}}\left(\boldsymbol{y}_{i,j}-R_{i,j}W^{-1}\boldsymbol{\alpha}_{i,j}^{(k)}\right)$

$$\hat{\boldsymbol{\alpha}}_{i,j}^{(k+1)}=\begin{cases}\boldsymbol{\alpha}_{i,j}^{(k+1)}, & \left|\boldsymbol{\alpha}_{i,j}^{(k+1)}\right| \geqslant \text{Threshold}^{(k)} \\ 0, & \text{else}\end{cases}$$

$\hat{\boldsymbol{x}}_{i,j}^{(k+1)} = W^{-1}\hat{\boldsymbol{\alpha}}_{i,j}^{(k+1)}$

```
      end for
   end for
```

$\boldsymbol{x}^{(k+1)} = \frac{1}{K_1K_2}\sum_{i=1}^{K_1}\sum_{j=1}^{K_2}\hat{\boldsymbol{x}}_{i,j}^{(k+1)}$

$\text{Threshold}^{(k)} = \text{Threshold}^{(1)} \times \delta^{k-1}$

$\text{if}\left(\left\|\boldsymbol{x}^{(k+1)} - \boldsymbol{x}^{(k)}\right\|_2^2 \leqslant \tau\right)$

```
     break;
   end if
end while
```

return $\hat{\boldsymbol{f}} = V^{-1}(\boldsymbol{x}^{(k+1)})$。

(4)输出：重建地震数据 $\hat{\boldsymbol{f}}$ 。

详细的流程如图 4.6 所示。

4.3 实验结果与分析

实验的硬件平台采用双核 CPU 主频 3.3GB 的 Intel I5 微机，内存容量为 4GB。系统软件为 32 位 Windows 7 操作系统，仿真实验软件使用 Matlab R2013b。实验用例分别采用合成地震数据、Marmousi 模型数据，以及实际地震数据。地震数据重建效果的衡量指标采用信噪比(SNR)与峰值信噪比(PSNR)，分别如式(4.14)和式(4.15)所示：

$$\text{SNR} = 10 \times \lg \frac{\|f\|_2^2}{\left\|f - \hat{f}\right\|_2^2} \tag{4.14}$$

$$\text{PSNR} = 10 \times \lg \frac{\max(f)^2}{\text{MSE}} \tag{4.15}$$

式中，MSE 为原始完整地震数据与重建后地震数据的均方误差。

4.3.1 合成地震数据实验

图 4.7(a)是截取原始合成单炮地震数据部分记录，合成数据采样间隔为 1ms，选择里克子波作为震源子波。截取部分包括 128 个记录道，128 个采样点，图 4.7(b)为随机去除 50%记录道后得到的欠采样数据，图 4.7(c)为本章算法迭代 200 次的效果，重建后 PSNR 约提高 11.9dB，SNR 约提高 6.7dB，且地震数据波形纹理区

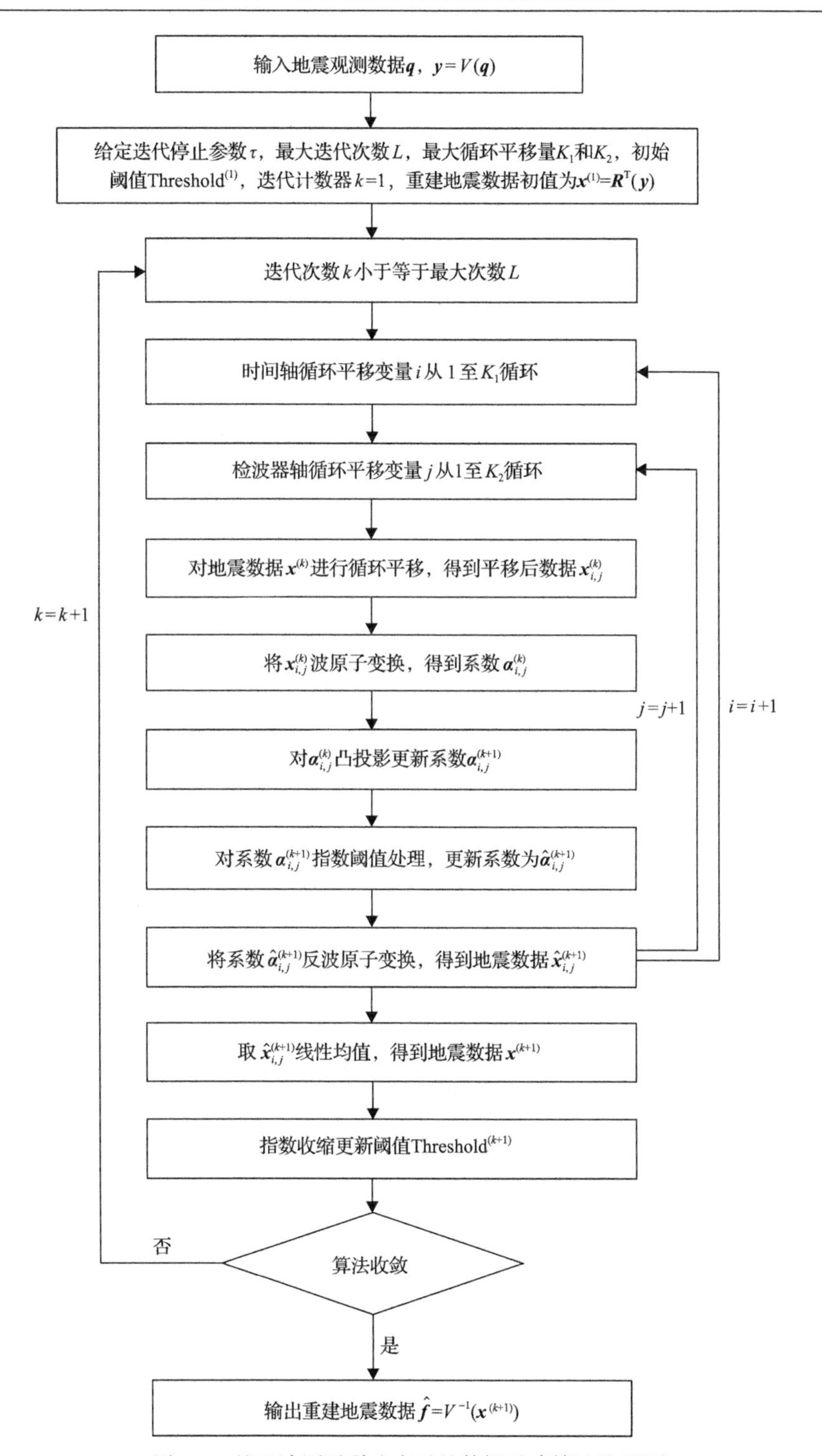

图 4.6　基于波原子稀疏表示的数据重建算法流程图

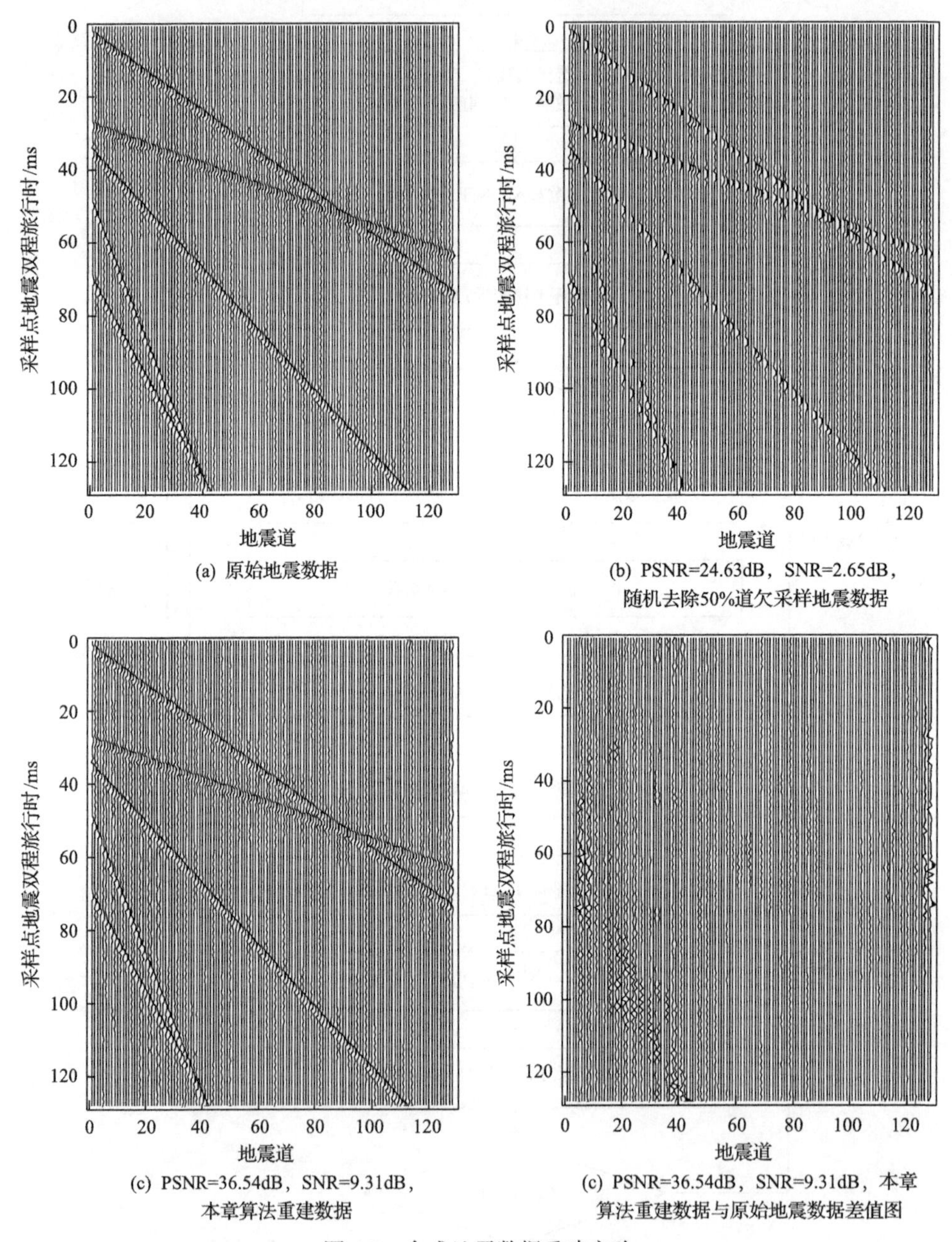

(a) 原始地震数据

(b) PSNR=24.63dB，SNR=2.65dB，随机去除50%道欠采样地震数据

(c) PSNR=36.54dB，SNR=9.31dB，本章算法重建数据

(c) PSNR=36.54dB，SNR=9.31dB，本章算法重建数据与原始地震数据差值图

图 4.7 合成地震数据重建实验

域同相轴方向性与连续性保持较好，图 4.7(d)给出了原始地震数据与重建地震数据的差值图，可见本章算法重建得到的误差较小。图 4.8(a)是 SNR 随迭代次数的变化曲线，随着迭代次数的增加，重建效果不断增强，最后算法取得收敛，SNR 基本稳定在最大值，从而说明本章算法具有较好的收敛性与稳定性。图 4.8(b)给出了阈值随迭代次数增加的变化曲线，迭代初期阈值减小相对剧烈，以加速去除缺失地震道而产生的噪声，迭代后期阈值收缩相对缓慢，有利于地震数据波形纹理区域细节的保留。

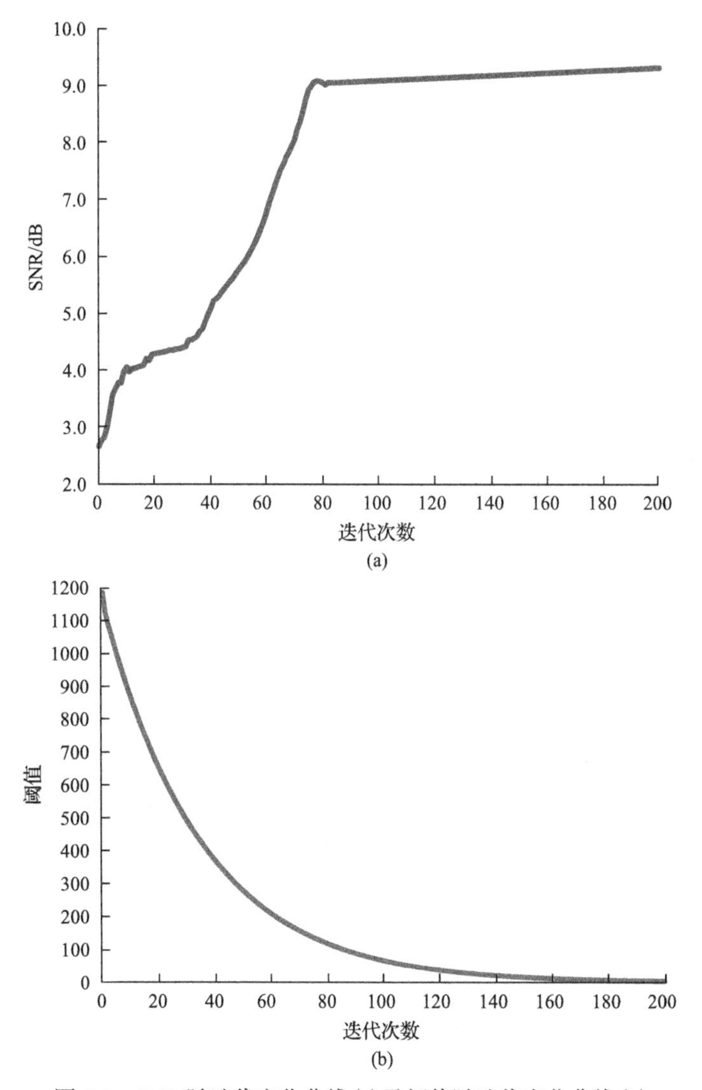

图 4.8 SNR 随迭代变化曲线(a)及阈值随迭代变化曲线(b)

4.3.2 标准地震模型实验

在 Marmousi 模型的地震记录数据中随机抽取单炮数据，截取原始地震数据 100 道，每道 256 个采样点(采样时间间隔 1ms)，如图 4.9(a)所示，去除抽取 40% 地震道后得到的欠采样数据如图 4.9(b)所示，图 4.9(c)给出了本章算法重建效果。

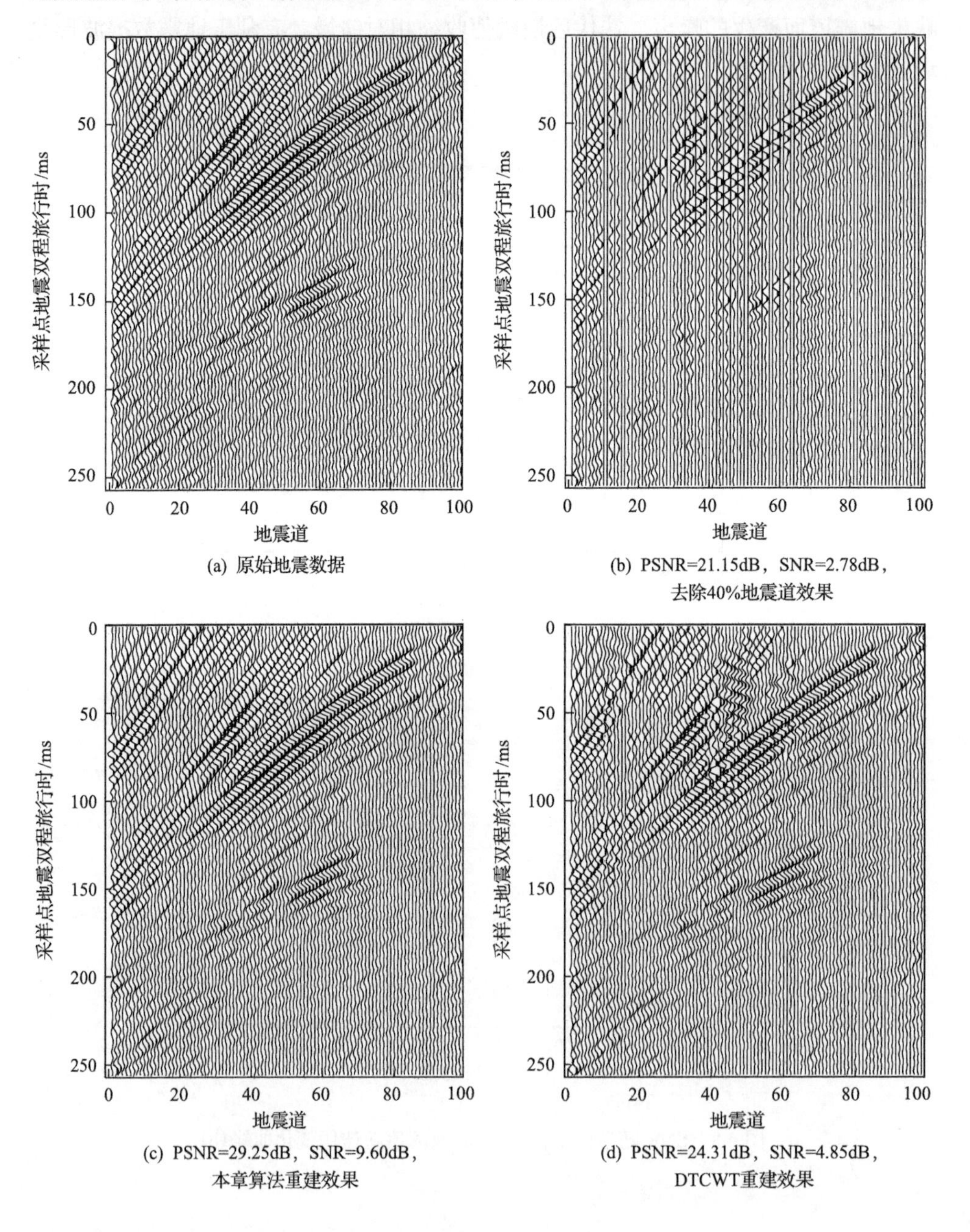

(a) 原始地震数据

(b) PSNR=21.15dB，SNR=2.78dB，去除40%地震道效果

(c) PSNR=29.25dB，SNR=9.60dB，本章算法重建效果

(d) PSNR=24.31dB，SNR=4.85dB，DTCWT重建效果

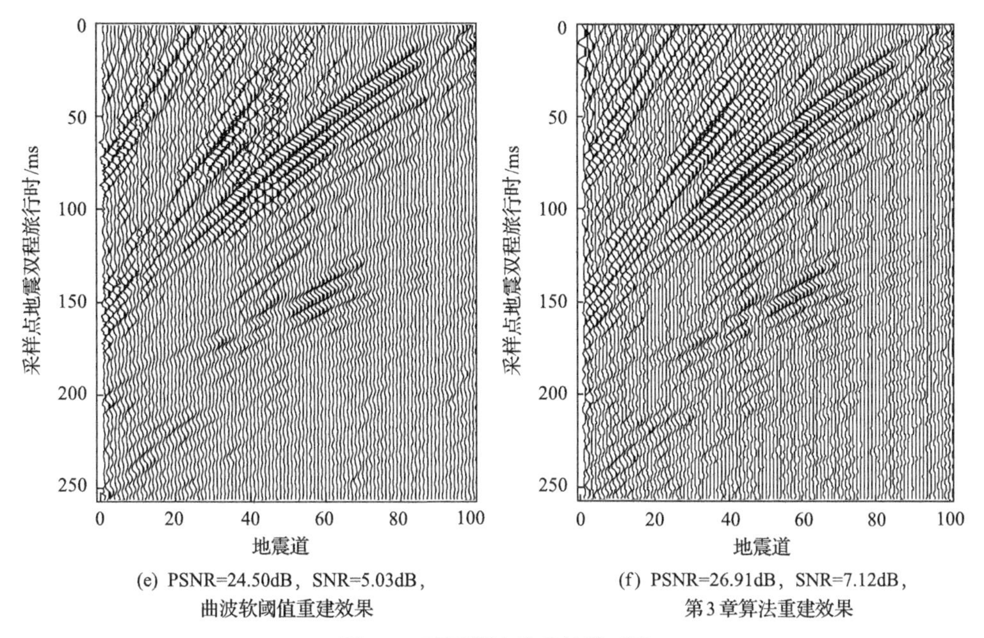

(e) PSNR=24.50dB，SNR=5.03dB，曲波软阈值重建效果

(f) PSNR=26.91dB，SNR=7.12dB，第 3 章算法重建效果

图 4.9　不同算法重建效果对比

由于双树复小波(dual-tree complex wavelet transform, DTCWT)变换和曲波变换具有较好的方向性，二者是地震数据处理领域应用比较广泛的稀疏表示方法，接下来给出与 DTCWT 变换、曲波变换的重建效果对比，图 4.9(d)是 DTCWT 稀疏表示后，软阈值收缩迭代重建效果，可见重建后数据质量得到一定的改善，但在同相轴密集区域误差较大。图 4.9(e)是曲波稀疏表示后软阈值收缩迭代重建效果，重建地震数据同相轴中纹理区域比较清晰，由于未考虑系数的相关性，在连续缺失多道处仍存在较大的误差。图 4.9(f)为第 3 章提出的曲波域贝叶斯估计的双变量阈值收缩迭代重建效果，重建数据质量较图 4.9(e)有所提高，但波原子变换对地震数据中纹理信息具有更好的稀疏表示效果，因此本章效果要优于第 3 章提出算法的效果。

表 4.2 分别给出了 DTCWT 重建、曲波重建、未采用循环平移技术的波原子域线性阈值收缩与指数阈值收缩，及本章算法在不同的地震道采样率下的重建效果对比，可以得出，随着采样率的增加，各个算法的重建效果不断增强，本章算法在各个采样率下均能取得相对好的重建效果。表 4.2 所述各种重建算法在一次迭代过程中，DTCWT 重建算法的运行时间为 0.06s，曲波重建算法的运行时间为 0.13s，未采用循环平移技术的波原子域线性阈值收缩与指数阈值收缩的运行时间为 0.20s，本章算法为 0.81s。不同重建算法计算量的主要区别在于进行变换与反变换运算的次数及复杂度。本章算法由于采用循环平移技术，在一次迭代中需要进行多次变换与反变换，而前 4 种算法在一次迭代过程仅需要一次变换与反变换，因此运行时间少于本章算法。由于 DTCWT 变换、曲波变换，波原子的计算复杂

度依次增加，故运行的时间也依次增加。考虑地震道的缺失数据仅存在于检波器轴，而时间轴数据完整，本部分实验仅在检波器轴进行循环平移，每次迭代采用 4 种方式平移，每种方式均需要进行一次变换与反变换，因此本章算法运行时间是未采用循环平移技术的 4 倍左右。

表 4.2　各算法在不同采样率下的重建对比

采样率/%	欠采样数据		DTCWT 重建		曲波软阈值		曲波双变量阈值	
	PSNR/dB	SNR/dB	PSNR/dB	SNR/dB	PSNR/dB	SNR/dB	PSNR/dB	SNR/dB
40	19.25	1.62	21.41	2.62	21.36	2.98	22.91	5.28
50	20.04	2.31	22.09	2.69	22.32	3.62	24.16	5.67
60	21.15	2.78	24.31	4.85	24.50	5.03	26.91	7.12
70	22.17	4.11	27.34	6.95	27.67	7.45	29.64	9.87
80	23.64	4.86	31.6	8.62	32.16	8.83	33.88	11.78
90	26.54	6.96	33.45	11.55	34.56	12.03	35.86	18.01

采样率/%	线性阈值收缩		指数阈值收缩		本章算法	
	PSNR/dB	SNR/dB	PSNR/dB	SNR/dB	PSNR/dB	PSNR/dB
40	23.81	5.59	24.13	5.64	25.95	5.81
50	26.36	6.27	26.62	6.45	28.94	7.01
60	28.33	8.33	28.99	9.02	29.25	9.60
70	30.64	9.62	30.93	9.81	31.12	10.40
80	33.69	11.37	34.17	11.90	35.19	16.91
90	35.06	16.01	36.23	18.01	40.93	22.72

图 4.10 分别给出 4 种不同重建算法对于第 40 道数据(时间轴从 0ms 到 256ms)的重建结果与原始数据的对比，其中图 4.10(a)为曲波重建效果，图 4.10(b)为 DTCWT 重建效果，图 4.10(c)为第 3 章算法重建效果，图 4.10(d)为本章算法重建效果，其中实线代表原始地震信号，虚线代表重建结果，可见本章算法重建结果误差相对较小，对原始信号的重建效果相对较好。

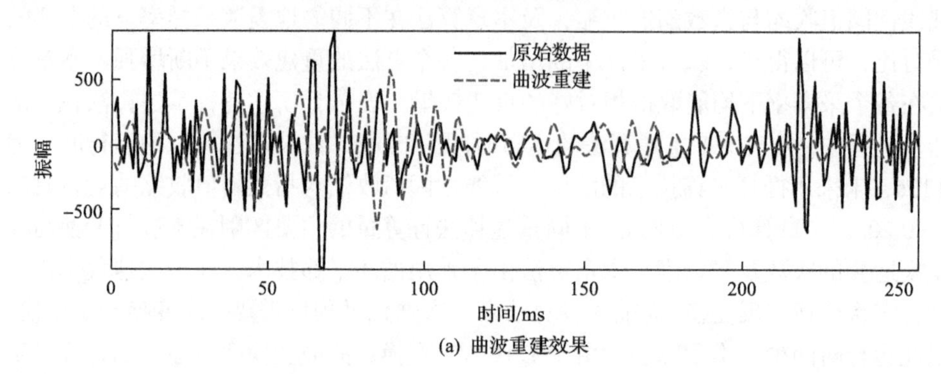

(a) 曲波重建效果

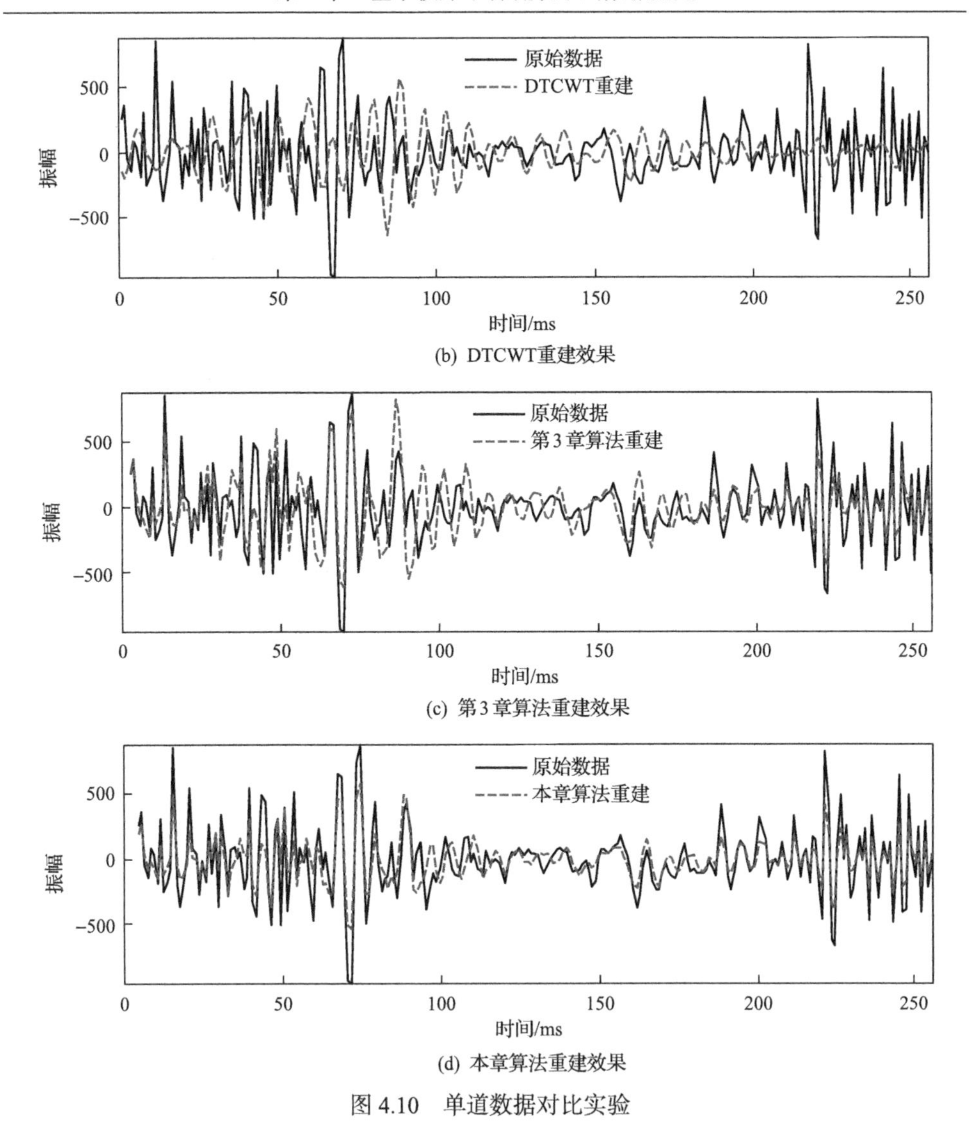

(b) DTCWT重建效果

(c) 第 3 章算法重建效果

(d) 本章算法重建效果

图 4.10　单道数据对比实验

4.3.3　实际地震数据实验

图 4.11(a)为某区海洋实际叠后地震数据，选取 500 道，每道 400 个采样点，采样间隔为 1ms，该数据中既包含能量强、连续性好的同相轴，又包含能量弱、连续性差的信号以及部分噪声，重建处理难度较大。图 4.11(b)为随机去除 50%的地震道后的数据，图 4.11(c)为第 3 章算法重建结果，重建之后地震数据质量有所提高，图 4.11(d)为本章算法重建结果，对比可见各缺失道均得到了较好的恢复，地震同相轴中纹理区域更为清晰，其中强振幅同相轴恢复效果尤为明显。图 4.12 与图 4.13 分别给出了第 3 章算法与本章算法在 *f-k* 域与 *f-x* 域的重建结果对比，可

见本章算法能得到与原始数据最为接近的频谱分布。

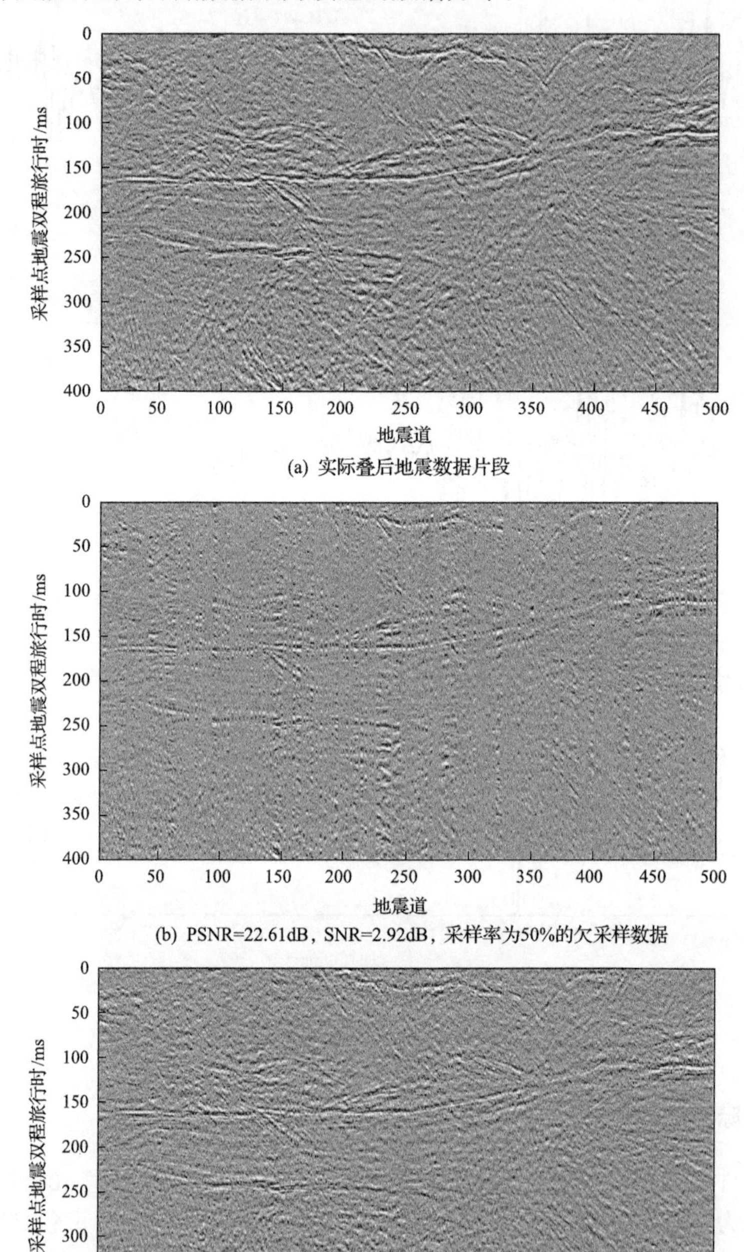

(a) 实际叠后地震数据片段

(b) PSNR=22.61dB，SNR=2.92dB，采样率为50%的欠采样数据

(c) PSNR=24.35dB，SNR=4.78dB，第3章算法重建效果

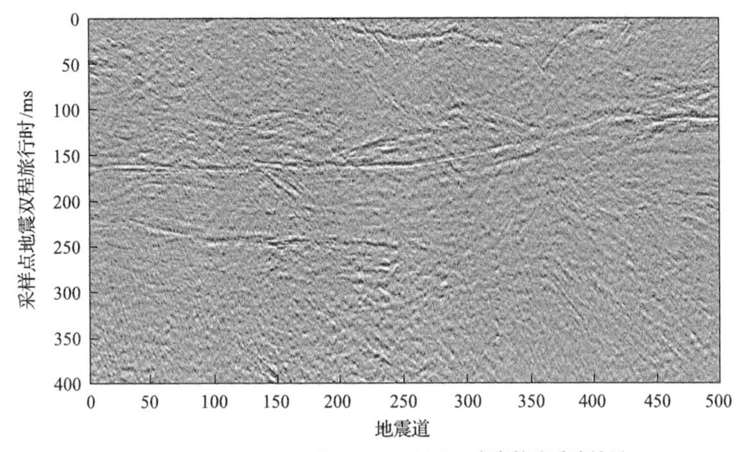

(d) PSNR=25.74dB，SNR=6.92dB，本章算法重建效果

图 4.11　实际叠后地震数据片段(a)、采样率为 50%的欠采样数据(b)及第 3 章算法(c)和本章算法(d)重建效果

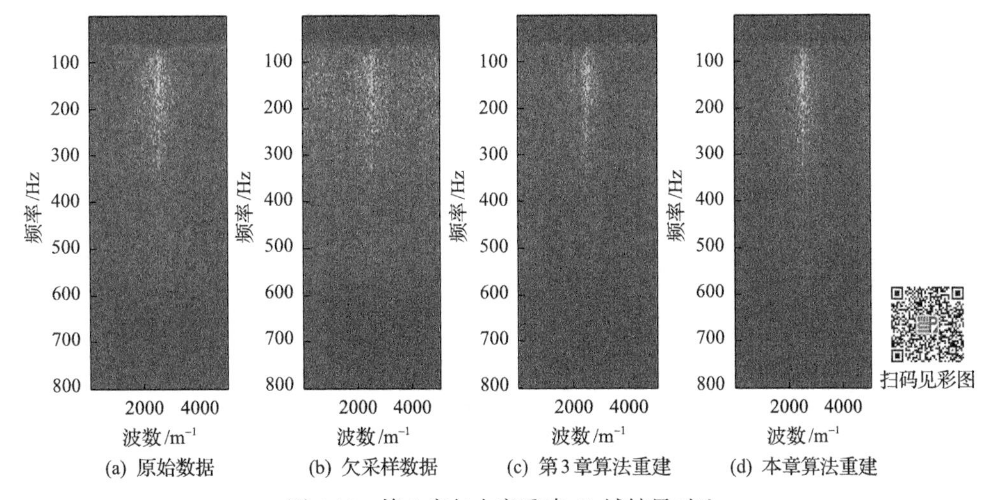

(a) 原始数据　(b) 欠采样数据　(c) 第 3 章算法重建　(d) 本章算法重建

图 4.12　第 3 章与本章重建 *f-k* 域结果对比

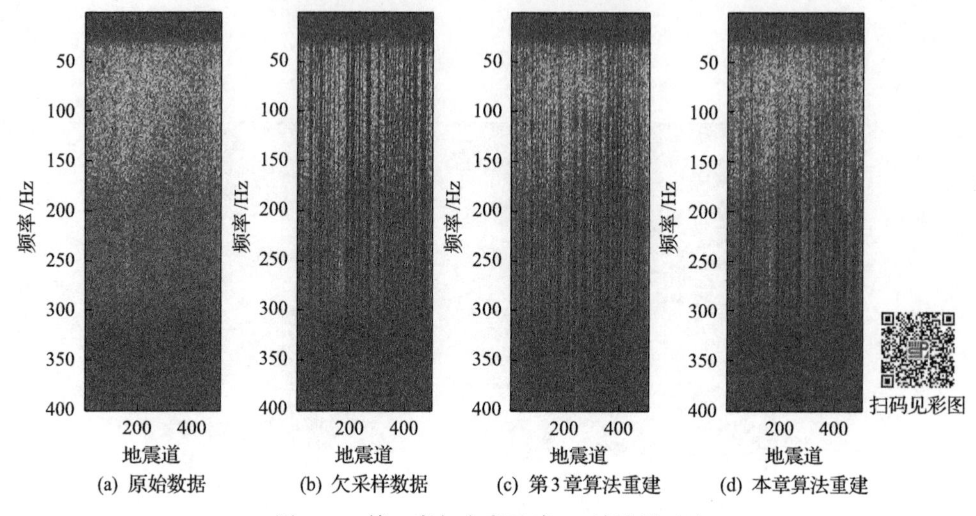

(a) 原始数据　(b) 欠采样数据　(c) 第3章算法重建　(d) 本章算法重建

图 4.13　第 3 章与本章重建 *f-x* 域结果对比

4.4 本章小结

为提高地震数据重建处理过程中稀疏表示的效果，本章在压缩感知框架下提出了基于波原子稀疏表示的地震数据重建。通过理论分析与实验结果对比可以得到以下结论：利用波原子域有效稀疏表示地震数据的特点，建立正则化稀疏约束模型，打破地震数据重建处理中传统多尺度几何分析稀疏表示方法的限制，并求解压缩感知重建模型是有效的；在模型求解过程中结合循环平移技术，克服波原子缺乏平移不变性而引起重建失真的问题，抑制重建数据中的噪声；地震数据重建迭代过程中，指数阈值收缩模型更适合促进编码系数的稀疏程度，去除波原子域由缺失道引起的噪声，反演逼近原始地震数据；实验结果表明本章算法可以提高地震数据重建稀疏约束正则化模型中解释变量的有效性，具有较好的重建质量，并提高了地震数据同相轴中纹理区域的重建效果。另外，由于本章算法在每次循环平移过程均需要进行波原子变换与反变换操作，从而增加了算法的计算复杂度，因此提高算法的运行效率是下一步研究的重点。

参考文献

[1] 刘成明，王德利，胡斌，等. Shearlet 域稀疏约束地震数据重建[J]. 吉林大学学报（地球科学版），2016, 46(6): 1857-1864.

[2] 王本锋，陈小宏，李景叶，等. POCS 联合改进的 Jitter 采样理论曲波域地震数据重建[J]. 石油地球物理勘探，2015, 50(1): 20-28.

[3] Ma J, Plonka G. A review of curvelets and recent applications[J]. IEEE Signal Processing Magazine, 2010, 27(2): 118-133.

[4] 白兰淑, 刘伊克, 卢回忆, 等. 基于压缩感知的 Curvelet 域联合迭代地震数据重建[J]. 地球物理学报, 2014, 57(9): 2937-2945.

[5] 陈双全, 李向阳. 应用傅里叶尺度变换提高地震资料分辨率[J]. 石油地球物理勘探, 2015, 50(2): 213-218.

[6] 陈潜, 付朝伟, 刘俊豪, 等. 基于随机脉冲重复间隔 Radon-Fourier 变换的相参积累[J]. 电子与信息学报, 2015, 37(5): 1085-1090.

[7] 王晓凯, 高静怀, 陈文超, 等. 基于高维连续小波变换的地震资料不连续性检测方法研究[J]. 地球物理学报, 2016, 59(9): 3394-3407.

[8] Candès E J, Donoho D L. Ridgelets: A key to higher-dimensional intermittency[J]. Philosophical Transactions of The Royal Society: A, 1999, 357(1760): 2495-2509.

[9] 张岩, 任伟建, 唐国维. 基于曲波变换的地震数据压缩感知重构算法[J]. 吉林大学学报信息科学版, 2015, 33(5): 570-577.

[10] 吴蔚, 曲中党, 贺日政, 等. Curvelet 变换在深地震反射数据波场重建中的应用[J]. 地球物理学进展, 2016, 31(4): 1506-1512.

[11] Liu W, Cao S Y, Chen Y K, et al. An effective approach to attenuate random noise based on compressive sensing and curvelet transform[J]. Journal of Geophysics & Engineering, 2016, 13(2): 135-145.

[12] Demanet L, Ying L X. Wave atoms and sparsity of oscillatory patterns[J]. Applied and Computational Harmonic Analysis, 2007, 23(3): 368-387.

[13] 陈书贞, 郝鹏鹏, 练秋生. 基于双树复数小波和波原子稀疏图像表示的压缩传感图像重构[J]. 信号处理, 2010, 26(11): 1701-1706.

[14] 杨宁, 贺振华, 黄德济. 基于系数相关性阈值的波原子域叠前地震资料信噪分离方法[J]. 石油地球物理勘探, 2011, 46(1): 53-57.

[15] Villemoes L. Wavelet packets uniform time-frequency location[J]. Comptes-Rendus Mathematique, 2002, 335(10): 793-796.

[16] Coifman R R, Donoho D L. Translation-invariant de-noising[J]. Neuroimage, 1995, 103(2): 125-150.

[17] 杨勇, 万伟国, 黄淑英, 等. 结合HVS和循环平移Contourlet变换的多聚焦图像融合[J]. 小型微型计算机系统, 2016, 37(6): 1348-1354.

[18] 薛诗桂. 基于曲波变换的循环平移地震随机噪声衰减[J]. 地球物理学进展, 2015, 30(1): 372-377.

[19] 宋宜美, 宋国乡. 结合波原子和 Cycle Spinning 的图像去噪[J]. 西安电子科技大学学报(自然科学版), 2010, 37(2): 300-304.

[20] Gao J J, Chen X H, Li J Y, et al. Irregular seismic data reconstruction based on exponential threshold model of POCS method[J]. Applied Geophysics, 2010, 7(3): 229-238.

第 5 章　基于结构聚类字典的数据去噪

本书第 3 章与第 4 章通过改进稀疏表示模型，对压缩感知框架下欠采样地震数据的重建问题进行了研究，并得到了较好的效果。然而，油气地震勘探中检波器接收到的地质信号除了存在稀疏采样和不规则采样的情况外，还包含多种噪声。根据噪声信号的特点可划分为两大类：相干噪声和随机噪声。相干噪声的出现在时间上具有规律性，有明显的运动学特征，其频率和视速度固定，相对易于滤除。随机噪声没有一定的规律，但在地震资料中却普遍存在，主要是由风吹、草动、海浪、水流动、人畜走动、机器开动、交通运输等外力随机产生，具有强烈的随机性。由于随机噪声在地震记录中的出现没有统一的规律，传统噪声压制方法效果往往不理想，因此随机噪声压制一直是地震资料处理中研究的热点与难点。

当前地震数据随机噪声压制技术常用的思路是首先将地震数据稀疏表示，在稀疏域内做阈值处理，保留大系数，去除小系数，然后返回空间域，保留信号的主要特征，压制噪声。该方法要求所采用的稀疏表示基函数能够准确地捕捉到地震波前信息，用较少的系数就可以表示这些主要特征。

近年来发展的多尺度几何分析技术由于具有良好的多尺度性、多方向性和各向异性，较为适合稀疏表示地震波前特征，在地震数据处理领域获得了广泛应用，如 Ridgelet 变换、曲波变换[1]、Seislet 变换[2]等方向性变换也逐渐应用于地震数据去噪，并取得了较好的效果。但是，考虑到实际地震数据通常是由多种元素所组成的，单一的固定变换基函数难以获得最优的稀疏表示效果。学习型超完备字典能根据地震数据本身的特点，通过对待处理数据的学习和训练，自适应地调整变换基函数，以适应特定数据本身，因此可以更充分地稀疏表示地震数据。在图像处理领域中，文献[3]提出基于 K-SVD 的超完备字典学习技术稀疏表示二维图像，基本思想是将图像划分成多个一定尺寸的块，每一个图像块作为一个训练样本，将字典的学习训练和目标信号的去噪结合起来，建立稀疏约束正则化模型，通过匹配追踪算法交替调整字典与稀疏编码系数，在构造学习型超完备字典和对信号超完备稀疏表示的同时压制噪声，获得了较为满意的去噪效果，在图像处理领域受到了广泛关注。

近年来，基于学习型字典稀疏表示的地震数据去噪技术的研究同样得到了 SEG/EAGE 会议及出版物的重视，文献[4]提出一种根据含噪地震数据，自适应学习得到稀疏字典的去噪方法。文献[5]结合自适应学习字典和固定基函数的两种稀疏表示方法，提出双稀疏字典来更好地处理去噪问题。文献[6]以 K-SVD 算法为基础，提出多维地震数据的快速字典学习稀疏表示的去噪方法。文献[7]提出基于一致性约束的字典学习去噪方法。

上述研究的基本思路是：首先将地震数据分块，每一块包含多个地震记录道在一定的采样时间段内波形的信息，以地震数据块为训练样本，利用超完备字典学习技术，根据地震数据本身的特点，自适应构造超完备字典，稀疏表示地震数据，从而恢复数据的主要特征[8,9]。

此类方法的局限在于使用一个通用的固定字典稀疏表示整个地震数据，考虑到地震数据中不同空间位置的波形变化差异较大，通用的字典不足以对整个数据的每一个局部内容都能最优地稀疏表示，应用该方法进行去噪处理，容易导致在地震数据波形复杂区域质量保持不高的问题。

在图像处理领域中，为了提高稀疏表示对整个图像中局部结构的适应性，文献[10]提出自适应局部字典学习的方法，利用自然图像的局部平滑与非局部自相似性建立稀疏约束正则化模型，自适应得到的局部字典，能够对图像局部结构进行更好地刻画，获得更好的图像处理效果。地震数据中随机噪声普遍满足平稳性、高斯性，噪声压制算法通常采用高斯随机噪声进行模拟仿真，数据中同一反射波的相同相位在相邻地震道上的到达时间相近，每道记录的振幅也具有相似性，因此相邻地震道之间波形相似，波峰在地震剖面上相互叠套成串，一连串的波峰组成一条线，形成同相轴，邻近道的同相轴振幅与波形具有相似的特点，因此地震数据分块结构存在一定的自相似性，并且在全局字典稀疏表示下，其系数分布并非完全随机的，而是存在一定的结构特点，将此知识作为先验应用到地震数据的随机噪声压制处理中，可以增强基于字典稀疏表示方法中原子的完备程度，对地震数据进行更充分、更稀疏的描述。

借鉴局部字典学习稀疏表示的思路，本章提出基于结构聚类的局部超完备字典稀疏表示的地震数据随机噪声压制算法，首先在研究全局超完备字典学习稀疏表示地震数据的基础上，总结利用全局字典稀疏表示地震数据存在的局限性；接着利用地震数据分块结构的自相似性，以及全局字典学习稀疏表示系数分布具有非随机冗余结构的特点，提出基于 K 均值的地震数据块结构聚类方法，并给出实现的具体步骤及地震数据块之间的结构相似性度量方法；然后提出基于结构聚类局部字典学习的地震数据去噪模型，通过结构聚类得到分类集合，针对每一类集合采用 SVD 训练获得局部超完备字典，依据各个聚类中心对其进行重新编码，得到原始地震数据更稀疏的表示和描述；随后进一步估计稀疏约束正则化参数，更新质心估计和地震数据估计值；然后利用双变量的迭代阈值算法求解模型中双 L_1 范数的优化问题，最后给出整体算法的实现步骤、流程及实验数值结果与分析。

5.1 基于字典学习的噪声压制模型

本节首先研究基于超完备字典学习的地震数据稀疏表示模型，及噪声压制模型；接着阐述超完备字典学习过程常用的主成分分析法(PCA)、奇异值分解法(SVD)，与典型的全局字典学习方法 K-SVD 技术，最后以 K-SVD 为稀疏表示方法，总结全局字典稀疏表示地震数据存在的局限性。

5.1.1 地震数据稀疏表示

近年来，稀疏表示成为信号处理领域研究的热点，其中一个主要原因在于自适应字典学习方法的出现，因为该方法使得根据数据本身的特点自适应地获得稀疏基成为可能。当前文献中基于字典学习稀疏表示的基本单位通常是数据(图像)块。下面给出基于块的地震数据稀疏表示模型的描述。

令 $\boldsymbol{x}\in\mathbf{R}^N$ 为 $\sqrt{N}\times\sqrt{N}$ 大小的二维地震数据的向量表达，令 $\boldsymbol{x}_k\in\mathbf{R}^{B_s}$ 为 $\sqrt{B_s}\times\sqrt{B_s}$ 大小的数据块的向量表达，其中块的个数为n个，即 $k=1,2,\cdots,n$，如图 5.1 所示，于是得到

$$\boldsymbol{x}_k=\boldsymbol{R}_k\boldsymbol{x} \tag{5.1}$$

式中，$\boldsymbol{R}_k\in\boldsymbol{R}^{B_s\times N}$ 表示从 $\boldsymbol{x}$ 中提取出块 $\boldsymbol{x}_k$ 的矩阵算子。该图像块 $\boldsymbol{x}_k$ 彼此都是互相重叠的，因此这种基于块的表示是高度冗余的，这种互相重叠的技巧以及高度冗余的表示对于取得高质量的去噪效果至关重要。

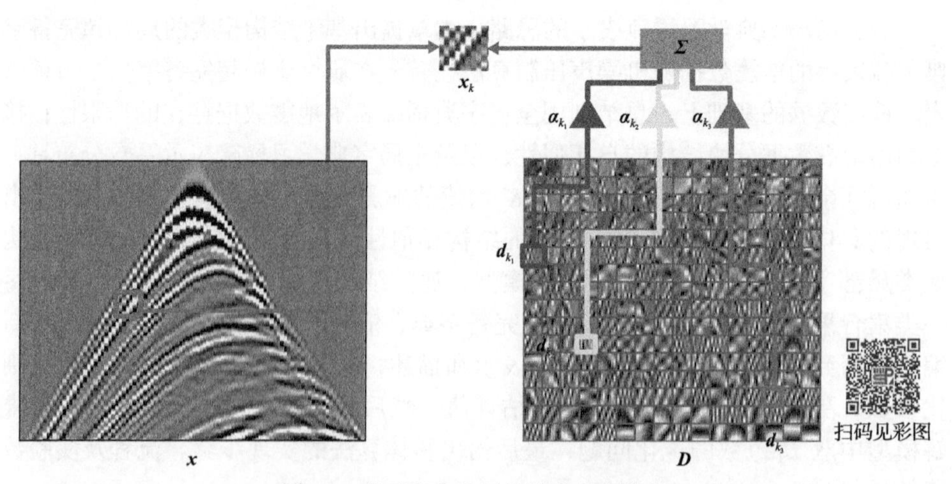

图 5.1 基于字典学习的稀疏表示模型

利用式(5.1)，可以通过彼此重叠的块$\{\boldsymbol{x}_k\}$来恢复$\boldsymbol{x}$，其最小二乘算法表达如下：

$$\boldsymbol{x}=\left(\sum_{k=1}^{n}\boldsymbol{R}_k^{\mathrm{T}}\boldsymbol{R}_k\right)^{-1}\left(\sum_{k=1}^{n}\boldsymbol{R}_k^{\mathrm{T}}\boldsymbol{x}_k\right) \tag{5.2}$$

其实质是把这些块放到原数据相应的位置然后取平均。给定一个字典$\boldsymbol{D}\in\boldsymbol{R}^{B_s\times M}$，每一个块$\boldsymbol{x}_k$关于$\boldsymbol{D}$进行稀疏编码的过程是找一个稀疏的向量$\boldsymbol{\alpha}_k$，即$\boldsymbol{\alpha}_k$中大部分的元素为零或者接近零，使得$\boldsymbol{x}_k\approx\boldsymbol{D}\boldsymbol{\alpha}_k$。因此，整块数据可以被一组稀疏码字$\{\boldsymbol{\alpha}_k\}$来稀疏地表示。

与式(5.2)类似，通过码字$\{\boldsymbol{\alpha}_k\}$恢复$\boldsymbol{x}$可以被表示为

$$\boldsymbol{x}=\boldsymbol{D}\circ\boldsymbol{\alpha}=\left(\sum_{k=1}^{n}\boldsymbol{R}_k^{\mathrm{T}}\boldsymbol{R}_k\right)^{-1}\sum_{k=1}^{n}\left(\boldsymbol{R}_k^{\mathrm{T}}\boldsymbol{D}\boldsymbol{\alpha}_k\right) \tag{5.3}$$

式中，$\boldsymbol{\alpha}$代表所有$\boldsymbol{\alpha}_k$的合并，即$\boldsymbol{\alpha}=\left[\boldsymbol{\alpha}_1^{\mathrm{T}},\boldsymbol{\alpha}_2^{\mathrm{T}},\cdots,\boldsymbol{\alpha}_n^{\mathrm{T}}\right]^{\mathrm{T}}$，代表基于块的超完备字典稀疏表示$\boldsymbol{x}$的系数。

5.1.2　地震数据噪声压制

设包含噪声的地震数据$\boldsymbol{y}=\boldsymbol{x}+\boldsymbol{n}$，其中$\boldsymbol{x}$为不含噪声地震数据，$\boldsymbol{n}$为随机噪声，假设$\boldsymbol{x}$在超完备字典$\boldsymbol{D}$下，能够被系数$\{\boldsymbol{\alpha}_k\}$近似稀疏表示，实际求解$\boldsymbol{x}$关于$\boldsymbol{D}$稀疏编码问题可转化为

$$\boldsymbol{\alpha}=\arg\min_{\boldsymbol{\alpha}}\|\boldsymbol{x}-\boldsymbol{D}\boldsymbol{\alpha}\|_2^2+\lambda\|\boldsymbol{\alpha}\|_p^p \tag{5.4}$$

式中，λ为常数；p为 0 或 1。当p等于 0 时，α的稀疏性用L_0范数来刻画，即约束α中非零元素的个数最少；当p等于 1 时，α的稀疏性用L_1范数来刻画，即约束α中所有元素绝对值之和最小。

通常情况下，由于L_0范数优化问题是非凸的并且是多项式复杂程度的非确定性(non-deterministic polynomial, NP)难问题，求解时需要用到贪心算法得到次优解[11]，另外，L_1范数优化问题在一定的条件下可以作为L_0范数优化问题的凸近似，于是可以利用最近提出的凸优化方法来求解[12]。在L_1范数下对地震数据去噪问题的正则化框架下的目标函数如下：

$$\hat{\boldsymbol{\alpha}}=\arg\min_{\boldsymbol{\alpha}}\|\boldsymbol{y}-\boldsymbol{D}\boldsymbol{\alpha}\|_2^2+\lambda\|\boldsymbol{\alpha}\|_1^1 \tag{5.5}$$

式中，λ为拉格朗日因子；$\hat{\boldsymbol{\alpha}}$为稀疏编码系数的估计值。

稀疏表示模型的核心是字典 $\boldsymbol{D}$ 的训练，因为如何找到一个最优的域或一组基，是决定地震数据的特征能否被有效稀疏表示的关键。许多工作致力于如何从一组训练块中学习得到字典。具体来讲，给定一组数据块集合 $\boldsymbol{S}=\{s_1,s_2,\cdots,s_J\}$，其中 J 是训练块的个数，通常都是成千上万。字典学习的目标就是联合优化字典 $\boldsymbol{D}$，和稀疏表示系数 $\boldsymbol{\Lambda}=[\boldsymbol{\alpha}_1,\boldsymbol{\alpha}_2,\cdots,\boldsymbol{\alpha}_J]$，使得 $\boldsymbol{s}_k=\boldsymbol{D}\boldsymbol{\alpha}_k$ 且 $\|\boldsymbol{\alpha}_k\|_p\leqslant L$，这里 p 为 0 或 1。因此，联合求解 $\boldsymbol{D}$ 和 $\boldsymbol{\Lambda}$ 的最优化问题表达式为

$$(\hat{\boldsymbol{D}},\hat{\boldsymbol{\Lambda}})=\arg\min_{\boldsymbol{D},\boldsymbol{\Lambda}}\sum_{k=1}^{J}\|s_k-\boldsymbol{D}\boldsymbol{\alpha}\|_2^2,\qquad \text{s.t.}\|\boldsymbol{\alpha}_k\|_p^p\leqslant L,\ \ \forall k \tag{5.6}$$

显然上述优化问题计算规模很大，为了使其可解，字典学习方法的设计尤为重要。

5.1.3 全局字典学习方法

字典学习的目的在于获得适合数据本身的稀疏表示基函数，利用稀疏基和系数逼近原始数据的主要特征。当原始数据在高维空间包含大量冗余信息及噪声信息时，为了减少冗余与噪声信息所造成的误差，进而获得数据内部的本质结构特征，对数据降维处理是字典学习过程中非常关键的步骤。降维处理是通过某种映射方法，将原始高维空间中的数据映射到低维度的空间中，提取数据的主要特征，当前常用的降维方法有主成分分析法(PCA)和奇异值分解法(SVD)等，以下简述后面涉及的 PCA 与 SVD 分解的相关内容。

1. PCA

PCA 是一种典型的消除信号相关性的方法，已广泛应用于信号去噪、信号降维、模式识别和数据压缩等方面。PCA 分解的目的是通过线性变换寻找一组最优的单位正交向量基(即主成分)，用它们的线性组合来重构原始数据，并使重构以后的样本和原样本的均方误差最小。因此，将字典学习技术与 PCA 相结合能更稀疏的表示信号。PCA 分解可以通过求解特征值的方式，求得矩阵的投影向量，具体过程如下：

定义向量 $\boldsymbol{a}=[\boldsymbol{a}_1\quad \boldsymbol{a}_2\quad \cdots\quad \boldsymbol{a}_m]^{\mathrm{T}}$，设 $\boldsymbol{A}$ 为 $m\times n$ 的二维矩阵，可以表示成：

$$\boldsymbol{A}=\begin{bmatrix}\boldsymbol{a}_1\\ \boldsymbol{a}_2\\ \vdots\\ \boldsymbol{a}_m\end{bmatrix}=\begin{bmatrix}a_1^1 & a_1^2 & \cdots & a_1^n\\ a_2^1 & a_2^2 & \cdots & a_2^n\\ \vdots & \vdots & & \vdots\\ a_m^1 & a_m^2 & \cdots & a_m^n\end{bmatrix} \tag{5.7}$$

$\boldsymbol{A}$ 的均值矩阵为

$$\overline{\boldsymbol{A}} = \begin{bmatrix} \overline{\boldsymbol{a}}_1 \\ \overline{\boldsymbol{a}}_2 \\ \vdots \\ \overline{\boldsymbol{a}}_m \end{bmatrix} = \begin{bmatrix} \overline{a}_1^1 & \overline{a}_1^2 & \cdots & \overline{a}_1^n \\ \overline{a}_2^1 & \overline{a}_2^2 & \cdots & \overline{a}_2^n \\ \vdots & \vdots & & \vdots \\ \overline{a}_m^1 & \overline{a}_m^2 & \cdots & \overline{a}_m^n \end{bmatrix} \tag{5.8}$$

式中，$\overline{\boldsymbol{a}}_i = \boldsymbol{a}_i - \boldsymbol{\mu}_i$，$\boldsymbol{\mu}_i = [\mu_1 \quad \mu_2 \quad \cdots \quad \mu_m]^{\mathrm{T}}$，$\mu_i = \frac{1}{n}\sum_{j=1}^{n} a_i^j$。

则对矩阵 $\boldsymbol{A}$ 进行 PCA 分解的过程如下：首先求解矩阵的协方差矩阵 $\boldsymbol{\Omega} = \boldsymbol{E}(\overline{\boldsymbol{a}}\,\overline{\boldsymbol{a}}^{\mathrm{T}}) \approx \frac{1}{n}\overline{\boldsymbol{A}}\,\overline{\boldsymbol{A}}^{\mathrm{T}}$；然后对协方差矩阵 $\boldsymbol{\Omega}$ 特征值分解，得到 $\boldsymbol{\Omega} = \boldsymbol{\Phi}\boldsymbol{\Lambda}\boldsymbol{\Phi}^{\mathrm{T}}$，则矩阵 $\boldsymbol{A}$ 的估计值 $\hat{\boldsymbol{A}} = \boldsymbol{P}\boldsymbol{X}$，其中 $\boldsymbol{P} = \boldsymbol{\Phi}^{\mathrm{T}}$。可见，对待处理矩阵进行 PCA 分解后，能够通过极小数目的主成分分量对原始数据进行很好地近似，因此 PCA 分解可以被定义为给定结构的字典。虽然 PCA 分解可以通过给定的矩阵得到正交的字典，从而描述数据的主要特征，但是 PCA 需要计算协方差，很可能会丢失一些精度，而通过奇异值分解 SVD 可得到与 PCA 相同的结果，并且 SVD 通常比直接使用 PCA 更稳定。

2. SVD

SVD 是矩阵分析中正规矩阵酉对角化的推广，是线性代数中一类重要的矩阵分解。奇异值分解能适应任意一个矩阵。一般而言，对于任意矩阵 $\boldsymbol{A}$，其奇异值分解数学定义如下:

$$\boldsymbol{A} = \boldsymbol{U}\boldsymbol{\Sigma}\boldsymbol{V}^{\mathrm{T}} \tag{5.9}$$

式中，$\boldsymbol{A}$ 为 $m \times n$ 阶的矩阵；$\boldsymbol{U}$ 为 $m \times m$ 阶的酉矩阵；$\boldsymbol{\Sigma}$ 为半正定 $m \times n$ 阶对角矩阵，其对角线上的元素为 $\boldsymbol{A}$ 的奇异值；$\boldsymbol{V}^{\mathrm{T}}$ 为 $n \times n$ 阶酉矩阵 $\boldsymbol{V}$ 的共轭转置矩阵。

矩阵 $\boldsymbol{\Sigma}$ 中对角元素按从大到小排列，且 $\boldsymbol{\Sigma}$ 可以由 $\boldsymbol{A}$ 唯一确定，如式(5.10)所示。在 K-SVD 算法的影响下，SVD 分解的应用得到了进一步推广，K-SVD 算法依据误差最小原则，对误差项进行 SVD 分解，选择使误差最小的分解项，作为需要更新的字典原子和对应的原子系数，经过不断地迭代从而得到优化解，并且达到了很好的训练效果，下面简要介绍一下 K-SVD 超完备字典学习算法的训练过程。

$$\boldsymbol{\Sigma}=\begin{pmatrix}\sigma_1 & 0 & \cdots & 0 & \cdots & 0\\ 0 & \sigma_2 & \cdots & 0 & \cdots & 0\\ \vdots & \vdots & & \vdots & \cdots & \vdots\\ 0 & 0 & \cdots & \sigma_k & \cdots & 0\\ \vdots & \vdots & \cdots & \vdots & & \vdots\\ 0 & 0 & \cdots & 0 & \cdots & 0\end{pmatrix} \tag{5.10}$$

式中，$\sigma_1 \geqslant \sigma_2 \geqslant \cdots \geqslant \sigma_k \geqslant 0$。

5.1.4　全局字典稀疏表示

全局字典稀疏表示的一般模型均假设信号的稀疏表示系数之间是独立同分布的。对图 5.1 地震数据利用 K-SVD 全局字典稀疏表示后，得到字典如图 5.2 所示，字典中原子大小为 8×8，原子的数目为 256，图 5.3 给出对应稀疏域的系数分布结构，可见其稀疏系数分布并非完全随机的，而是具有一定规律的冗余结构，局部存在很强的自相似性，以此作为先验知识应用到地震数据的随机噪声压制处理中，将增强字典稀疏表示方法中原子的完备程度，对地震数据具有更合理，更稀疏的描述，从而提高地震波形复杂区域的质量保持。

因此，本章借鉴文献[13]的思想，提出基于结构聚类的局部字典学习方法处理地震数据去噪问题。

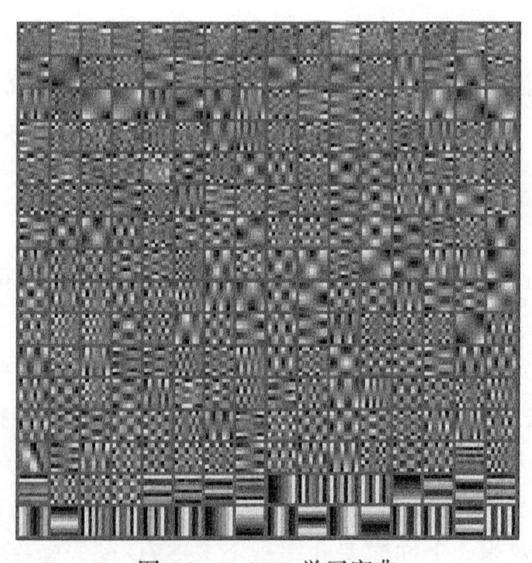

图 5.2　K-SVD 学习字典

图 5.3　K-SVD 学习字典对应稀疏域的系数分布

5.2　地震数据块结构聚类方法

本章聚类的目的是将地震数据分块集合中结构相似的块归为一类，由于在聚类的同时无需关心某一类的特征，仅需将相似的块聚为一类，因此不需要对训练数据进行学习，即属于无监督学习的过程。典型的聚类算法主要包括：属于划分法的 K 均值聚类(*K*-means clustering)算法[14]、K 中心点(*K*-medoids)算法[15]、CLARANS 算法[16]；属于层次法的 BIRCH 算法[17]、CURE 算法[18]、Chameleon 算法[19]等；基于密度方法的 DBSCAN 算法[20]、OPTICS 算法[21]、DENCLUE 算法[22]等；基于网格方法的 STING 算法[23]、CLIQUE 算法[24]、Wave-Cluster 算法[25]等。在上述所有聚类算法中，K 均值是经典的聚类算法之一，由于该算法的计算效率高，在对大规模数据聚类时被广泛采用，而地震数据通常数据量较大，因此本节提出基于 K 均值的地震数据块结构聚类方法，并给出实现的具体步骤及地震数据块之间的结构相似性度量方法。

5.2.1　结构聚类步骤

本章提出的地震数据块结构聚类以 K 均值聚类算法为基础展开，K 均值聚类算法以簇(类别)数目 k 为参数，把 n 个地震数据块分成 k 个簇，使簇内具有较高的结构相似度，而簇间的结构相似度较低。K 均值聚类算法的处理过程为：首先随机地选择 k 个地震数据块，每个数据块初始地代表了一个簇的质心(平均值或中心)。对剩余的每个地震数据块，根据其与各簇中心的距离，将它赋给最近的簇；然后重新计算每个簇的平均值。这个过程不断重复，直到准则函数收敛。K 均值聚类算法如下所示：

输入：包含 n 个样本 $\{\boldsymbol{x}_1, \boldsymbol{x}_2, \cdots, \boldsymbol{x}_n\}$ 的数据集合和簇的数目 k。

输出：k 个簇，使误差准则最小。

步骤如下：

(1)任意选择 k 个地震数据块 $\{\boldsymbol{\mu}_1,\boldsymbol{\mu}_2,\cdots,\boldsymbol{\mu}_k\}$ 作为初始簇的质心；

(2)重复上述操作；

(3)根据簇中地震数据块的质心，利用距离度量函数，对每个地震数据块 $\boldsymbol{x}_i$ 计算相似度最大的簇 c_i：

$$c_i = \arg\min_j \left\| \boldsymbol{x}_i - \boldsymbol{\mu}_j \right\|_2^2$$

(4)更新簇的质心，对每个簇 j，重新计算 m 个地震数据块的平均值 $\boldsymbol{\mu}_j$：

$$\boldsymbol{\mu}_j = \frac{\sum_{l=1}^{m} \boldsymbol{x}_l}{m}$$

(5)直到每个簇中的质心不再发生变化；

(6)输出每个地震数据块 $\boldsymbol{x}_i$ 所属的簇集合 $\{c_1,c_2,\cdots,c_n\}$。

5.2.2 相似度计算方法

聚类采用的距离度量方法(相似性度量方法)有很多种，常用的有闵可夫斯基距离(Minkowski distance)、欧几里得距离(Euclidean distance)、曼哈顿距离(Manhattan distance)、皮尔逊相关系数、余弦相似度等。

1. 闵可夫斯基距离

定义两个 n 维变量 $\boldsymbol{a}=[\boldsymbol{x}_{i1},\boldsymbol{x}_{i2},\cdots,\boldsymbol{x}_{in}]$ 和 $\boldsymbol{b}=[\boldsymbol{x}_{i1},\boldsymbol{x}_{i2},\cdots,\boldsymbol{x}_{in}]$ 间的闵可夫斯基距离定义为

$$d_{ij} = \sqrt[p]{\sum_{k=1}^{n} \left| \boldsymbol{x}_{ik} - \boldsymbol{x}_{jk} \right|^p} \tag{5.11}$$

式中，p 任意取值，可以是负数，也可以是正数，或是无穷大。

2. 欧几里得距离

较易于理解的一种距离计算方法，源自欧几里得空间中两点间的距离公式。两个 n 维变量 $\boldsymbol{a}=(\boldsymbol{x}_{i1},\boldsymbol{x}_{i2},\cdots,\boldsymbol{x}_{in})$ 和 $\boldsymbol{b}=(\boldsymbol{x}_{i1},\boldsymbol{x}_{i2},\cdots,\boldsymbol{x}_{in})$ 间的欧几里得距离定义为

$$d_{ij} = \sqrt{\sum_{k=1}^{n} \left| \boldsymbol{x}_{ik} - \boldsymbol{x}_{jk} \right|^2} \tag{5.12}$$

即闵可夫斯基距离公式[式(5.11)]中 $p=2$ 的情况。

3. 曼哈顿距离

最初源自在曼哈顿驾车从一个十字路口到另外一个十字路口的两点间距离，等于经过各个街区直线距离之和，这也是曼哈顿距离名称的由来，故曼哈顿距离也称为城市街区距离(city block distance)。两个 n 维变量 $\boldsymbol{a}=(\boldsymbol{x}_{i1},\boldsymbol{x}_{i2},\cdots,\boldsymbol{x}_{in})$ 和 $\boldsymbol{b}=(\boldsymbol{x}_{i1},\boldsymbol{x}_{i2},\cdots,\boldsymbol{x}_{in})$ 间的曼哈顿距离定义为

$$d_{ij}=\sum_{k=1}^{n}\left|\boldsymbol{x}_{ik}-\boldsymbol{x}_{jk}\right| \tag{5.13}$$

即闵可夫斯基距离公式[式(5.11)]中 $p=1$ 的情况。

4. 皮尔逊相关系数

相关分析中的相关系数，是衡量随机变量相关程度的一种方法，相关系数的取值范围是[–1,1]。相关系数的绝对值越大，则表明相关度越高。当线性相关时，相关系数取值为 1(正线性相关)或–1(负线性相关)。对 $\boldsymbol{a}=(\boldsymbol{x}_{i1},\boldsymbol{x}_{i2},\cdots,\boldsymbol{x}_{in})$ 和 $\boldsymbol{b}=(\boldsymbol{x}_{i1},\boldsymbol{x}_{i2},\cdots,\boldsymbol{x}_{in})$ 两个变量的皮尔逊相关系数可通过以下公式计算：

$$r_{ij}=\frac{n\sum_{k=1}^{n}\boldsymbol{x}_{ik}\boldsymbol{x}_{jk}-\sum_{k=1}^{n}\boldsymbol{x}_{ik}\sum_{k=1}^{n}\boldsymbol{x}_{jk}}{\sqrt{n\sum_{k=1}^{n}\boldsymbol{x}_{ik}^{2}\left(\sum_{k=1}^{n}\boldsymbol{x}_{ik}\right)^{2}}\sqrt{n\sum_{k=1}^{n}\boldsymbol{x}_{jk}^{2}\left(\sum_{k=1}^{n}\boldsymbol{x}_{jk}\right)^{2}}} \tag{5.14}$$

5. 余弦相似度

余弦相似度利用向量空间中两个向量夹角的余弦值作为衡量两个体间差异的大小。相比距离度量，余弦相似度更加注重两个向量在方向上的差异，而非距离或长度。余弦值的范围在[–1,1]之间，值越趋近于 1，代表两个向量的方向越接近；越趋近于–1，方向越相反；余弦相似度的值接近于 0，表示两个向量近乎于正交。对 $\boldsymbol{a}=(\boldsymbol{x}_{i1},\boldsymbol{x}_{i2},\cdots,\boldsymbol{x}_{in})$ 和 $\boldsymbol{b}=(\boldsymbol{x}_{i1},\boldsymbol{x}_{i2},\cdots,\boldsymbol{x}_{in})$ 两变量的余弦相似度可通过以下公式计算：

$$\mathrm{sim}_{ij}=\cos\theta=\frac{\sum_{k=1}^{n}\boldsymbol{x}_{ik}\boldsymbol{x}_{jk}}{\sqrt{\sum_{k=1}^{n}\boldsymbol{x}_{ik}^{2}}\sqrt{\sum_{k=1}^{n}\boldsymbol{x}_{jk}^{2}}} \tag{5.15}$$

余弦相似度的优点在于不受坐标轴旋转及缩放的影响。

综上所述，欧几里得距离是最常见的距离度量方法，余弦相似度则是应用广泛的相似度度量方法，很多的距离度量和相似度度量都是基于这两者的变型和衍生。欧几里得距离能够体现个体数值特征的绝对差异，所以更多地用于分析从维度的数值大小中体现差异的情况；而余弦相似度更多地是从方向上区分差异，而对绝对的数值不敏感，本节重点关注地震数据各个分块的结构相似情况，因此距离的度量准则采用余弦相似度。

5.3　基于结构聚类的去噪算法

本节根据前两节所述的基于超完备字典学习的地震数据稀疏表示模型，与基于 K 均值的地震数据块结构聚类方法，提出基于结构聚类局部字典学习的地震数据去噪模型及其求解方法，然后给出整个模型求解算法的实现步骤与流程。

5.3.1　结构聚类局部字典学习

由于地震数据分块存在着结构自相似性的特点，如图 5.4 所示，相同颜色的方形区域代表数据块具有自相似性，说明类似结构的地震数据块会重复出现，并且全局稀疏表示域的系数分布存在一定的冗余，因此通过对相似结构的数据块进行分类，对每一类结构分别表示，可以得到更稀疏的系数分布，并减小幅值的不确定性，从而获得更加稳定稀疏的表示。

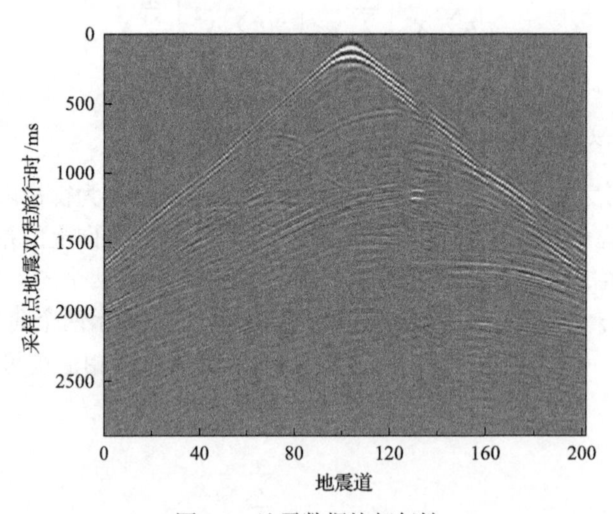

图 5.4　地震数据块相似性

利用地震数据块结构的自相似特点，提出的地震数据结构聚类局部字典学习模型的目标函数如下所示：

$$(\boldsymbol{\alpha},\boldsymbol{\mu})=\arg\min_{\boldsymbol{\alpha},\boldsymbol{\mu}}\left\{\|\boldsymbol{y}-\boldsymbol{D}\boldsymbol{\alpha}\|_2^2+\lambda_1\|\boldsymbol{\alpha}\|_1^1+\lambda_2\sum_{k=1}^{K}\sum_{i\in C_k}\|\boldsymbol{\Phi}_k\boldsymbol{\alpha}_i-\boldsymbol{\mu}_k\|_2^2\right\} \tag{5.16}$$

式中，$\boldsymbol{\mu}_k$ 为第 k 个聚类 C_k 的质心；$\boldsymbol{\Phi}_k$ 为第 k 个聚类的字典。

利用稀疏表示系数 $\boldsymbol{\alpha}$ 具有自身结构冗余的特点，对聚类质心进行更新与调整，并用各个分类的聚类质心重新编码，以得到更稀疏的系数，相当于对原始地震数据更稀疏的表示和描述。对各个聚类质心也可以采用和原始数据一样的字典进行表示，即 $\boldsymbol{\mu}_k=\boldsymbol{\Phi}_k\boldsymbol{\beta}_i$，受 L_1 范数的压缩感知理论启发，可以用 L_1 范数代替 L_2 范数。并且在字典中具有归一化性质的条件下，可以将式(5.16)优化为

$$(\boldsymbol{\alpha},\boldsymbol{\beta})=\arg\min_{\boldsymbol{\alpha},\boldsymbol{\beta}}\left\{\|\boldsymbol{y}-\boldsymbol{D}\boldsymbol{\alpha}\|_2^2+\lambda_1\|\boldsymbol{\alpha}\|_1^1+\lambda_2\sum_{k=1}^{K}\sum_{i\in C_k}\|\boldsymbol{\alpha}_i-\boldsymbol{\beta}_k\|_1^1\right\} \tag{5.17}$$

式(5.17)将字典学习和结构聚类统一起来，通过对地震数据的自相似性与稀疏系数结构冗余性的利用，得到对地震数据更加稀疏的表示和描述。$\boldsymbol{\beta}_k$ 则可以看成是通过结构分类所获得聚类中心得到的新编码，依照先验知识不断促进系数的稀疏程度。

字典学习采用 PCA 分解降维，提取每一类数据块的主成分，虽然在构造的自适应字典中各个原子满足正交条件，计算效率较高，但是直接将该算法应用于地震数据的去噪存在一定的局限性，原因在于地震数据相当一部分中高频信息是比较重要的，去噪过程应该注意保留，同时对地震数据 PCA 分解需要计算协方差矩阵，对于某些矩阵求协方差时很可能会丢失一些精度，更重要的是冗余度较大的超完备字典更有利于地震数据细节的保留，因此本章采用 SVD 分解构造局部超完备字典，稀疏编码每一类的地震数据。

5.3.2　模型求解

针对公式(5.17)目标函数的最大后验概率(maximum a posterior，MAP)估计问题为

$$(\boldsymbol{\alpha},\boldsymbol{\beta})=\arg\min_{\boldsymbol{\alpha},\boldsymbol{\beta}}\lg P(\boldsymbol{\alpha},\boldsymbol{\beta}|\boldsymbol{y}) \tag{5.18}$$

该式可以根据贝叶斯公式进行改写，得到：

$$(\boldsymbol{\alpha},\boldsymbol{\beta})=\arg\min_{\boldsymbol{\alpha},\boldsymbol{\beta}}\left\{\lg P(\boldsymbol{y}|\boldsymbol{\alpha},\boldsymbol{\beta})+\lg P(\boldsymbol{\alpha},\boldsymbol{\beta})\right\} \tag{5.19}$$

式(5.19)中的前一项对应于原目标函数中的误差项，后一项为先验概率项。由于观测模型采用的是加性高斯噪声模型，并且用独立同分布的拉普拉斯分布函数来描述$\boldsymbol{\alpha}$，则最终可以得到：

$$\lambda_1 = \frac{2\sqrt{2}\sigma_\alpha^2}{\sigma_\gamma}, \quad \lambda_2 = \frac{2\sqrt{2}\sigma_n^2}{\sigma_\gamma}$$

则：

$$(\boldsymbol{\alpha}, \boldsymbol{\beta}) = \arg\min_{\boldsymbol{\alpha},\boldsymbol{\beta}} \left\{ \left\| \boldsymbol{y} - \boldsymbol{D}\boldsymbol{\alpha} \right\|_2^2 + \frac{2\sqrt{2}\sigma_\alpha^2}{\sigma_\gamma} \left\| \boldsymbol{\alpha} \right\|_1^1 + \frac{2\sqrt{2}\sigma_n^2}{\sigma_\gamma} \sum_{k=1}^{K} \sum_{i \in C_k} \left\| \boldsymbol{\alpha}_i - \boldsymbol{\beta}_k \right\|_1^1 \right\} \tag{5.20}$$

从上式中可以发现，实际上对各个稀疏系数的局部方差的估计，可以实现从输入数据中自适应地得到正则项系数的估计值。通过估计每一类系数的正则化参数获得实际地震数据的逼近，然后再利用逼近的地震数据更新正则化参数的估计，依此不断迭代，最终收敛获得最优的地震数据逼近值。

在字典$\boldsymbol{D}$确定的情况下，对于上述(5.20)目标函数需要求解模型中双L_1范数的优化问题，即需要联合求解$\boldsymbol{\alpha}$和$\boldsymbol{\beta}$，然而这是一个非凸的优化问题，无法通过线性规划方法求得，因此采用交替迭代的优化方法进行求解。所谓交替迭代的方法是指在求解目标函数时，先固定待求变量中的一个，对另一个待求变量进行优化；再固定已经优化了的待求变量转而对另一个待求变量进行优化，两步交替迭代进行，直到目标函数达到收敛。在稀疏系数$\boldsymbol{\alpha}$的聚类中心$\boldsymbol{\beta}$确定的情况下，本章采用双变量的迭代阈值算法，交替更新$\boldsymbol{\alpha}$和$\boldsymbol{\beta}$，解决公式中的双L_1优化问题。借鉴替代函数[26]的思想，得出用于更新$\boldsymbol{\alpha}$和$\boldsymbol{\beta}$的迭代收缩算子：

$$\boldsymbol{\alpha}_j^{(i+1)} = \begin{cases} S_{\tau_1,\tau_2}(v_j^{(i)}), & \boldsymbol{\beta}_j \geqslant 0 \\ -S_{\tau_1,\tau_2}(-v_j^{(i)}), & \boldsymbol{\beta}_j < 0 \end{cases} \tag{5.21}$$

其中

$$\boldsymbol{v}^{(i)} = \frac{1}{c}\boldsymbol{D}^{\mathrm{T}}(\hat{\boldsymbol{x}} - \boldsymbol{\alpha}^{(i)}) + \boldsymbol{\alpha}^{(i)} \tag{5.22}$$

式中，$\tau_1 = \dfrac{\lambda_1}{c}$，$\tau_2 = \dfrac{\lambda_2}{c}$，其中$c$是辅助参数；$i$表示迭代次数；$j$表示矢量中第$j$个向量的输入。

借鉴变分图像去噪[27]和加权L_1优化[28]等相关文献中的思想，自适应地调整两

个正则参数 τ_1 与 τ_2：

$$\tau_1 = c_1 \frac{\sigma_{\mathrm{w}}^2}{\sigma_\alpha}, \quad \tau_2 = c_2 \frac{\sigma_{\mathrm{w}}^2}{\sigma_\gamma} \tag{5.23}$$

式中，σ_{w}^2 是噪声方差，$\boldsymbol{\gamma} = \boldsymbol{\alpha} - \boldsymbol{\beta}$，$c_1$ 与 c_2 是两个给定的常数。

受文献[29]的启发，通过下式来更新地震数据：

$$\hat{\boldsymbol{x}}^{(i+1)} = \tilde{S}[(1-\delta)\hat{\boldsymbol{x}}^{(i)} + \delta \boldsymbol{y}] \tag{5.24}$$

式中，$\tilde{\boldsymbol{S}} = \boldsymbol{D} \circ \boldsymbol{S} \circ \boldsymbol{R}$ 表示正则约束集合上的投影。

$$(1-\delta)\hat{\boldsymbol{x}}^{(i)} + \delta \boldsymbol{y} = \hat{\boldsymbol{x}}^{(i)} + \delta(\boldsymbol{y} - \hat{\boldsymbol{x}}^{(i)}) \tag{5.25}$$

式(5.25)是实现迭代正则思想的算子，δ 是一个控制反馈到迭代的噪声级小正数。

5.3.3　算法实现步骤与流程

提出的基于结构聚类超完备字典稀疏表示的去噪算法执行过程为：首先输入包含随机噪声的地震数据。接着进入外循环，通过 K 均值和 SVD 来得到字典 $\boldsymbol{\Phi}$ 与稀疏系数 $\boldsymbol{\alpha}$。随后进入内循环通过迭代更新正则化参数，更新质心估计 $\boldsymbol{\beta}$ 和地震数据估计值，最后输出去噪后的地震数据，实现步骤如下：

(1) 输入：外层迭代最大迭代次数 I，内层迭代最大迭代次数 J，含噪声地震数据 $\boldsymbol{y}$。

(2) 初始化：外层迭代次数 $i=1$，内层迭代次数 $j=1$，去噪地震数据 $\hat{\boldsymbol{x}} = \boldsymbol{y}$。

(3) 去噪处理过程：

外循环：$i=1,2,\cdots,I$；

　通过 K 均值和 SVD 算法学习得到字典 $\boldsymbol{\Phi}_k$；

　内循环：$j=1,2,\cdots,J$；

　　迭代正则化：$\hat{\boldsymbol{x}}^{(i+1)} = \hat{\boldsymbol{x}}^{(i)} + \delta(\boldsymbol{y} - \hat{\boldsymbol{x}}^{(i)})$；

　　质心估计更新：获得 $\boldsymbol{\beta}$ 的新估计值；

　　正则化参数更新：获得 τ_1、τ_2 的新估计值；

　　地震数据估计更新：通过 $\hat{\boldsymbol{x}} = \boldsymbol{D} \circ \boldsymbol{S} \circ \boldsymbol{R}\boldsymbol{x}$ 对获得 $\boldsymbol{x}$ 的新估计值。

(4) 输出：去噪地震数据 $\hat{\boldsymbol{x}}$。

详细流程如图 5.5 所示。

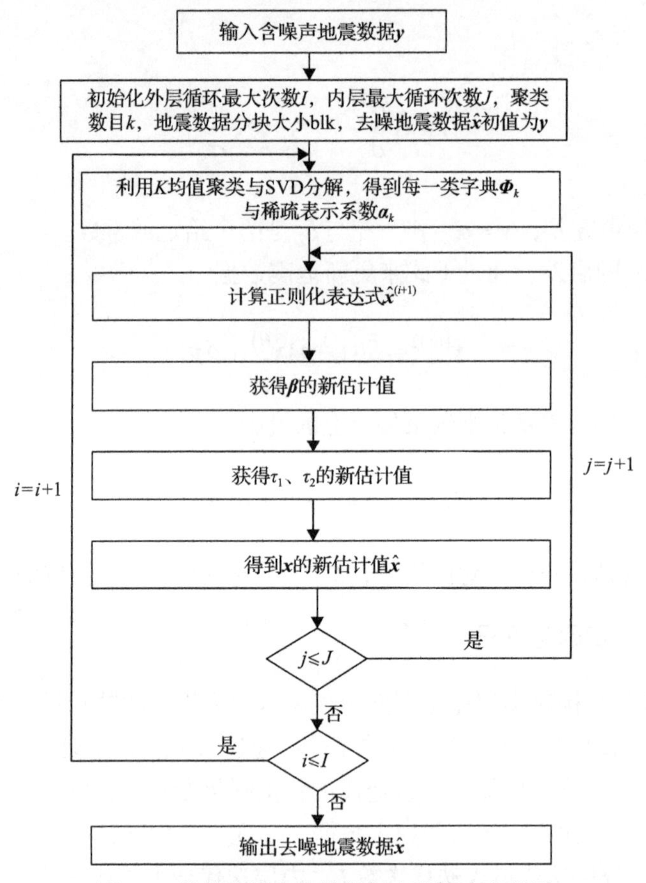

图 5.5　结构聚类字典的数据去噪算法流程图

5.4　实验结果及分析

实验过程中，设置每一个地震数据块大小为 8×8，相邻数据块之间的间隔设为 2，初始化采用 DCT 基构造超完备字典，结构聚类数目为 40，外层循环 5 次迭代，内层循环 5 次迭代，地震数据去噪效果的衡量指标采用峰值信噪比(PSNR)，如式(3.21)所示。为了模拟地震数据中包含的随机噪声，本章在原始地震数据中加入零均值正态分布的高斯随机噪声，噪声的标准差与原始地震数据的标准差呈正相关关系，噪声标准差定义为

$$\sigma = \ell \sqrt{\frac{1}{MN}\sum_{t=1}^{M}\sum_{s=1}^{N}\left(\boldsymbol{x}_{t,s} - v\right)^2} \tag{5.26}$$

式中，t 为时间采样序号；s 为地震道记录序号；v 为地震数据的均值；ℓ 为噪声

强度的比例因子；M 为采样点数目；N 为地震道数目。

5.4.1　合成地震数据实验

图 5.6(a)是部分原始合成单炮地震记录，合成数据采样间隔为 1ms，选择里克子波作为震源子波。截取数据包括 140 个记录道，287 个采样点，图 5.6(b)为加入强度 ℓ 为 0.03 的高斯随机噪声；图 5.6(c)为本章算法去噪后结果，PSNR 约

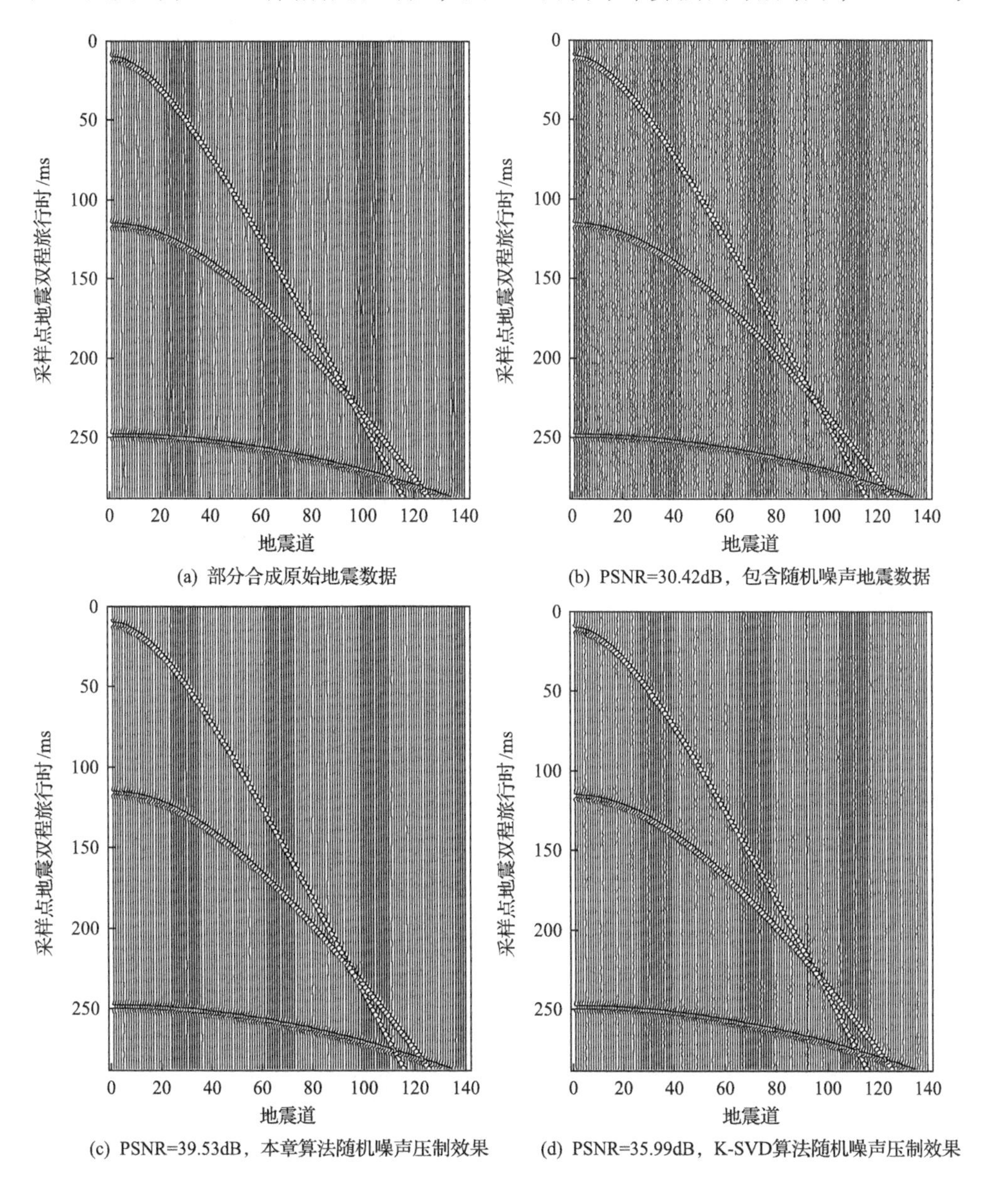

(a) 部分合成原始地震数据　(b) PSNR=30.42dB，包含随机噪声地震数据

(c) PSNR=39.53dB，本章算法随机噪声压制效果　(d) PSNR=35.99dB，K-SVD算法随机噪声压制效果

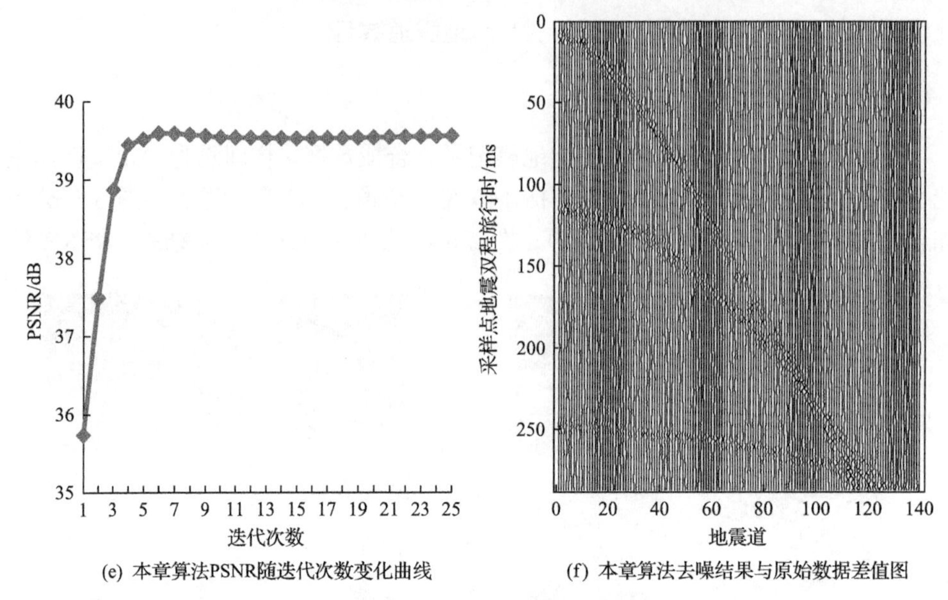

(e) 本章算法PSNR随迭代次数变化曲线　　(f) 本章算法去噪结果与原始数据差值图

图 5.6　合成地震数据实验

提高 9dB，且地震数据的同相轴方向性与连续性保持较好；图 5.6(d)给出了 K-SVD 算法去噪的效果，可见本章算法不但具有较高的 PSNR，而且局部波形复杂的区域压制随机噪声的主观效果更好；图 5.6(e)给出本章算法 PSNR 的变化曲线；图 5.6(f)是本章算法去噪结果与原始数据差值图，说明本章算法具有较好的稳定性与有效性。

图 5.7(a)是 5 次聚类操作过程中质心的变化图示，按由上至下的顺序分别给出聚类 1～5 次的质心块集合，由于聚类数目采用 40 个分类，因此每一行包括 40 个质心块，随着聚类次数的增加，特征类似的质心块逐渐减少，不同类别质心之间的差异逐渐明显，表明聚类算法设计合理有效。图 5.7(b)给出 40 个分类的地震数据块，经过 5 次迭代后训练得到的字典，字典中的每列为一类数据块的局部字典，每类的字典包括 64 个原子，每个原子大小为 8×8，可以看出每一类数据对应的局部字典中原子存在一定的冗余度，保证了对地震数据更完备的描述。

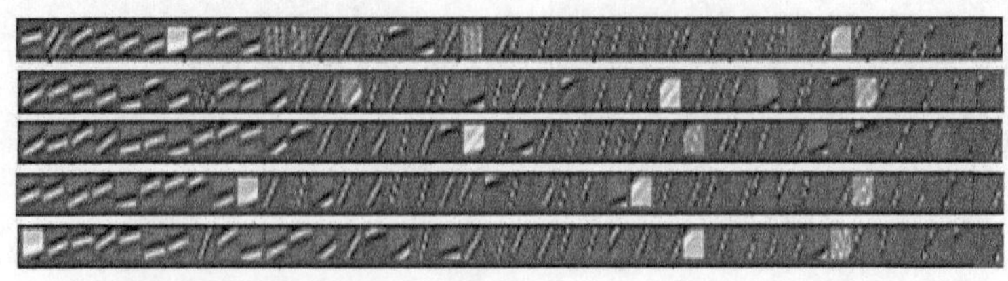

(a)

(b)

图 5.7　聚类质心变化图(a)和局部超完备字典(b)

为分析聚类数目对算法效果的影响，图 5.8(a)给出了运行时间随聚类数目的变化曲线，可见当聚类数目的增加，算法运算量逐渐增加，导致运行时间增长。

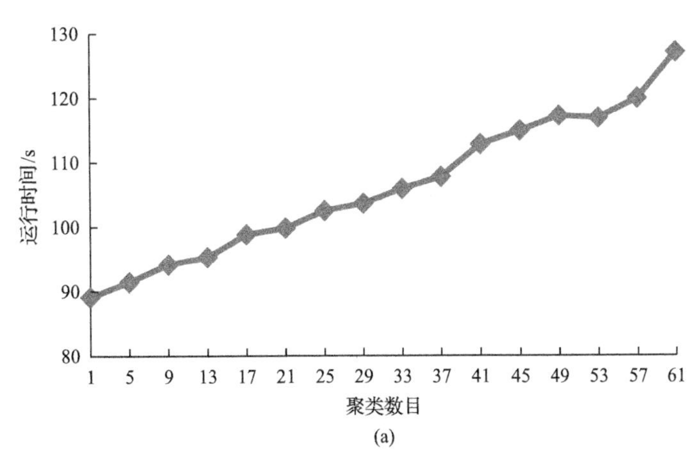

(a)

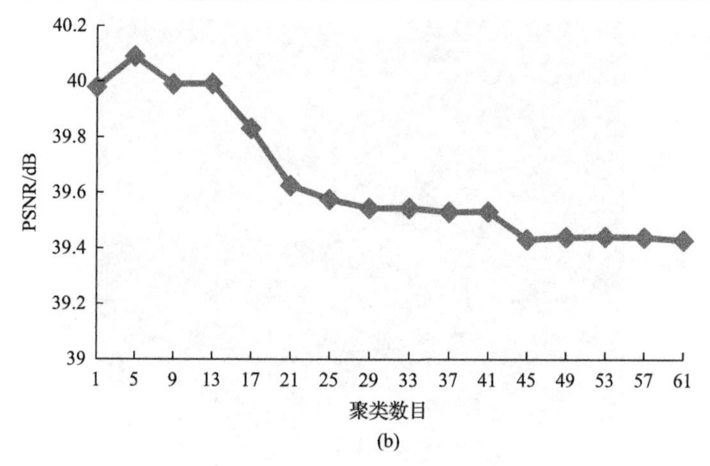

图 5.8　聚类数目与运行时间的变化曲线(a)和聚类数目与 PSNR 变化曲线(b)

图 5.8(b)给出了去噪结果(PSNR)随聚类数目的变化曲线，表明对于该合成地震数据，在聚类数目为 5 附近时，算法具有最高的去噪效果，当聚类数目超过 5 时，随着聚类数目的增加，PSNR 有下降趋势，从而说明不同的聚类数目参数会影响算法整体的运行时间与效果。

5.4.2　标准地震模型实验

在 Marmousi 模型的地震记录数据中随机抽取单炮数据，截取 100 道原始地震数据，每道 700 个采样点，如图 5.9(a)所示，加入强度 ℓ 为 0.03 的高斯随机噪声后的数据如图 5.9(b)所示。当前国内外商业化的地震数据去噪算法主要采用小波

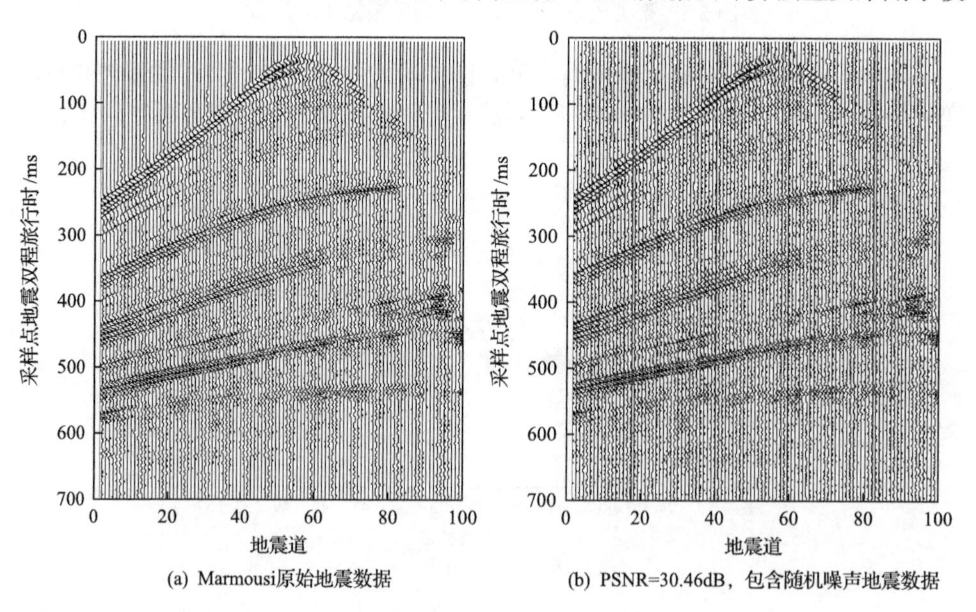

(a) Marmousi原始地震数据　(b) PSNR=30.46dB，包含随机噪声地震数据

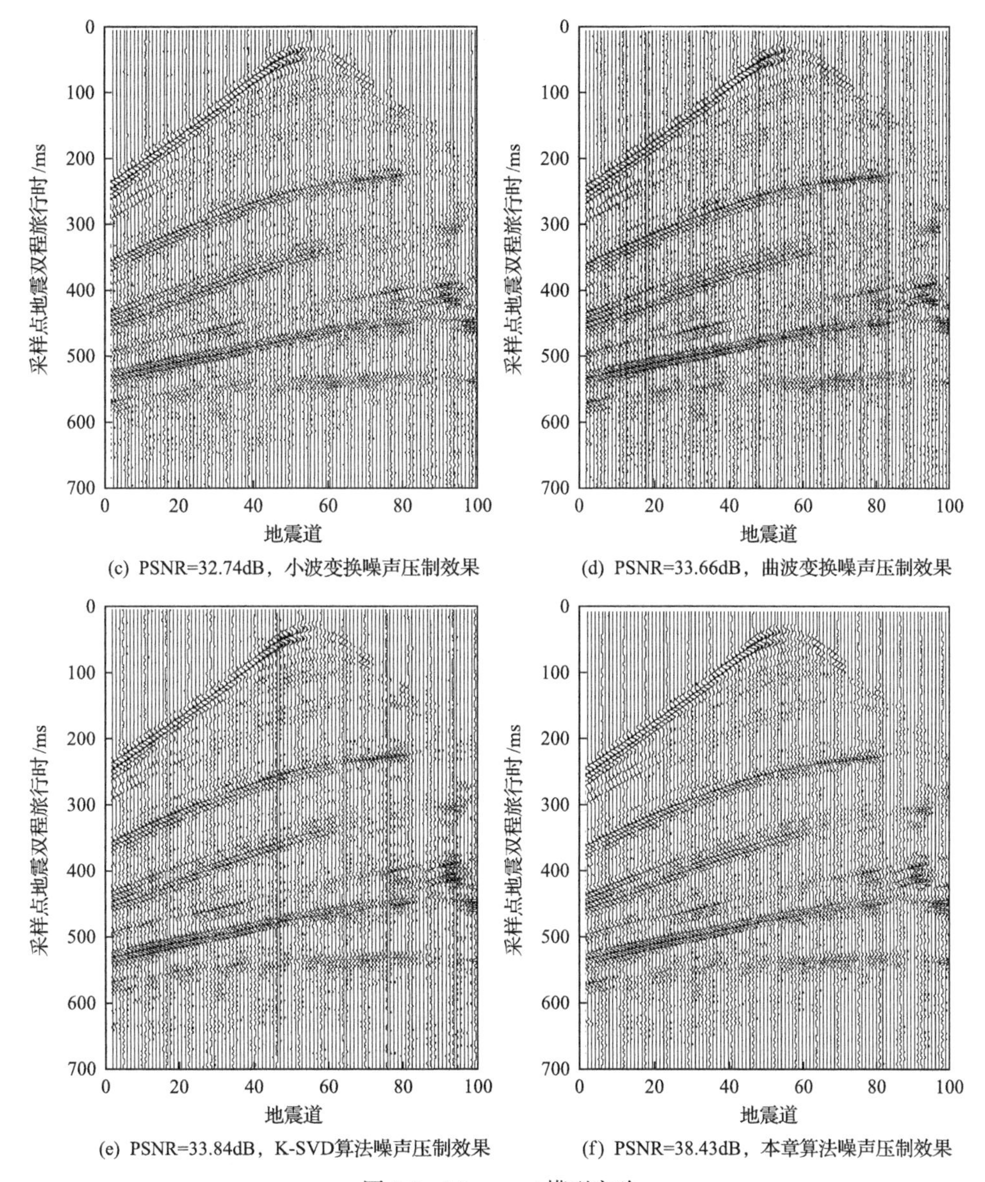

(c) PSNR=32.74dB，小波变换噪声压制效果

(d) PSNR=33.66dB，曲波变换噪声压制效果

(e) PSNR=33.84dB，K-SVD算法噪声压制效果

(f) PSNR=38.43dB，本章算法噪声压制效果

图 5.9　Marmousi 模型实验

和曲波等稀疏变换，并且 K-SVD 作为一种高效的全局字典学习算法，在地震数据去噪处理中得到广泛关注。因此接下来给出本章算法与小波变换、曲波变换，及 K-SVD 算法的效果对比。图 5.9(c)给出小波变换去噪效果，小波基采用 db5，分解级数为 5 级，去噪之后噪声得到一定的压制。图 5.9(d)给出曲波变换去噪效果，曲波分解级数为 5 级，由于曲波具有较好的方向性，去噪效果相对较好。图 5.9(e)给出 K-SVD 算法去噪效果，初始化采用 DCT 基构造超完备字典，以可

重叠的 8×8 固定大小的数据块为单位，构造的全局超完备字典可捕捉整体目标数据的主要特征，逼近原始数据。图 5.9(f) 给出本章算法去噪效果，由于采用了结构聚类字典学习的思想，对原始数据进行分类稀疏表示后，提高了局部复杂区域的去噪效果。

为了便于清楚地显示去噪效果，图 5.10 分别给出 4 种不同去噪算法在第 50 道数据(时间轴从 0～700ms)的去噪结果与原始数据的对比，图 5.10(a)为小波变换去噪，图 5.10(b)为曲波变换去噪，图 5.10(c)为 K-SVD 算法去噪，图 5.10(d)为本章算法，其中实线代表原始地震信号，虚线代表去噪结果，可见各算法去噪后得到的数据都能较好地接近原始信号，相比之下小波变换去噪波形振幅误差较大，而本章算法去噪结果的波形振幅误差最小。

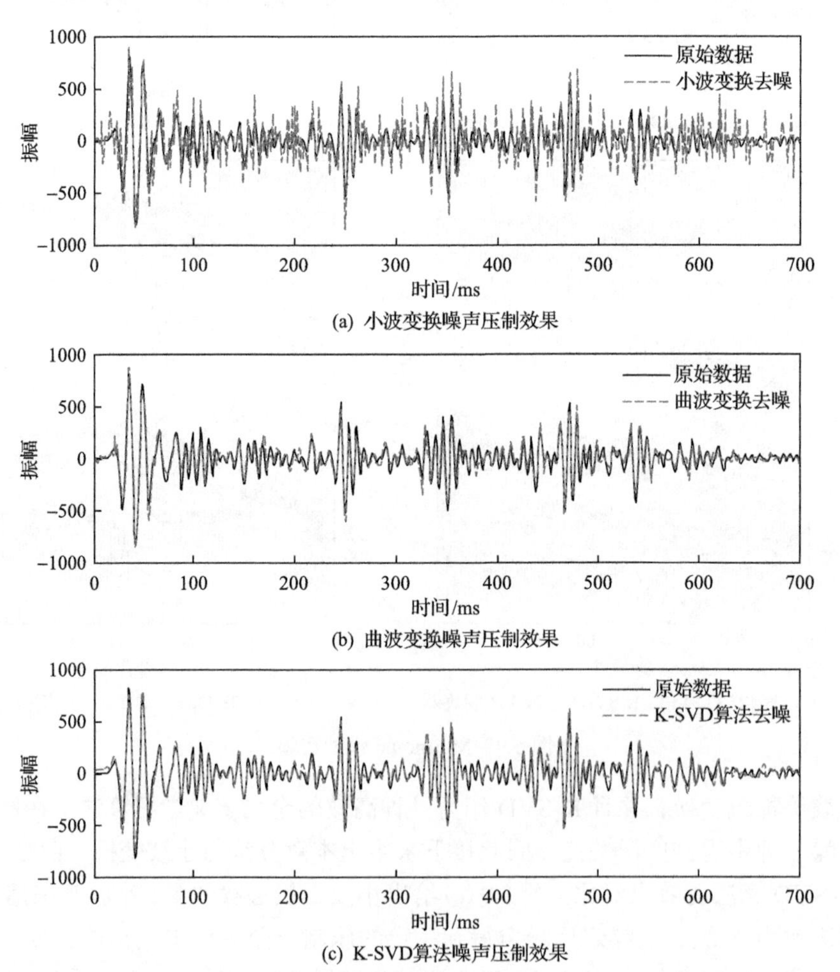

(a) 小波变换噪声压制效果

(b) 曲波变换噪声压制效果

(c) K-SVD算法噪声压制效果

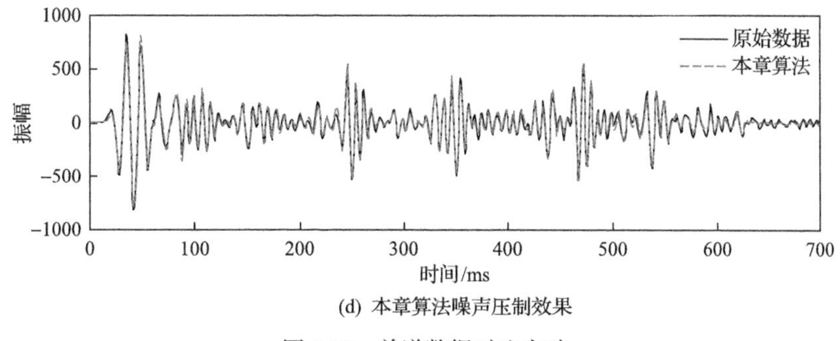

(d) 本章算法噪声压制效果

图 5.10　单道数据对比实验

为测试本章算法对不同强度高斯随机噪声的敏感程度，表 5.1 分别给出了小波变换、曲波变换、离散余弦(DCT)超完备字典、K-奇异值分解(K-SVD)自适应学习字典，及本章算法 5 种去噪方法在不同强度随机噪声下的去噪效果(PSNR)对比，从表 5.1 可以得出，随着加入高斯随机噪声的标准差从地震数据标准差的 1%增加到 8%时，去噪的难度逐渐增加，各个算法的去噪效果都有所下降，相比之下本章算法在各个噪声强度下均能取得最好的去噪效果。

表 5.1　不同去噪算法在各种强度高斯随机噪声下的 PSNR 对比

原始数据或去噪方法	$\ell=0.01$	$\ell=0.02$	$\ell=0.03$	$\ell=0.04$	$\ell=0.05$	$\ell=0.06$	$\ell=0.07$	$\ell=0.08$
含噪声数据	40.00	33.98	30.46	27.96	26.02	24.44	23.10	21.94
小波变换	40.26	34.23	32.74	30.27	29.05	27.69	26.35	25.23
曲波变换	40.98	35.39	33.66	30.80	29.58	28.86	26.68	26.10
DCT 超完备字典	41.68	35.11	32.26	30.38	29.13	27.97	27.09	26.41
K-SVD 自适应学习字典	43.81	36.34	33.84	31.89	30.39	29.10	28.09	27.31
本章算法	46.63	41.78	38.43	36.84	35.62	34.46	33.23	31.68

5.4.3　实际地震数据实验

图 5.11(a)为某区原始叠后海洋地震数据片段，截取 500 个采样点(采样点时间间隔 1ms)，300 个地震道，该数据中某些局部区域同相轴能量强度较大，同时又存在部分区域能量较弱，因此该数据随机噪声压制处理难度较大。图 5.11(b)为加入强度为 $\ell=0.04$ 的高斯随机噪声后的数据，图 5.11(c)为小波变换去噪效果，图 5.11(d)为曲波变换去噪效果，图 5.11(e)为 K-SVD 字典学习算法的去噪结果，图 5.11(f)为本章算法的去噪结果，从图 5.11(f)中可见，本章算法利用地震数据结构聚类字典学习的思想，在地震数据同相轴连续与波形复杂的区域，能够较好地提取出地震数据的主要特征，稀疏表示地震数据，压制随机噪声，但在地震波同相轴不连续的区域，由于原始地震数据波前曲线特征不明显，地震数据稀疏

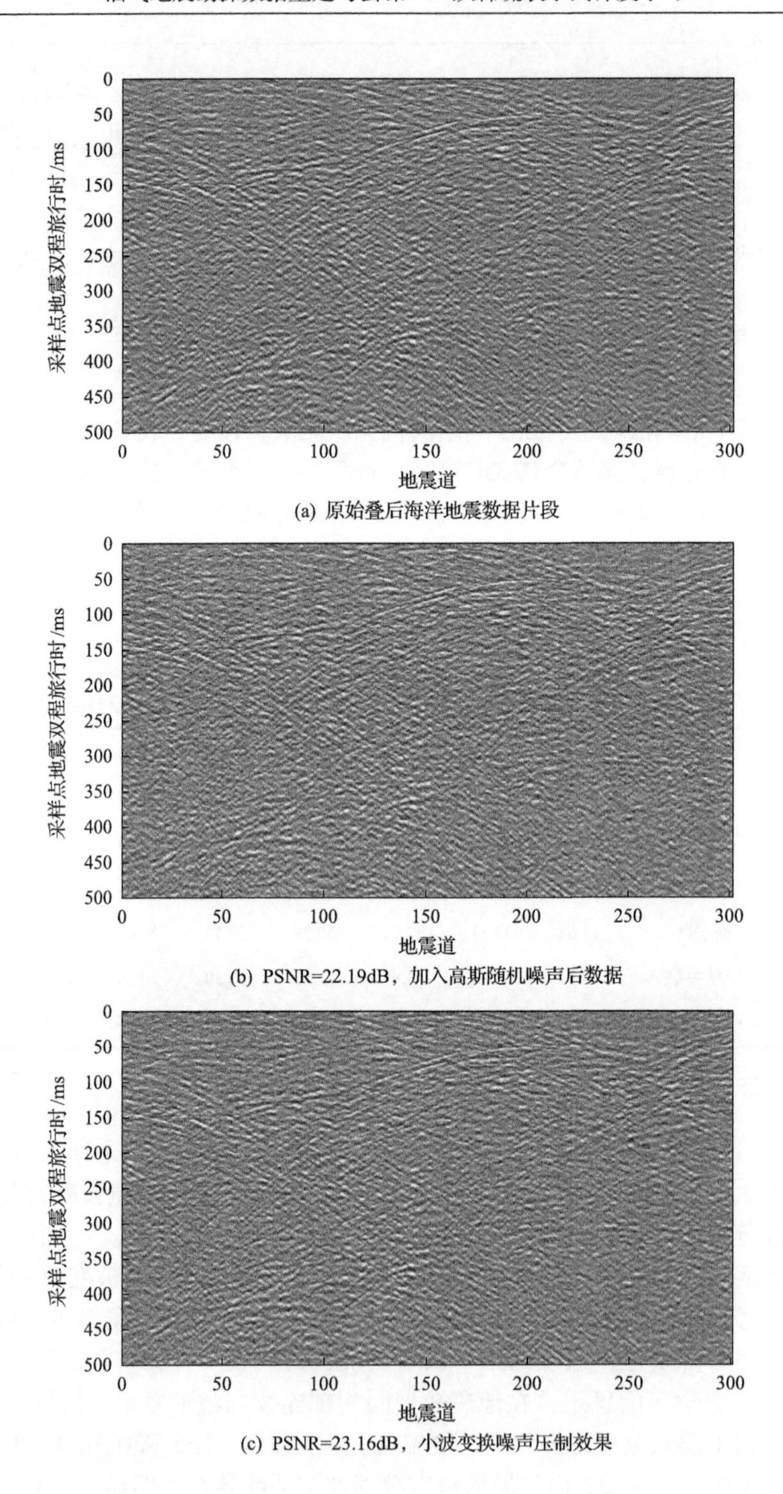

(a) 原始叠后海洋地震数据片段

(b) PSNR=22.19dB，加入高斯随机噪声后数据

(c) PSNR=23.16dB，小波变换噪声压制效果

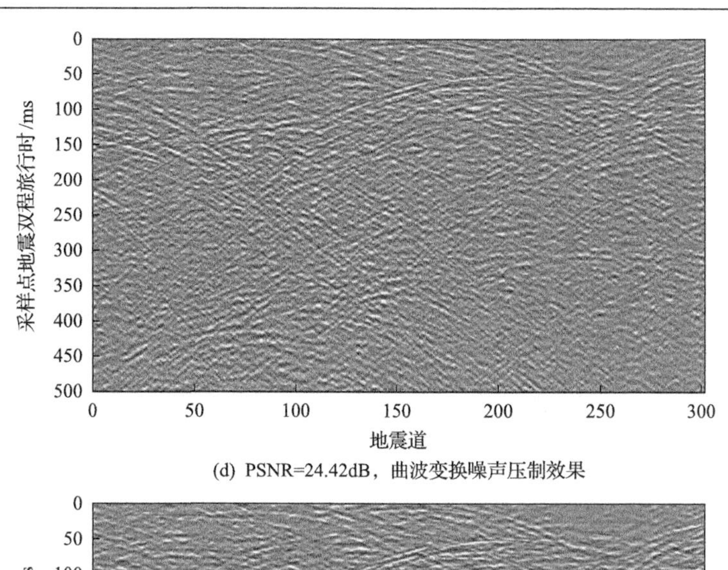

(d) PSNR=24.42dB，曲波变换噪声压制效果

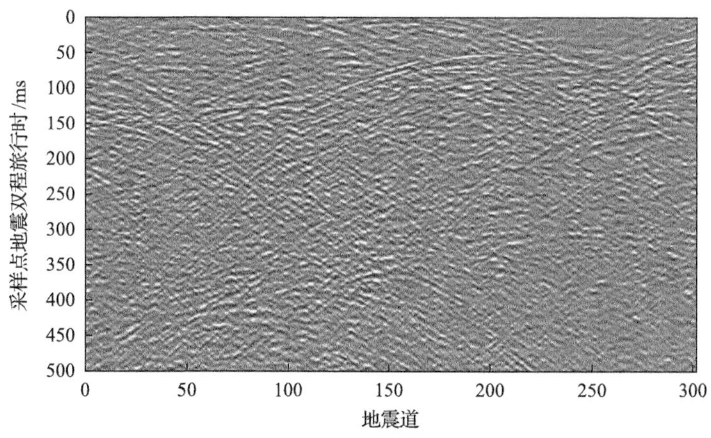

(e) PSNR=24.53dB，K-SVD字典学习算法去噪效果

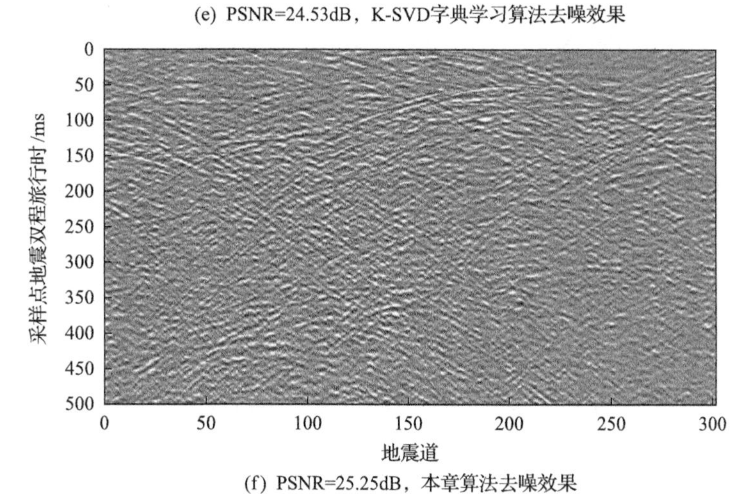

(f) PSNR=25.25dB，本章算法去噪效果

图 5.11　实际地震数据实验

表示能力受到影响，出现细节丢失的现象。因为随机噪声的影响会改变原始地震数据频谱，从而导致不准确的地层构造与不合理的地震解释，图 5.12 与图 5.13 分别给出了 *f-k* 域与 *f-x* 域各种算法的去噪结果，可见各种去噪算法结果均能较好地近似原始数据频谱，相比之下本章算法去噪结果能得到与原始数据最为接近的频谱分布。

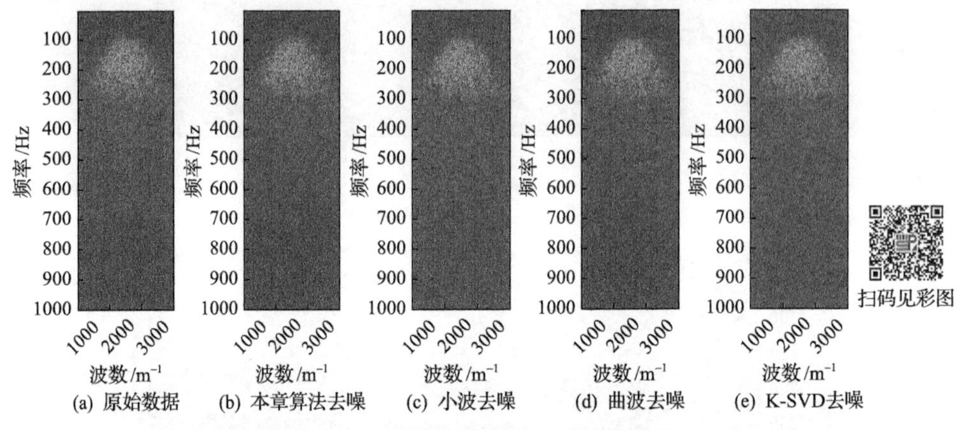

(a) 原始数据　(b) 本章算法去噪　(c) 小波去噪　(d) 曲波去噪　(e) K-SVD去噪

图 5.12　结构聚类字典与其他算法去噪 *f-k* 域结果对比

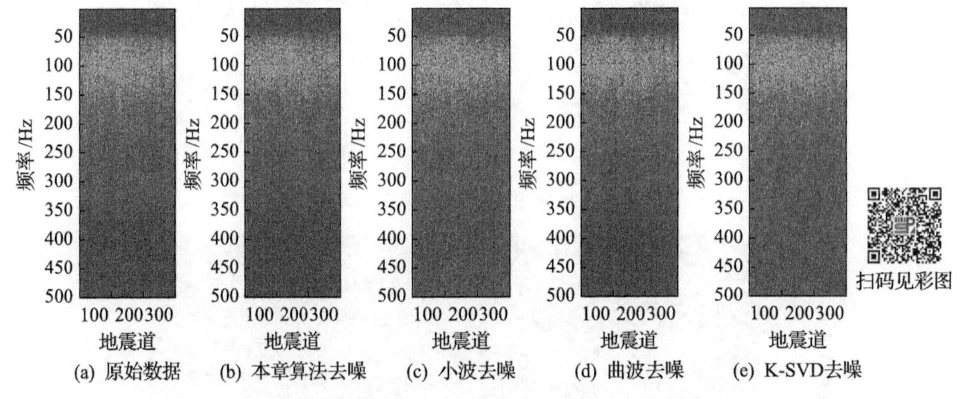

(a) 原始数据　(b) 本章算法去噪　(c) 小波去噪　(d) 曲波去噪　(e) K-SVD去噪

图 5.13　结构聚类字典与其他算法去噪 *f-x* 域结果对比

5.5　本 章 小 结

本章将结构聚类和超完备字典学习稀疏表示相结合来处理地震噪声问题，首先建立局部超完备字典学习的稀疏表示模型，在字典学习过程，通过 K 均值思想进行结构聚类以得到分类集合，针对每一类集合采用 SVD 训练得到超完备字典，依据各个聚类中心对其进行重新编码，增强字典中原子的完备程度，得到原始地震数据更稀疏的表示和描述；然后在模型求解过程利用双变量的迭代阈值算法求解模型中双 L_1 范数的优化问题，得到去噪后的地震数据；最后通过与基于小波变换、曲波变换、DCT 冗余字典，及 K-SVD 稀疏表示的随机噪声压制算法对比，表明本章去噪算法可获得较高的信噪比及地震波形复杂区域的保持能力，说明该算法压制地震随机噪声的准确性。在仿真实验的随机噪声标准差从地震数据标准差的 1%～8%范围时，本章算法均能取得相对好的去噪效果，说明本章算法的稳定性。另外，本章算法去噪效果与时间复杂度受聚类数目的影响较大，因此针对特定地震数据如何确定合理的聚类数目是本章接下来研究的重点。

参 考 文 献

[1] 张华, 陈小宏, 李红星, 等. 曲波变换三维地震数据去噪技术[J]. 石油地球物理勘探, 2017, 52(2): 226-232.

[2] Chen Y K. Dip-separated structural filtering using seislet transform and adaptive empirical mode decomposition based dip filter[J]. Geophysical Journal International, 2016, 206(1): 457-469.

[3] Elad. M, Aharon M. Image denoising via sparse and redundant representations over learned dictionaries[J]. IEEE Transations on Image Processing, 2006, 15(12): 3736-3745.

[4] Beckouche S, Ma J. Simultaneous dictionary learning and denoising for seismic data[J]. Geophysics, 2014, 79(3): A27-A31.

[5] Chen Y, Ma J, Fomel S. Double-sparsity dictionary for seismic noise attenuation[J]. Geophysics, 2016, 81(2): V17-V30.

[6] Chen Y. Fast dictionary learning for noise attenuation of multidimensional seismic data[J]. Geophysical Journal International, 2017, 209(1): 21-24.

[7] Trquais P, Asgedom E G, Söllner W. A method of combining coherence-constrained sparse coding and dictionary learning for denoising[J]. Geophysics, 2017, 82(3): V137-V148.

[8] 张广智, 常德宽, 王一惠, 等. 基于稀疏冗余表示的三维地震数据随机噪声压制[J]. 石油地球物理勘探, 2015, 50(4): 600-606.

[9] 邵婕, 孙成禹, 唐杰, 等. 基于字典训练的小波域稀疏表示微地震去噪方法[J]. 石油地球物理勘探, 2016, 51(2): 254-260.

[10] Dong W, Zhang L, Shi G, et al. Image deblurring and super-resolution by adaptive sparse domain selection and adaptive regularization[J]. IEEE Transactions on Image Processing, 2010, 20(7): 336-339.

[11] Tropp J A, Gilbert A C. Signal recovery from random measurements via orthogonal matching pursuit[J]. IEEE Transactions on Information Theory, 2007, 53(12): 4655-4666.

[12] Iusem A N. Augmented lagrangian methods and proximal point methods for convex optimization[J]. Investigación Operativa, 1999, 8: 11-49.

[13] Dong W, Li X, Zhang L, et al. Sparsity-based image denoising via dictionary learning and structural clustering[C]// IEEE Conference on Computer Vision and Pattern Recognition, IEEE Computer Society, 2011: 457-464.

[14] Hartigan J A, Wong M A. A K-means clustering algorithm[J]. Applied Statistics, 1979, 28(1): 100-108.

[15] Park H S, Jun C H. A simple and fast algorithm for K-medoids clustering[J]. Expert Systems with Applications, 2009, 36(2): 3336-3341.

[16] Ng R T, Han J. CLARANS: A method for clustering objects for spatial data mining[J]. IEEE Transactions on Knowledge & Data Engineering, 2002, 14(5): 1003-1016.

[17] Zhang T, Ramakrishnan R, Livny M. BIRCH: An efficient data clustering method for very large databases[C]//ACM SIGMOD International Conference on Management of Data, ACM, 1996: 103-114.

[18] Guha S, Rastogi R, Shim K. CURE: an efficient clustering algorithm for large databases[C]//ACM SIGMOD International Conference on Management of Data, ACM, 1998: 73-84.

[19] Karypis G, Han E H, Kumar V. Chameleon: Hierarchical clustering using dynamic modeling[J]. Computer, 2002, 32(8): 68-75.

[20] Ester M, Kriegel H P, Xu X. A density-based algorithm for discovering clusters a density-based algorithm for discovering clusters in large spatial databases with noise[C]//International Conference on Knowledge Discovery and Data Mining, Portland: AAAI Press, 1996: 226-231.

[21] Ankerst M, Breunig M M, Kriegel H P, et al. OPTICS: Ordering points to identify the clustering structure[J]. ACM Sigmod Record, 1999, 28(2): 49-60.

[22] Hinneburg A, Keim D A. An efficient approach to clustering in large multimedia databases with noise[C]//International Conference on Knowledge Discovery and Data Mining, New York: AAAI Press, 1998: 58-65.

[23] Wang W, Yang J, Muntz R R. STING: A Statistical information grid approach to spatial data mining[C]//International Conference on Very Large Data Bases, Athens: Morgan Kaufmann Publishers Inc., 1997: 186-195.

[24] Agrawal R, Gehrke J, Gunopulos D, et al. Automatic subspace clustering of high dimensional data for data mining applications[J]. ACM SIGMOD Record, 1998, 27(2): 94-105.

[25] Sheikholeslami G, Chatterjee S, Zhang A. Wave-Cluster: A multi-resolution clustering approach for very large spatial databases[C]//Proceedings of the 24rd International Conference on Very Large Data Bases. San Francisco: Morgan Kaufmann Publishers Inc., 1998: 428-439.

[26] Daubechies I, Defrise M, De Mol C. An iterative thresholding algorithm for linear inverse problems with a sparsity constraint[J]. Communications on Pure Applied Mathematics, 2004, 57(11): 1413-1457.

[27] Galatsanos N P, Katsaggelos A K. Methods for choosing the regularization parameter and estimating the noise variance in image restoration and their relation[J]. IEEE Transactions on Image Processing A Publication of the IEEE Signal Processing Society, 1992, 1(3): 322-336.

[28] Candès E J, Wakin M B, Boyd S P. Enhancing sparsity by reweighted ℓ_1, minimization[J]. Journal of Fourier Analysis and Applications, 2008, 14(5): 877-905.

[29] Osher S, Burger M, Goldfarb D, et al. An iterative regularization method for total variation-based image restoration[J]. Siam Journal on Multiscale Modeling & Simulation, 2005, 4(2): 460-489.

第 6 章　基于多道相似组字典的数据去噪

随机噪声是影响地震资料信噪比的主要因素之一，由于复杂的地震数据局部特征变化明显，因而要求稀疏表示基函数具有良好的局部识别能力。如第 5 章所述，传统的地震数据随机噪声压制采用的单一正交变换基函数难以获得最优稀疏表示效果，学习型超完备字典能根据地震数据本身的特点，以待处理数据为样本学习和训练，自适应地调整变换基函数以适合特定数据本身，可以更好地稀疏表示地震数据。周亚同等[1]将超完备字典学习应用于地震数据的重建，首先将地震数据分块，每一块包含多个地震记录道在一定采样时间段内波形的信息，以地震数据块为训练样本，利用超完备字典学习技术，根据地震数据的本身特点、自适应构造字典、稀疏表示地震数据，恢复数据的主要特征，获得较好的重建效果。

上述基于分块稀疏表示方法的缺陷在于未考虑块与块之间的相关性，如果某些块内记录道的信噪比过低，会导致整块稀疏编码系数精度较低，去噪效果差，同时分块边界处细节特征极易出现模糊现象。

第 5 章提出的基于结构聚类的局部超完备字典稀疏表示的随机噪声压制算法，首先对地震数据分块集合进行结构聚类，针对每一类分块集合利用 SVD 训练得到超完备字典，随后更新质心估计和地震数据估计值，最后求解得到去噪后的地震数据。由于针对各个分类的聚类中心重新编码地震数据，相当于对原始地震数据更稀疏地表示和描述，得到了较好的去噪效果，可见利用地震数据分块的局部结构特点和非局部自相似性，可以提高稀疏表示能力及去噪效果。但是第 5 章所提出的算法需要对地震数据分块进行聚类计算，不仅提高了计算复杂度，同时还增加了影响去噪结果的不确定因素。由于油气地震勘探数据在野外采集的过程中，震源激发的地震子波基本相同，同一界面反射波传播的路径、地层吸收等因素的影响相近，同一反射波邻近地震道的波形特征(包括主周期、相位数、振幅包络形态等)相似，而且相邻道之间同相轴的时差变化规律也比较相近，因此地震记录道在局部纵向与横向上存在较强的相似性。利用基于组的字典学习方法稀疏表示地震数据可以增强字典原子的准确程度，提高稀疏约束正则化的去噪模型的泛化能力和鲁棒性。

鉴于上述分析，本章提出基于多道相似组字典稀疏表示的地震数据随机噪声压制方法，首先阐述地震道波形互相关系数在地震数据去噪处理中的应用原理，在此基础上提出基于多道相似组的地震数据表示模型及其构造方法，利用邻近地震数据块之间多个记录道的相似性，计算地震数据块包含的多个记录道的相似度，以相似度最高的数据块构建多道相似组，并以多道相似组作为地震数据稀疏表示的基本单位；接着提出基于多道相似组字典稀疏表示的噪声压制模型，通过自适应超完备字典学习过程构造每个多道相似组的稀疏表示基函数，同时得到稀疏编码；然后利用迭代阈值收缩算法求解建立的稀疏约束正则化模型，提高编码系数的稀疏程度，保留地震数据主要特征的同时压制随机噪声；最后给出整体算法的步骤、流程及实验数值结果与分析。

6.1 多道相似组模型

本节首先阐述地震道波形互相关系数在地震数据去噪处理中的应用原理，在此基础上提出基于多道相似组的地震数据表示模型及其构造方法。

6.1.1 波形互相关系数原理

二维地震数据在相邻记录道同一反射波组的主要形态特征保持不变，并且同一地层反射波组的形态特征也具有一定相似性。波形互相关的核心是计算波形的互相关系数。设大小为$M\times N$（M为采样点数目，N为记录道数）的地震数据$\boldsymbol{x}$、$\boldsymbol{u}$和$\boldsymbol{v}$是其中的两个不同的地震记录道，则二者的互相关系数$\gamma(\boldsymbol{u},\boldsymbol{v})$为

$$\gamma(\boldsymbol{u},\boldsymbol{v})=\frac{\sum_{t=1}^{M}\left\{\left[\boldsymbol{u}(t)-\overline{\boldsymbol{u}}(t)\right]\left[(\boldsymbol{v}(t)-\overline{\boldsymbol{v}}(t)\right]\right\}}{\sqrt{\sum_{t=1}^{M}\left[\boldsymbol{u}(t)-\overline{\boldsymbol{u}}(t)\right]^{2}\sum_{t=1}^{M}\left[\boldsymbol{v}(t)-\overline{\boldsymbol{v}}(t)\right]^{2}}} \tag{6.1}$$

式中，t为时间采样序号，$t=1,2,\cdots,M$；$\overline{\boldsymbol{u}}$和$\overline{\boldsymbol{v}}$分别为其相应的均值。

由式(6.1)可知，互相关系数$\gamma(\boldsymbol{u},\boldsymbol{v})$实际上由两个经过中心化(去均值)处理后的波形序列组成的向量在空间中所成夹角的余弦，因此具有尺度不变性；同时，各个维度对最终相关系数的贡献也与其偏离中心点位置$\left[\boldsymbol{u}(t)-\overline{\boldsymbol{u}}(t)\right]$和$\left[(\boldsymbol{v}(t)-\overline{\boldsymbol{v}}(t)\right]$的乘积成正比。由于实际记录中的有效信号具有良好的时间一致性，而随机噪声则显得杂乱无章且振幅较小，因此互相关系数可以有效地抑制噪声对最终结果产生的影响[2]，引入互相关系数对地震信号进行随机噪声压制处理是一种合理的方法。

6.1.2 多道相似组的构造

由于互相关系数可以描述两个不同地震记录道的相似性，为了描述不同地震数据块之间的相似性，本章在地震道互相关系数计算的基础上，提出多道相似性的计算与多道相似组的构造方法。多道相似组构造如图 6.1 所示，首先将地震数据$\boldsymbol{x}$划分成n个大小为$p\times q$且相互重叠的数据块$\boldsymbol{x}_k$，其中$p=1,2,\cdots,M$，

$q=1,2,\cdots,N$ ， $k=1,2,\cdots,n$ 。对每一个数据块 $\boldsymbol{x}_k$ ，在 $L\times L$ 的训练窗内，计算多道相似性 R，相似性的度量定义为目标数据块 $\boldsymbol{x}_k$ 内各个记录道 $\boldsymbol{x}_k(s)$（具有 t 个采样点）与训练窗口内其他块 $\boldsymbol{x}_j$ 相应记录道 $\boldsymbol{x}_j(s)$（具有 t 个采样点）的互相关系数 $\gamma(\boldsymbol{x}_j(s),\boldsymbol{x}_k(s))$ 的数学期望（ $t=1,2,\cdots,p$ ， $s=1,2,\cdots,q$ ）如下：

$$R=\frac{1}{q}\sum_{s=1}^{q}\gamma(\boldsymbol{x}_j(s),\boldsymbol{x}_k(s)) \tag{6.2}$$

式中， $j\neq k,j$ 且 $k\in 1,2,\cdots,n$ 。依据式(6.2)搜索得到与 $\boldsymbol{x}_k$ 相似度最大的 c 个块，将这 c 个块组成多道相似组 $S_{\boldsymbol{x}_k}=\left\{\boldsymbol{x}_{k_1},\boldsymbol{x}_{k_2},\cdots,\boldsymbol{x}_{k_c}\right\}$。将每个块向量化， c 个块组成多道相似组矩阵为 $\boldsymbol{G}_{\boldsymbol{x}_k}=[\vec{\boldsymbol{x}}_{k_1},\vec{\boldsymbol{x}}_{k_2},\cdots,\vec{\boldsymbol{x}}_{k_c}]$， $\boldsymbol{G}_{\boldsymbol{x}_k}\in\mathbf{R}^{p\times q\times c}$ 。定义 $\boldsymbol{R}_{\boldsymbol{G}_k}$ 为一个矩阵运算算子，表示从数据 $\boldsymbol{x}$ 中提取多道相似组 $\boldsymbol{G}_{\boldsymbol{x}_k}$ ，则每一个多道相似组矩阵可以表示为

$$\boldsymbol{G}_{\boldsymbol{x}_k}=\boldsymbol{R}_{\boldsymbol{G}_k}\boldsymbol{x} \tag{6.3}$$

将所有的多道相似组进行平均处理，则地震数据可以表示为

$$\boldsymbol{x}=\left(\sum_{k=1}^{n}\boldsymbol{R}_{\boldsymbol{G}_k}^{\mathrm{T}}\boldsymbol{R}_{\boldsymbol{G}_k}\right)^{-1}\sum_{k=1}^{n}\boldsymbol{R}_{\boldsymbol{G}_k}^{\mathrm{T}}\boldsymbol{R}_{\boldsymbol{x}_k} \tag{6.4}$$

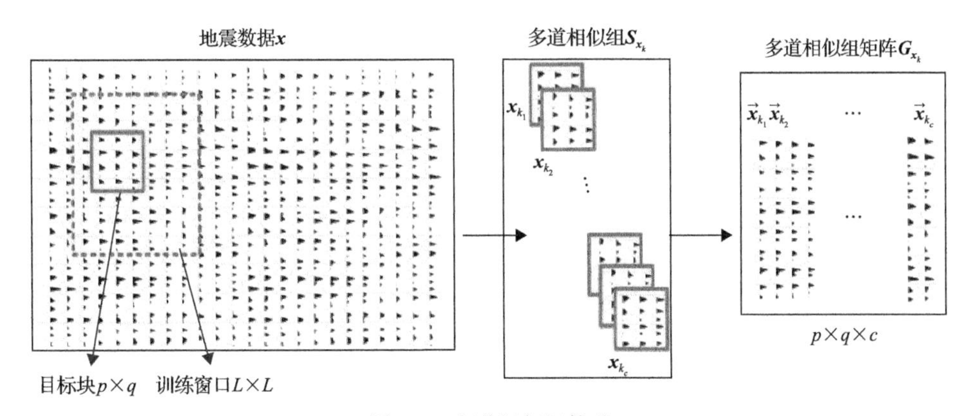

图 6.1　多道相似组构造

6.2　基于多道相似组噪声压制算法

本节首先提出基于多道相似组字典的地震数据噪声压制模型，接着提出以多

道相似组为训练样本的局部自适应字典学习方法，最后给出整体算法求解实现步骤与流程。

6.2.1 多道相似组字典噪声压制

设包含噪声的地震数据 $\boldsymbol{y}=\boldsymbol{x}+n$，$\boldsymbol{x}$ 为不含噪声地震数据；n 为随机噪声，通过多道相似组域；$\boldsymbol{y}$ 在超完备字典 $\boldsymbol{D}_G$ 下能够被系数 $\boldsymbol{\alpha}_G$ 近似稀疏表示，自适应字典学习算法将在下面详细阐述。对于地震数据去噪问题，提出的在正则化框架下的目标函数为

$$\hat{\boldsymbol{\alpha}}_G=\operatorname{argmin}_{\boldsymbol{\alpha}_G}\frac{1}{2}\left\|\boldsymbol{D}_G\boldsymbol{\alpha}_G-\hat{\boldsymbol{x}}\right\|_2^2+\lambda\cdot\left\|\boldsymbol{\alpha}_G\right\|_1^1 \tag{6.5}$$

式中，$\hat{\boldsymbol{x}}$ 为不含噪声地震数据的近似(初值为 $\boldsymbol{y}$)；$\boldsymbol{D}_G$ 为所有 $\boldsymbol{D}_{G_k}$ 的合并；$\boldsymbol{\alpha}_G$ 为所有 $\boldsymbol{\alpha}_{G_k}$ 的合并；λ 为拉格朗日因子。

为了获得更高质量的去噪结果，通过迭代阈值收缩策略求解 L_1 范数，促进 $\hat{\boldsymbol{x}}$ 在多道相似组域 $\boldsymbol{\alpha}_G$ 上的稀疏性，第 w 次迭代的阈值处理表示为

$$\begin{gathered}\hat{\boldsymbol{\alpha}}_G^{(w)}=\boldsymbol{\alpha}_G^{(w)}+\boldsymbol{D}_G^{(w)\mathrm{T}}(\hat{\boldsymbol{x}}^{(w)}-\boldsymbol{D}_G^{(w)}\boldsymbol{\alpha}_G^{(w)})\\ \hat{\hat{\boldsymbol{\alpha}}}_G^{(w)}=T(\hat{\boldsymbol{\alpha}}_G^{(w)})=\begin{cases}\hat{\boldsymbol{\alpha}}_G^{(w)}, & \left|\hat{\boldsymbol{\alpha}}_G^{(w)}\right|\geqslant\tau\\ 0, & \text{其他}\end{cases}\end{gathered} \tag{6.6}$$

式中，T 为阈值函数；w 为迭代次数；$\hat{\boldsymbol{\alpha}}_G^{(w)}$ 为第 w 次迭代的 $\boldsymbol{\alpha}_G$ 估计值。在每次迭代中搜索与超平面 $\hat{\boldsymbol{x}}=\boldsymbol{D}_G\boldsymbol{\alpha}_G$ 距离最近的向量，对应式(6.5)中 $\frac{1}{2}\left\|\boldsymbol{D}_G\boldsymbol{\alpha}_G-\hat{\boldsymbol{x}}\right\|_2^2$ 项，然后投影到 L_1 球上，得到 $\hat{\boldsymbol{\alpha}}_G$，减小阈值 τ 更新系数得到 $\hat{\hat{\boldsymbol{\alpha}}}_G$，最终得到去噪地震数据为 $\hat{\boldsymbol{x}}=\boldsymbol{D}_G\hat{\hat{\boldsymbol{\alpha}}}_G$。

6.2.2 局部自适应字典学习

基于数据分块的稀疏表示自适应字典学习方法，得到的是每一个数据块的字典，而本章提出的多道自相似组是由多个波形记录相似度最大的邻近数据块组成，根据多道相似组训练学习，得到的是每个组的稀疏表示字典，而且组中的所有块都用同一个字典来稀疏表示。自适应学习算法以含噪声地震数据 $\boldsymbol{y}$ 作为无噪声地震数据估计 $\hat{\boldsymbol{x}}$ 的初值，保证自适应学习得到每一个 $\boldsymbol{D}_{G_k}$ 能够很好地表示多道相似组矩阵 $\boldsymbol{G}_{\hat{\boldsymbol{x}}_k}$；同时矩阵 $\boldsymbol{G}_{\hat{\boldsymbol{x}}_k}$ 在字典 $\boldsymbol{D}_{G_k}$ 表示下的系数 $\boldsymbol{\alpha}_{G_k}$ 尽量稀疏。

在每一次迭代中利用每一个多道相似组矩阵 $\boldsymbol{G}_{\hat{\boldsymbol{x}}_k}$ 进行自适应字典学习，首先

对矩阵 $\boldsymbol{G}_{\hat{\boldsymbol{x}}_k}$ 进行奇异值分解(SVD)得到：

$$\begin{aligned}\boldsymbol{G}_{\hat{\boldsymbol{x}}_k} &= \boldsymbol{U}_{\boldsymbol{G}_k}\boldsymbol{\Sigma}_{\boldsymbol{G}_k}\boldsymbol{V}_{\boldsymbol{G}_k}^{\mathrm{T}} \\ &= \sum_{i=1}^{m}\boldsymbol{\alpha}_{\boldsymbol{G}_{k_i}}(\boldsymbol{u}_{\boldsymbol{G}_{k_i}}\boldsymbol{v}_{\boldsymbol{G}_{k_i}}^{\mathrm{T}})\end{aligned} \tag{6.7}$$

式中，$\boldsymbol{\alpha}_{\boldsymbol{G}_k}=\left[\boldsymbol{\alpha}_{\boldsymbol{G}_{k1}},\boldsymbol{\alpha}_{\boldsymbol{G}_{k2}},\cdots,\boldsymbol{\alpha}_{\boldsymbol{G}_{km}}\right]$； $\boldsymbol{\Sigma}_{\boldsymbol{G}_k}=\mathrm{diag}(\boldsymbol{\alpha}_{\boldsymbol{G}_k})$表示以主对角线上元素为元素的矩阵；$m$ 为主对角线上元素的个数；$\boldsymbol{u}_{\boldsymbol{G}_{ki}}$、$\boldsymbol{v}_{\boldsymbol{G}_{k_i}}$ 分别表示矩阵 $\boldsymbol{U}_{\boldsymbol{G}_k}$ 和 $\boldsymbol{V}_{\boldsymbol{G}_k}$ 的列向量。接着定义字典 $\boldsymbol{D}_{\boldsymbol{G}_k}$ 中每一个原子为

$$\boldsymbol{d}_{\boldsymbol{G}_{k_i}}=\mathrm{vec}(\boldsymbol{u}_{\boldsymbol{G}_{k_i}}\boldsymbol{v}_{\boldsymbol{G}_{k_i}}^{\mathrm{T}}),\qquad i=1,2,\cdots,m \tag{6.8}$$

式中，$\boldsymbol{d}_{\boldsymbol{G}_{k_i}}\in\mathbf{R}^{pq\times c}$。因此，对于多道相似组矩阵 $\boldsymbol{G}_{\hat{\boldsymbol{x}}_k}$ 最终自适应学习得到的字典定义如下：

$$\boldsymbol{D}_{\boldsymbol{G}_k}=\left[\boldsymbol{d}_{\boldsymbol{G}_{k_1}},\boldsymbol{d}_{\boldsymbol{G}_{k2}},\cdots,\boldsymbol{d}_{\boldsymbol{G}_{km}}\right] \tag{6.9}$$

式中，$\boldsymbol{D}_{\boldsymbol{G}_k}\in\mathbf{R}^{pqc\times m}$，以上得到的每一个多道相似组矩阵 $\boldsymbol{G}_{\hat{\boldsymbol{x}}_k}$ 的字典是自适应的，并且只需要一次 SVD 操作，计算复杂度低。而且由于字典 $\boldsymbol{D}_{\boldsymbol{G}_k}$ 中任意两个原子是正交的，因此能够保证字典中原子的准确程度，有效地捕捉到地震波前信息，表示复杂的地震数据局部细节特征，提高稀疏约束正则化模型的泛化能力和鲁棒性，使稀疏编码的求解稳定准确。

6.2.3　算法实现步骤与流程

基于多道相似组稀疏表示的地震数据随机噪声压制算法的总体思想是：通过迭代阈值收缩算法求解提出的正则框架下 L_1 最小优化问题，每次迭代根据待恢复地震数据的近似 $\hat{\boldsymbol{x}}$ 为训练样本(初始值采用含噪声地震数据 $\boldsymbol{y}$)，自适应地学习得到多道相似组的稀疏基 $\boldsymbol{D}_{\boldsymbol{G}}$ 与系数 $\boldsymbol{\alpha}_{\boldsymbol{G}}$，通过不断缩减阈值提高 $\boldsymbol{\alpha}_{\boldsymbol{G}}$ 稀疏度，更新 $\hat{\boldsymbol{x}}$ 逐渐逼近 $\boldsymbol{x}$，压制随机噪声，具体实现步骤如下：

(1) 输入：给定迭代停止参数 ε，最大迭代次数 K，含噪声地震数据 $\boldsymbol{y}$。

(2) 初始化：迭代次数 $w=1$，初始阈值 τ。

(3) 去噪处理过程：

while $\left\|\dot{\boldsymbol{x}}^{(w+1)}-\hat{\boldsymbol{x}}^{(w)}\right\|_2^2>\varepsilon$ and $w\leqslant K$

　　for　$k\leqslant n$　　构造第 k 个结构组

通过 SVD 分解求解 $D_{G_k}^{(w)}$，$\boldsymbol{\alpha}_{G_k}^{(w)}$；

求解：$\dot{\boldsymbol{\alpha}}_{G_k}^{(w)} = \boldsymbol{\alpha}_{G_k}^{(w)} + D_{G_k}^{(w)\mathrm{T}}(\hat{\boldsymbol{x}}^{(w)} - D_{G_k}^{(w)}\boldsymbol{\alpha}_{G_k}^{(w)})$；

促进稀疏：$\boldsymbol{\alpha}_{G_k}^{(w)} = T(\hat{\boldsymbol{\alpha}}_{G_k}^{(w)})$；

end for

合并 $\hat{\hat{\boldsymbol{\alpha}}}_{G_k}^{(w)}$ 得到 $\hat{\hat{\boldsymbol{\alpha}}}_{G}^{(w)}$；合并 $D_{G_k}^{(w)}$ 得到 $D_{G}^{(w)}$；

更新 $\boldsymbol{x}^{(w+1)} = D_{G}^{(w)}\hat{\hat{\boldsymbol{\alpha}}}_{G}^{(w)}$；

收缩阈值 τ；

$w = w + 1$

end while

(4)输出：去噪地震数据 $\hat{\boldsymbol{x}} = \hat{\boldsymbol{x}}^{(w+1)}$。

详细流程如图 6.2 所示。

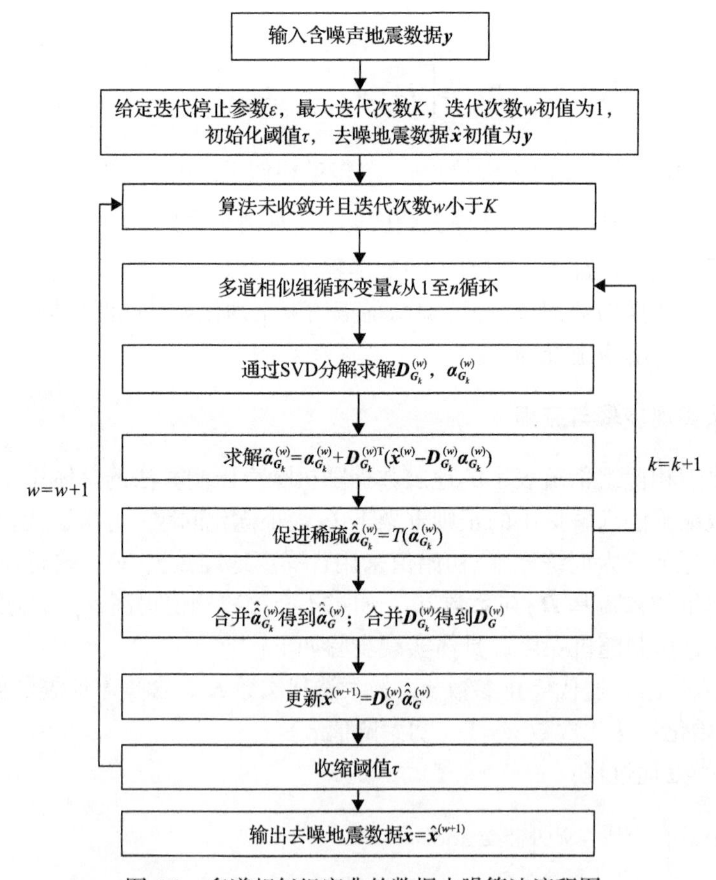

图 6.2　多道相似组字典的数据去噪算法流程图

6.3　实验结果及分析

硬件平台采用双核 CPU 主频为 3.3GB 的 Intel I5 微机，内存容量为 4GB。系统软件为 32 位 Windows 7 操作系统；软件使用 Matlab R2013b。实验数据分别采用合成地震数据、Marmousi 模型地震数据，以及某区实际海洋叠后地震数据。每一个数据块大小 $p\times q$ 为 8×8，每个多道相似组中包含块的个数 c 为 40，多道相似组矩阵的大小为 8×8×40=2560。相邻数据块之间的间隔设为 4，每一个结构组的搜索窗的大小 $L\times L$ 为 40×40。地震数据去噪效果的衡量指标采用峰值信噪比(PSNR)，如式(3.21)所示，为了模拟地震数据中包含的随机噪声，本章在原始地震数据中加入零均值正态分布的高斯随机噪声，噪声的标准差与原始地震数据的标准差呈正相关关系，噪声标准差定义为

$$\sigma = \ell\sqrt{\frac{1}{MN}\sum_{t=1}^{M}\sum_{s=1}^{N}(\boldsymbol{x}_{t,s}-\mu)^2} \tag{6.10}$$

式中，t 为时间采样序号；s 为地震道记录序号；μ 为地震数据的均值；ℓ 为噪声强度的比例因子；M 为采样点数量；N 为地震道数。

6.3.1　合成地震数据实验

图 6.3(a)是部分原始合成单炮地震记录，合成数据采样间隔为 1ms，选择里克子波作为震源子波。截取数据包括 60 个记录道，280 个采样点，图 6.3(b)为加入强度 ℓ 为 0.02 的高斯随机噪声，图 6.3(c)为本章算法迭代 100 次的效果，去噪后 PSNR 约提高 15dB，且地震数据的同相轴方向性与连续性保持较好，图 6.3(d)给出了原始地震数据与迭代 100 次去噪之后地震数据的差值图，可见本章算法去噪得到的误差较小，图 6.3(e)与图 6.3(f)分别给出了迭代 20 次与 50 次的去噪效果，表明随着迭代次数的增加，地震数据去噪后的主观视觉效果在不断增强。图 6.3(g)与图 6.3(h)分别是 PSNR 与 MSE 随迭代次数的变化曲线，随着迭代次数的增加，PSNR 逐渐增加，均方误差(MSE)逐渐降低，细节信息保持较好，去噪效果不断提高，当达到 90 次迭代左右时，算法取得收敛，PSNR 基本稳定在最大值附近，MSE 稳定在最小值附近，从而说明本章算法具有较好的收敛性与稳定性。图 6.4(a)～(e)分别给出了迭代 1 次、20 次、50 次、80 次、100 次的自适应学习算法得到的字典图示，在每个字典中包含 73×14 个多道相似组字典，每个多道相似组字典含有 8×5 个原子，每个原子为 8×8 的数据块，可见随着迭代次数的增加，字典中原子包含的噪声逐渐减少，地震数据原始特征逐渐明显，为显示字典详细内容，图 6.5(a)～(e)依次给出图 6.3(a)～(e)中 5 种不同迭代次数所得的字

典中第一行 14 个多道相似组字典的原子详细信息。

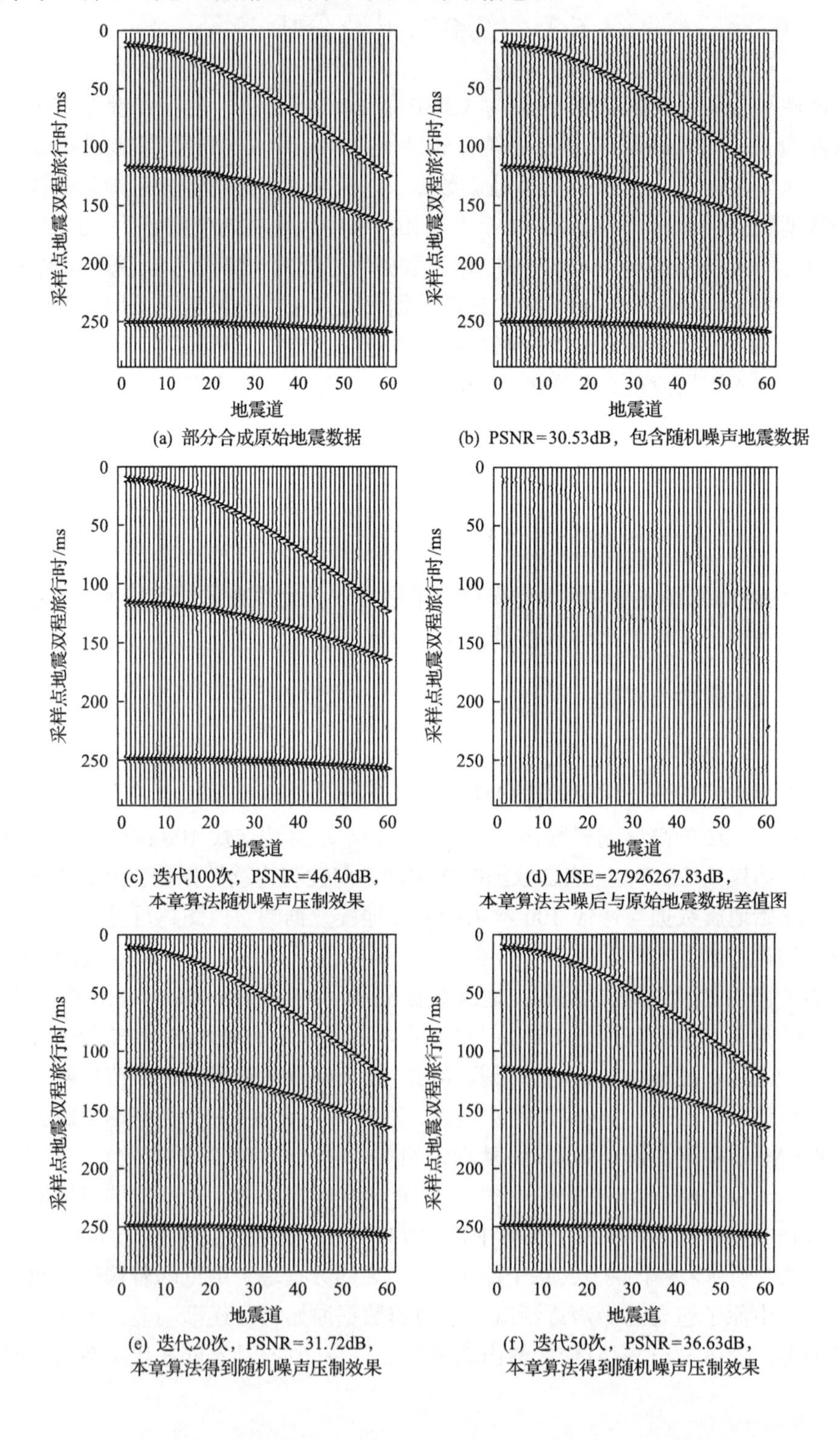

(a) 部分合成原始地震数据

(b) PSNR=30.53dB，包含随机噪声地震数据

(c) 迭代100次，PSNR=46.40dB，本章算法随机噪声压制效果

(d) MSE=27926267.83dB，本章算法去噪后与原始地震数据差值图

(e) 迭代20次，PSNR=31.72dB，本章算法得到随机噪声压制效果

(f) 迭代50次，PSNR=36.63dB，本章算法得到随机噪声压制效果

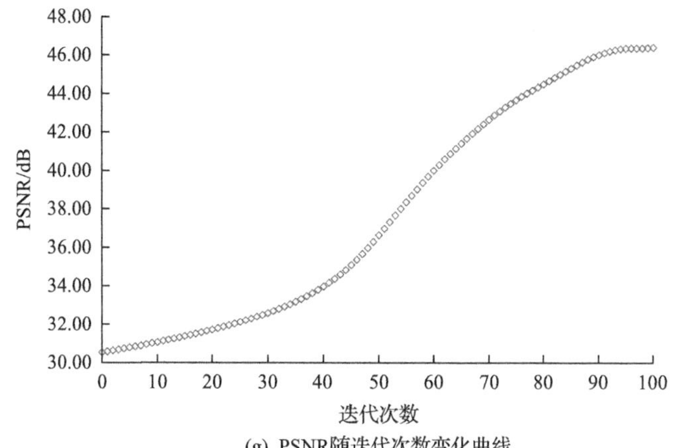

(g) PSNR随迭代次数变化曲线

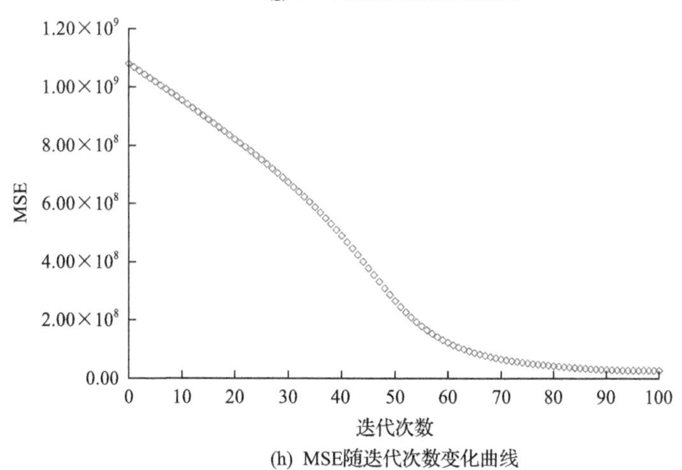

(h) MSE随迭代次数变化曲线

图 6.3　合成地震数据实验

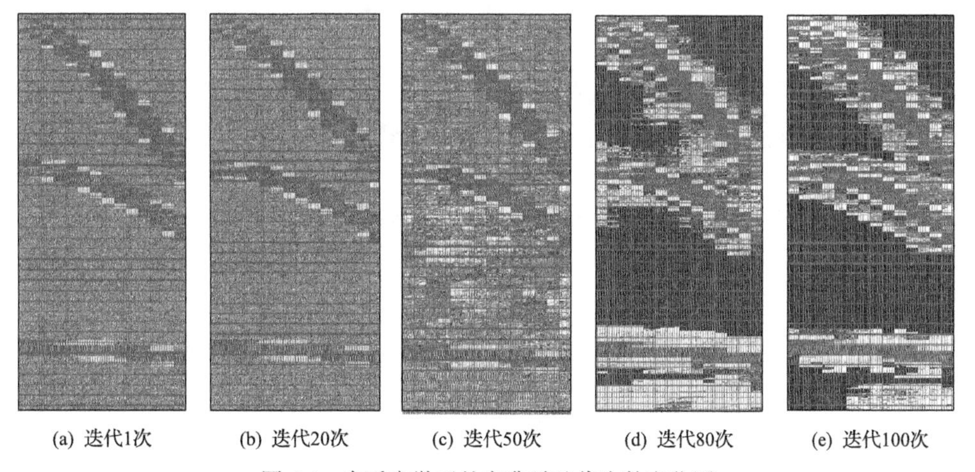

(a) 迭代1次　(b) 迭代20次　(c) 迭代50次　(d) 迭代80次　(e) 迭代100次

图 6.4　自适应学习的字典随迭代次数变化图

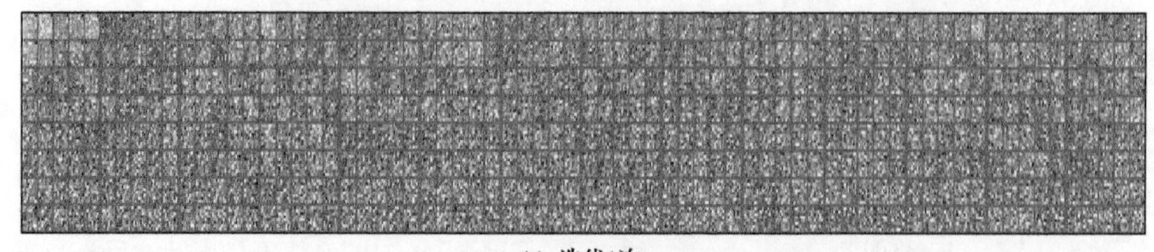

(a) 迭代1次

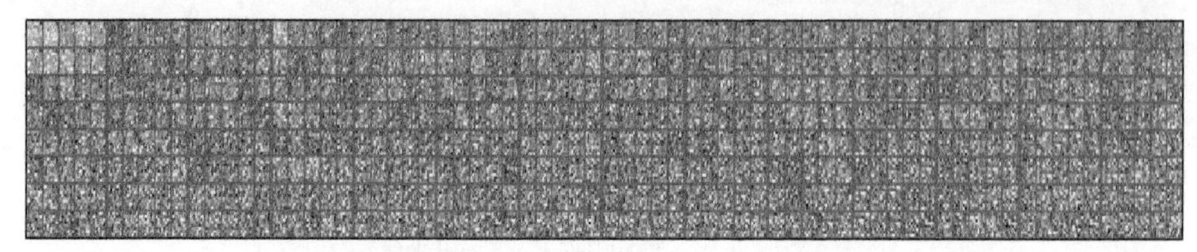

(b) 迭代20次

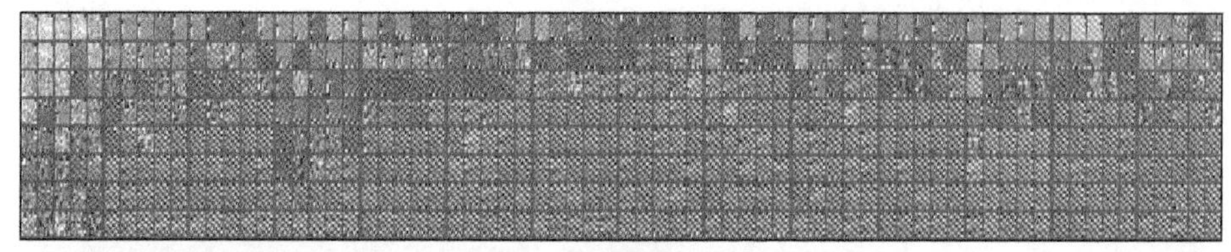

(c) 迭代50次

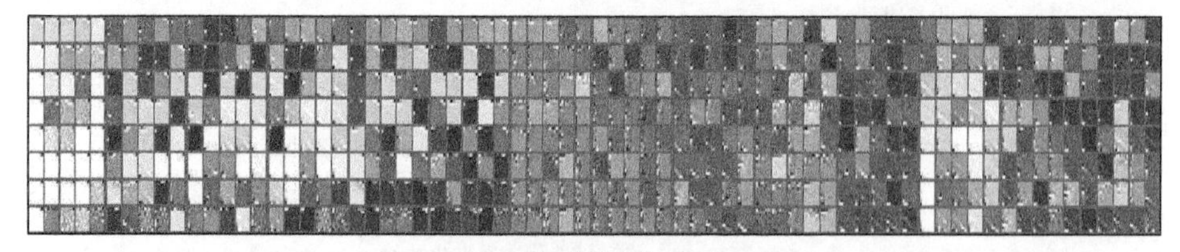

(d) 迭代80次

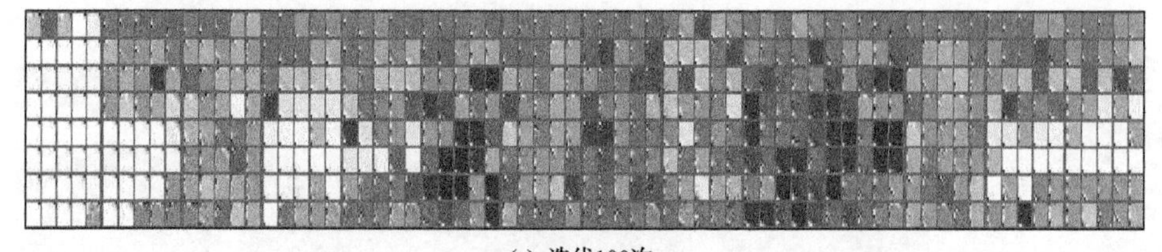

(e) 迭代100次

图 6.5 自适应字典中第 1 行各个多道相似组随迭代次数变化图

6.3.2 标准地震模型实验

在 Marmousi 模型的地震记录数据中随机抽取单炮数据，截取原始地震数据 100 道，每道 200 个采样点如图 6.6(a)所示；加入强度 ℓ 为 0.03 的高斯随机噪声数据如图 6.6(b)所示；为说明本章算法的有效性，接下来给出与传统去噪算法的效果对比，由于曲波变换是一种地震数据处理领域应用比较广泛的稀疏表示方法，

图 6.6(c)给出了曲波稀疏表示后，保留 20%大系数的去噪效果，地震数据中部分噪声得到了压制，但仍存在大量噪声无法压制；图 6.6(d)给出以离散余弦基函数构造的超完备字典作为稀疏表示基的去噪效果，为加强局部特征保持，地震数据被划分成可重叠的 8×8 固定大小的数据块，以数据块为稀疏表示的基本单位，去噪效果得到改善，但由于单一的 DCT 基不能自适应地反映图像的局部特征，局部同相轴密集区域还存在一些噪声未去除。图 6.6(e)给出基于 K-SVD 自适应学习的超完备字典稀疏表示去噪效果，初始化采用 DCT 基构造超完备字典，以可重叠的 8×8 固定大小的数据块为单位，对原始数据进行迭代学习后，构造的超完备冗余字典可以较有效地捕捉目标数据块的主要特征，可见利用自适应学习字典稀疏表示的去噪效果得到提高，但是由于未考虑数据块之间的相似性，数据块边界与局部波形变化剧烈的地震道存在失真的情况。图 6.6(f)是第 5 章提出的随机噪声压制算法的去噪结果，聚类数目采用 40 个分类，由于考虑了地震数据分块的局部结构和非局部自相似性，通过结构聚类，并用各个类的聚类中心对其进行重新编码，可以得到更稀疏的系数，去噪效果较前几种方法有所提高。图 6.6(g)给出了本章算法去噪效果，由于考虑了邻近数据块之间多道地震波的相似性，以多道相似组为单位，自适应学习训练构造超完备冗余字典来稀疏表示地震数据，因此具有较好的局部特征表示能力，同相轴的细节信息保持相对较好，去噪之后的主观效果和峰值信噪比都得到了提高。图 6.6(h)给出了原始地震数据与本章算法迭代 100 次去噪之后地震数据的差值图，表明去噪得到的误差较小。图 6.6(i)是 MSE 随迭代次数的变化曲线，随着迭代次数的增加，MSE 逐渐降低，当达到 95 次迭代左右时，算法取得收敛，MSE 稳定在最小值附近。为测试本章算法对不同强度高斯随机噪声的敏感程度，表 6.1 分别给出了曲波变换、DCT 超完备字典、K-SVD 自适应学习字典，第 5 章提出的随机噪声压制算法，及本章提出的基于多道相似组的自适应学习字典 4 种稀疏表示方法，在不同强度随机噪声下的去噪效果对比，

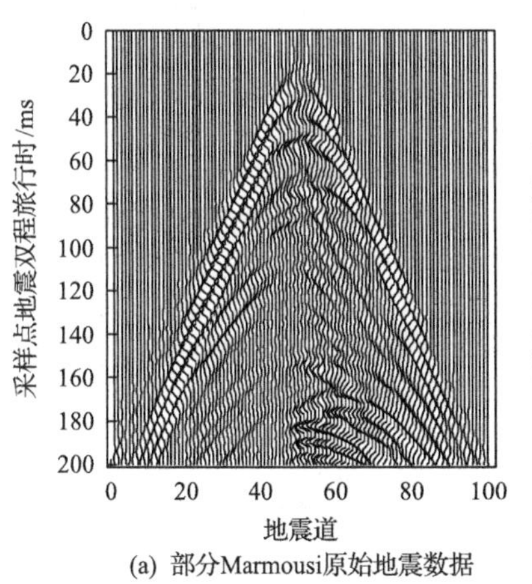

(a) 部分Marmousi原始地震数据

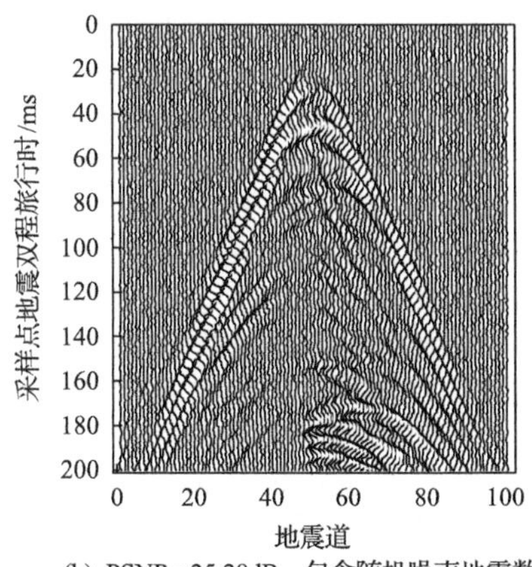

(b) PSNR=25.28dB，包含随机噪声地震数据

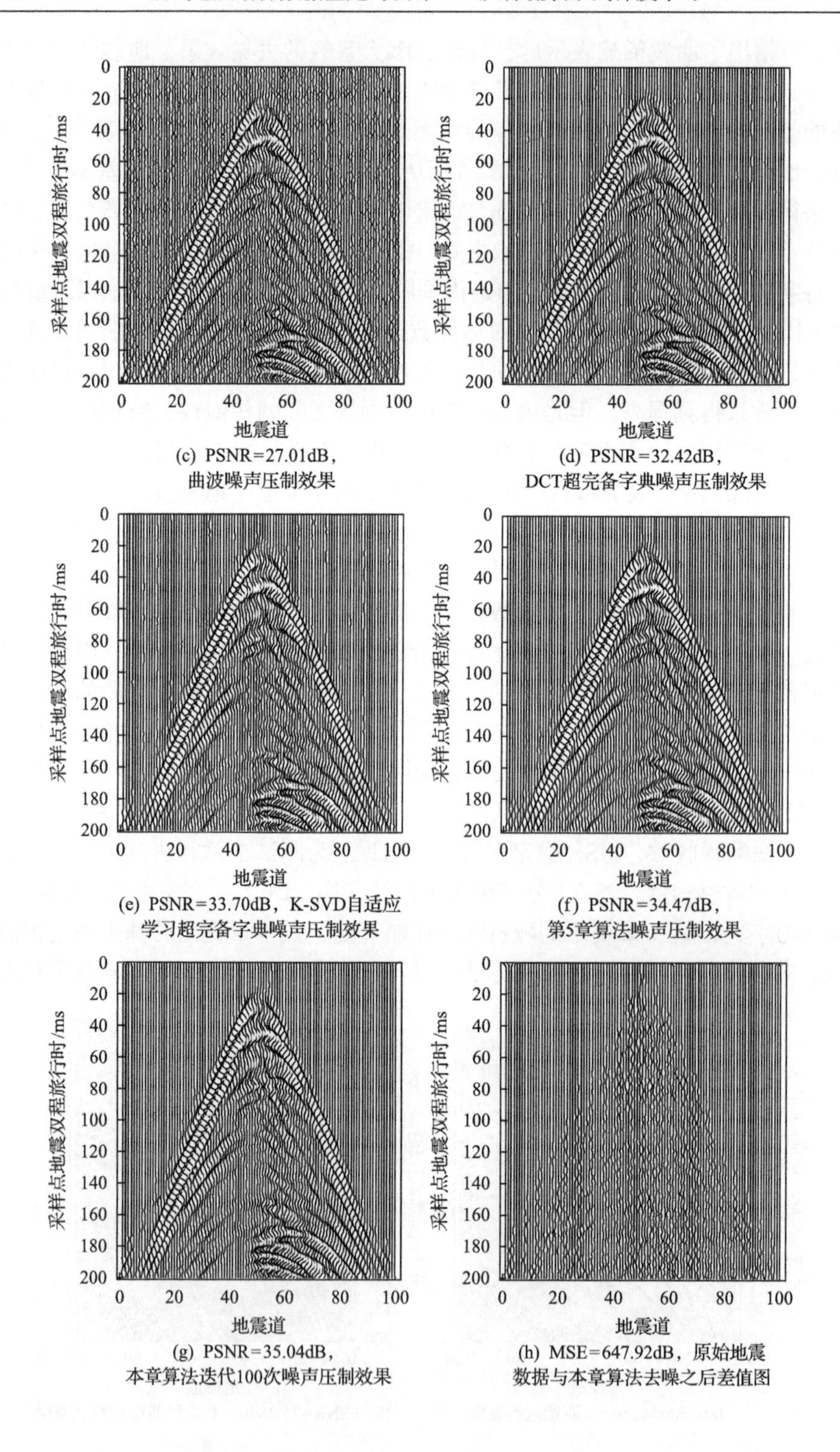

(c) PSNR=27.01dB，曲波噪声压制效果

(d) PSNR=32.42dB，DCT超完备字典噪声压制效果

(e) PSNR=33.70dB，K-SVD自适应学习超完备字典噪声压制效果

(f) PSNR=34.47dB，第5章算法噪声压制效果

(g) PSNR=35.04dB，本章算法迭代100次噪声压制效果

(h) MSE=647.92dB，原始地震数据与本章算法去噪之后差值图

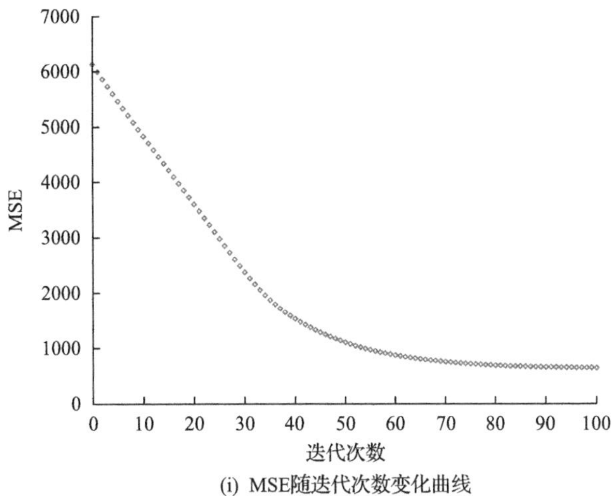

(i) MSE随迭代次数变化曲线

图 6.6　Marmousi 模型地震数据实验

表 6.1　不同去噪算法在强度为 ℓ 高斯随机噪声下的 PSNR 对比　（单位：dB）

不同去噪算法	不同高斯随机噪声下的 PSNR							
	0.01	0.02	0.03	0.04	0.05	0.06	0.07	0.08
含噪声数据	34.34	28.80	25.28	22.76	20.78	19.34	17.88	16.76
曲波基	34.50	30.28	27.01	24.42	22.53	20.85	19.58	18.46
DCT 超完备字典	40.06	35.10	32.42	30.45	28.77	27.56	26.41	25.63
K-SVD 自适应学习字典	40.94	36.18	33.07	32.05	30.54	29.49	28.25	27.53
第 5 章算法	42.19	37.84	34.47	32.17	30.62	29.62	28.36	27.46
本章算法	43.01	37.39	35.04	33.39	31.39	30.54	28.95	28.54

从表 6.1 可以得出，随着加入高斯随机噪声的标准差从地震数据标准差的 1%增加到 8%时，去噪的难度逐渐增加，各个算法的去噪效果都有所下降，相比之下本章算法在各个噪声强度下均能取得相对较好的去噪效果。

图 6.7 分别给出 5 种不同去噪算法在第 50 道数据(时间轴从 0ms 到 200ms)的

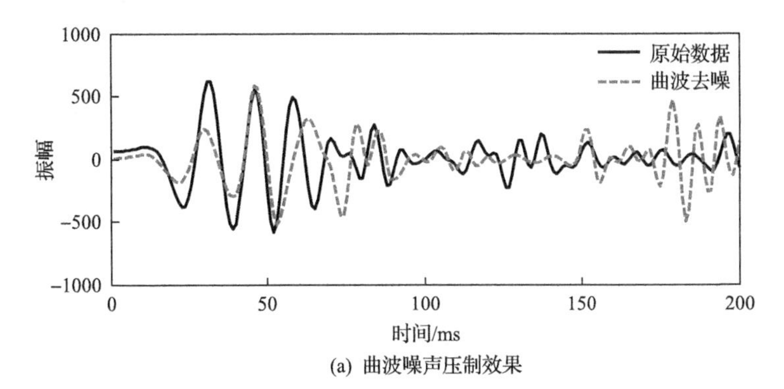

(a) 曲波噪声压制效果

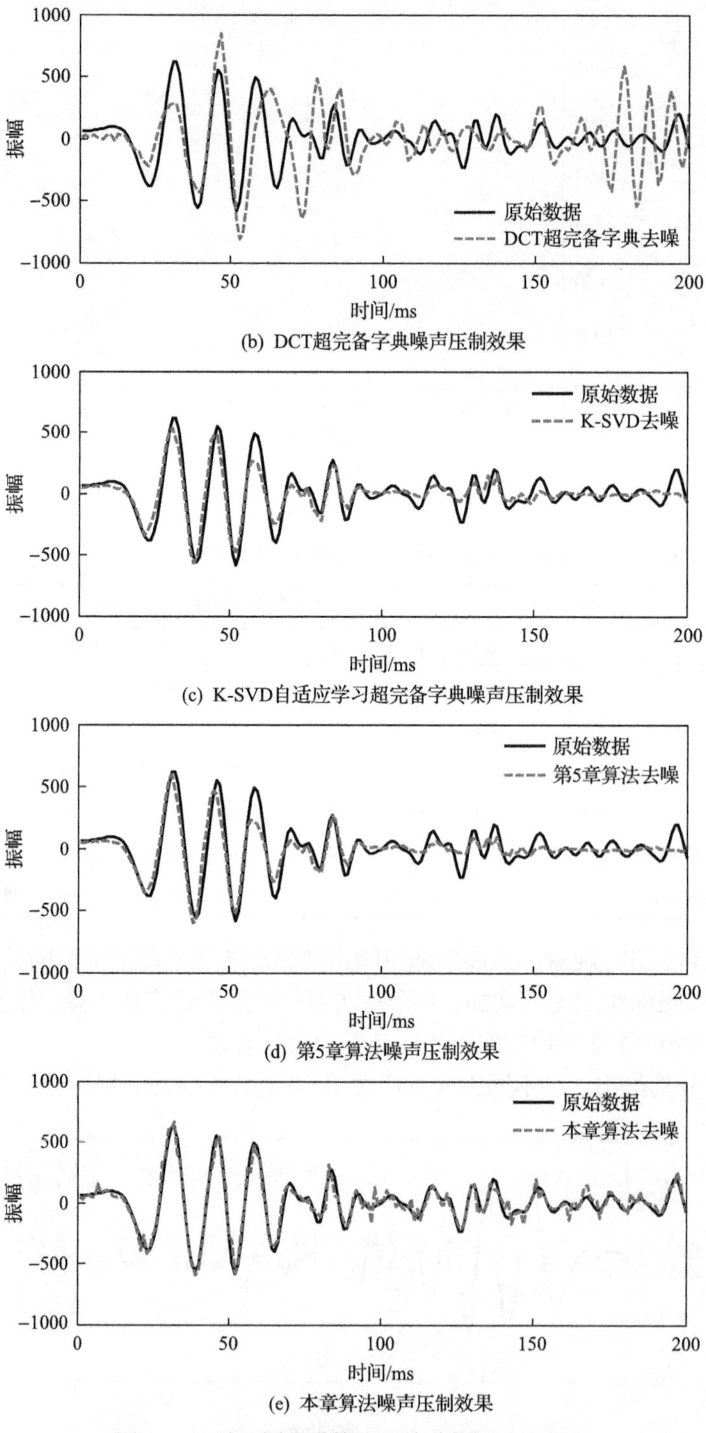

(b) DCT超完备字典噪声压制效果

(c) K-SVD自适应学习超完备字典噪声压制效果

(d) 第5章算法噪声压制效果

(e) 本章算法噪声压制效果

图 6.7　5 种不同去噪算法的单道数据对比实验

去噪结果与原始数据的对比，图 6.7(a)为曲波去噪，图 6.7(b)为 DCT 超完备字典去噪，图 6.7(c)为 K-SVD 去噪，图 6.7(d)为第 5 章算法去噪，图 6.7(e)为本章算法去噪，其中实线代表原始地震信号，虚线代表去噪结果，可见本章算法去噪结果的波形细节保持较好，误差相对小，与原始信号最为接近。

图 6.8 给出了不同算法在各个噪声强度下运行时间的对比，曲波基去噪算法采用硬阈值处理的方法，由于无须循环迭代处理，在不同噪声强度下运行时间相同，花费时间也最少。与之不同的是，其他三种算法随着噪声强度的增加，运行时间有减少的趋势，原因在于为防止去噪后地震数据出现过于平滑的失真现象，误差允许的阈值随噪声强度的增加而增大，从而缩短了字典学习与稀疏编码的时间。DCT 冗余字典去噪算法的主要计算量是通过 OMP 算法稀疏编码，因此运行时间相对较短。K-SVD 字典去噪算法的主要计算量在于 K-SVD 字典学习与 OMP 算法稀疏编码，运行时间相对较长，且受噪声强度影响较大。第 5 章算法主要的计算量在于聚类运算，算法的运行时间与类别数目正相关，与噪声强度的关系不大，运行时间比本章算法长。本章算法主要的计算量包括在训练窗口内搜索与目标数据块相似度最大的数据块，以及通过字典学习方法构造多道相似组字典，二者的计算时间复杂度与多道相似组中数据块的数目正相关，由于构建每个多道相似组字典的过程只需要一次 SVD 操作，因此决定本章算法运行时间的关键因素是多道相似组中包含的数据块数目，而受噪声强度影响较小，运行时间相对稳定，可见本章算法复杂度相对较低。

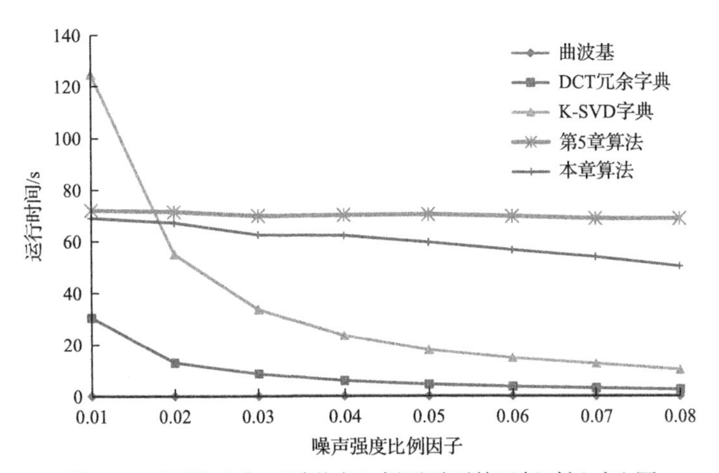

图 6.8　不同算法在不同噪声比例因子下的运行时间对比图

6.3.3　实际地震数据实验

图 6.9(a)为某区原始叠后海洋地震数据片段，该数据中局部区域同相轴较密集且弯曲，如椭圆形标记位置(设为 I 区域)，而部分区域能量较弱，波前曲线特

征不明显，如矩形标记位置(设为Ⅱ区域)，因此针对该数据随机噪声压制处理难度较大。图 6.9(b)为加入强度为 ℓ=0.02 的高斯随机噪声后的数据，可见受噪声的影响，Ⅰ区域同相轴边缘出现模糊，而Ⅱ区域原始数据信息淹没在噪声中。图 6.9(c)为第 5 章算法迭代的去噪结果，可见随机噪声总体可以被有效地压制，但是在能量较弱的区域地震有效信号损失比较严重。图 6.9(d)为本章算法迭代 50 次后达到收敛的去噪结果，从图 6.9(d)中可见，本章算法利用地震数据多道相似的特点，在地震数据同相轴连续区域，多道相似组能够较好地提取出地震数据的主要特征，稀疏表示地震数据，压制随机噪声，因此Ⅰ区域细节信息保持较好，而在地震波能量弱的区域，由于原始地震数据波前曲线特征不明显，并且在训练窗口中地震数据与噪声数据振幅相当的情况下，多道相似组捕捉地震数据特征的能力受到影响，因此Ⅱ区域出现细节丢失的现象。图 6.10 与图 6.11 分别给出了在 *f-k* 域与 *f-x* 域中第 5 章算法与本章算法去噪结果的频谱对比，相比之下本章算法结果背景噪声较小，得到频谱与原始数据频谱最为接近。

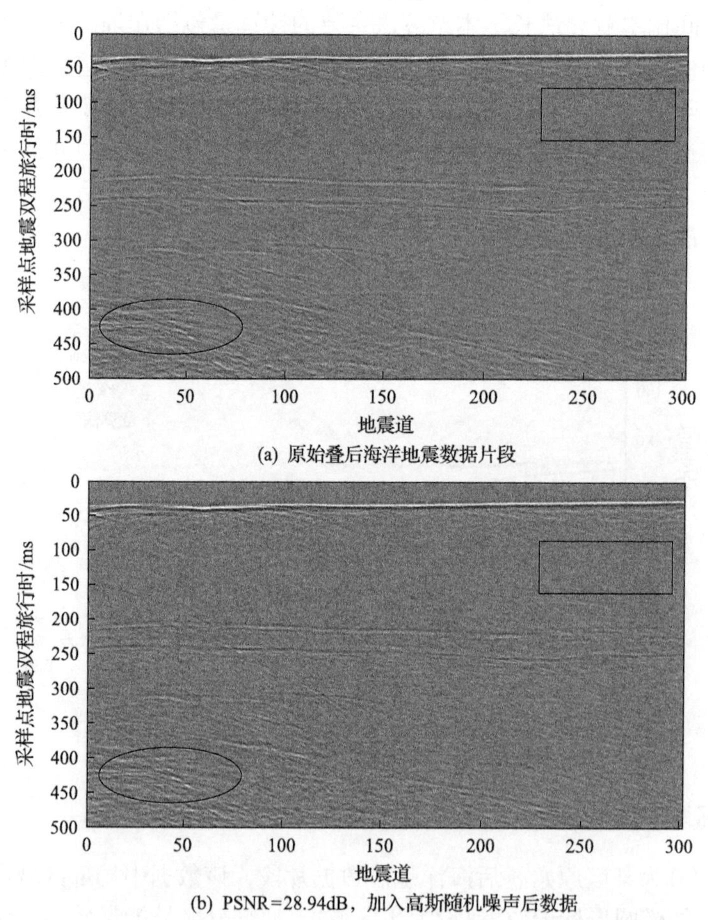

(a) 原始叠后海洋地震数据片段

(b) PSNR=28.94dB，加入高斯随机噪声后数据

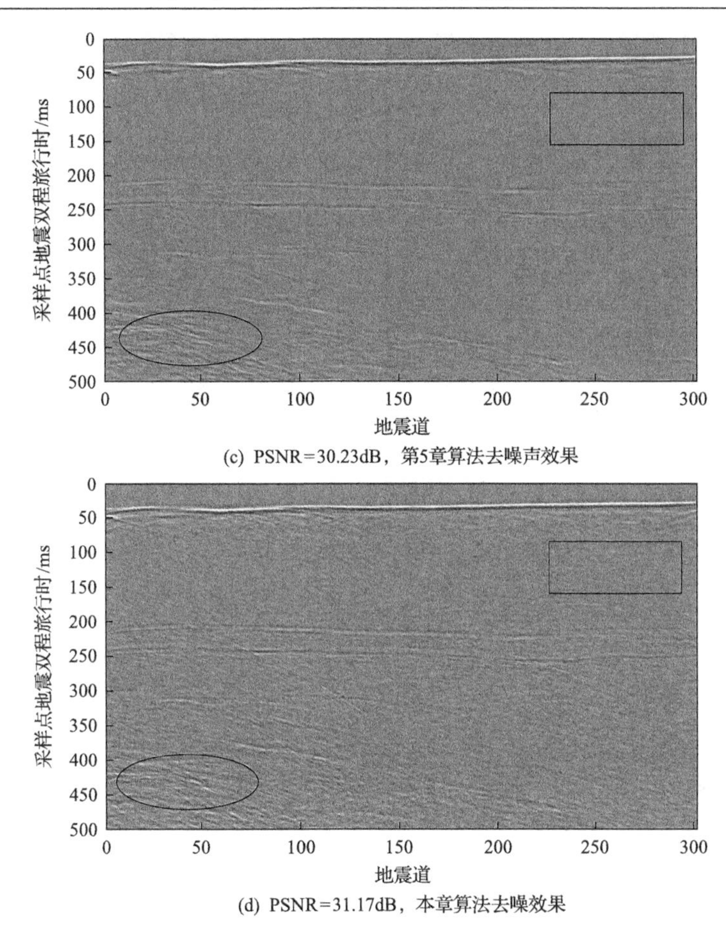

(c) PSNR=30.23dB，第5章算法去噪声效果

(d) PSNR=31.17dB，本章算法去噪效果

图 6.9　多道相似组字典方法实际地震数据去噪实验

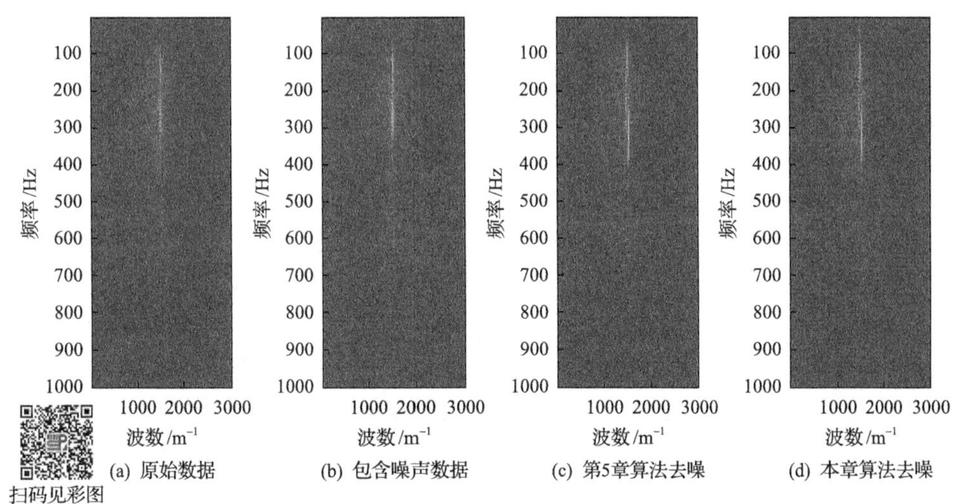

(a) 原始数据　(b) 包含噪声数据　(c) 第5章算法去噪　(d) 本章算法去噪

图 6.10　多道相似组字典与第 5 章算法去噪 f-k 域结果对比

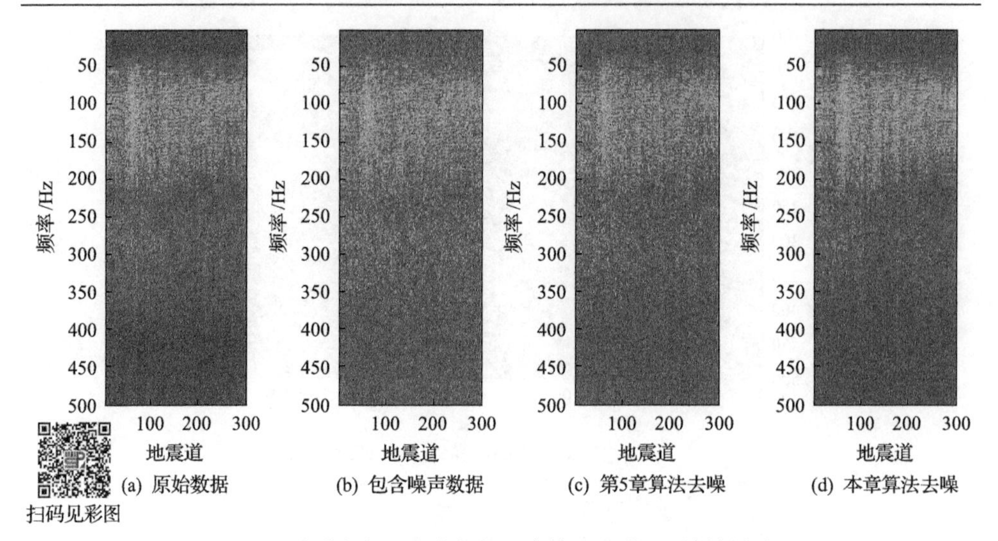

图 6.11　多道相似组字典与第 5 章算法去噪 f-x 域结果对比

6.4　本 章 小 结

本章提出基于多道相似组稀疏表示的思想，处理地震数据随机噪声压制问题，利用多道相似组字典可以充分描述地震邻近记录道在局部纵向与横向上存在的相似性特点，建立以多道相似组为单位的字典学习的稀疏表示模型。首先将地震数据划分成多个可重叠的数据块，在训练窗口内，通过搜索与目标块多道波形相似程度最大的一组数据块构造多道相似组，在此基础上建立基于多道相似组的自适应字典学习模型生成超完备字典，增强字典中原子的准确程度，稀疏表示地震数据。由于多道相似组中各个数据块的波形特征相近，以多道相似组为单位的稀疏表示方法能够保证在同一个组中的所有块都用同一组字典来稀疏表示，可以得到更充分的超完备字典与更准确的稀疏编码系数。去噪过程通过迭代阈值收缩算法求解稀疏约束正则化模型，促进编码系数的稀疏程度保留地震数据主要特征，逐步压制噪声，逼近原始地震数据。与当前比较流行的随机噪声压制算法对比表明，基于多道相似组稀疏表示的去噪算法可获得更高的信噪比，以及地震数据局部细节特征的保持能力，由于构建每个多道相似组的字典仅需一次 SVD 操作，不需要聚类操作，使得算法相对高效、具有较高的泛化能力和鲁棒性。理论模型分析与实验证明了该算法可有效地处理地震随机噪声压制问题，同时为其他方面的地震数据处理工作提供了参考。但由于在地震反射波能量较弱的数据区域，多道相似组字典稀疏表示地震数据特征的能力受到一定的限制，针对该问题的改进是后续研究的主要内容。

参 考 文 献

[1] 周亚同, 王丽莉, 蒲青山. 压缩感知框架下基于 K-奇异值分解字典学习的地震数据重建[J]. 石油地球物理勘探, 2014, 49(4): 652-660.

[2] 马腾飞. 三分量地震记录的互相关分析[J]. 地震学报, 2016, 38(1): 96-102.

第 7 章　基于傅里叶域联合学习的数据重建

以上章节基于稀疏表示重建方法的局限在于所建立的复杂模型通常求解困难，仅适用于某个特定的情况，且模型的泛化能力相对较差。此外部分模型在缺少地震数据先验知识(偏移速度、均方根速度、叠加速度等)的情况下，影响地震数据重建质量。

近些年，随着计算机硬件水平的提升以及深度学习理论的发展[1,2]，基于大数据驱动的深度学习方法也被应用到地震数据重建中。其基本原理是通过学习大量地震数据样本，得到目标区块地震数据分布特征的非线性映射函数，利用学习得到的函数来预测缺失数据达到重建规则化地震数据的目的。常见的深度学习重建地震数据方法分为卷积神经网络(convolution neural networks，CNN)、对抗生成神经网络(generative adversarial networks，GAN)和自编码器(auto-encoder，AE)。其中比较典型的方法有：Azevedo 等[3]利用生成对抗网络对地震数据实施了噪声压制和地震道插值的研究；基于自编码器的规则化方法有：郑浩和张兵[4]利用卷积自编码器，学习完全采样地震数据与缺失重建数据的映射关系，通过残差学习预测缺失数据进行重建输出，在测试模型上取得了较好的效果。此外还有专家学者利用数据其他特征进行规则化处理，例如，Zhu 等[5]考虑频率域特征的提取，利用短时傅里叶变换将时间域的数据转化为频率域，将实部和虚部传入卷积神经网络，通过逆变换得到时间域的重建地震数据，该方法可以在频率域上消除混叠效应，但在能量较弱区域效果不理想。张岩等[6]提出一种联合傅里叶域的去噪卷积神经网络，取得了较好的纹理保持效果和较高信噪比；Wang 等[7]提出一种基于闭环卷积神经网络测井约束地震反演引入阻抗域的损失，有效应用于真实地震数据。

基于深度学习的方法不需要建立复杂的数学模型，相对于传统基于模型的方法能得到数据深层的特征信息，在缺少地下介质先验知识的条件下也可以取得较好的效果，但目前基于深度学习的方法还存在的问题在于：通常只关注地震数据单一域特征信息的提取，未挖掘数据联合域的特征信息。在时间域上重建地震数据的方法容易出现细节模糊或过于平滑的现象，丢失纹理信息，影响后续地震数据的解释工作；反之，若仅关注频率域的特征信息，在地震数据能量较弱的区域，重建的数据质量较差，无法反映实际的数据特征。

针对以上问题，本章提出一种时间-频率联合约束的卷积神经网络，主要的创新点有：

(1)综合考虑地震数据的时间-频率特征，挖掘数据标签和重建数据在傅里叶域上的映射关系，构建时间-频率域联合学习的卷积神经网络，通过联合损失函数的约束，融合时间域和频率谱特征信息，达到互补的优势。相较于仅考虑时间域特征的卷积神经网络，本章的模型可以有效提高重建数据的精度，保持细节特征。

(2)根据缺失地震数据与完整数据具有很强相似性的特点，提出多级可伸缩残差学习网络模块，充分提取缺失道样本的主要特征，残差学习网络模块由多层结构相同的残差块构成，残差块的数量可以根据任务对精度和效率的需求进行灵活调整。

7.1　数据重建模型建立

7.1.1　欠采样地震数据

假设完整的地震数据为 $\boldsymbol{x}$，因实际稀疏采样或仪器故障等限制条件下，采集到的不规则地震数据为 $\boldsymbol{y}$，地震数据欠采样的过程如图 7.1 所示，不规则地震数据可通过公式(7.1)表示，$\boldsymbol{R}$ 为采样矩阵:

$$\boldsymbol{y} = \boldsymbol{R}\boldsymbol{x} \tag{7.1}$$

地震数据重建是通过不规则数据 $\boldsymbol{y}$ 以及采样矩阵 $\boldsymbol{R}$ 中获取真实的地震数据 $\boldsymbol{x}$ 的近似估计 $\boldsymbol{x}'$（$\boldsymbol{x}' \approx \boldsymbol{x}$），利用多次迭代训练使 $\boldsymbol{x}'$ 尽可能逼近 $\boldsymbol{x}$，当结果趋于稳定时，得到关于 $\boldsymbol{y}$ 和 $\boldsymbol{x}'$ 之间的映射函数。

地震数据不规则采集过程如图 7.1 所示。

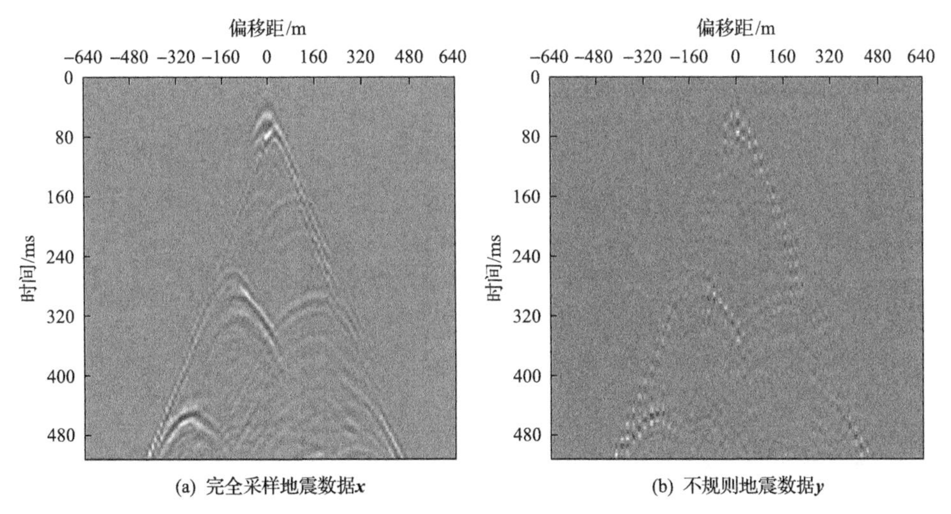

(a) 完全采样地震数据$\boldsymbol{x}$　　(b) 不规则地震数据$\boldsymbol{y}$

图 7.1　地震数据不规则采集过程

当前大多数基于深度学习地震数据重建的方法只利用了数据的时间域信息，

未能充分考虑时间域和频率域的联系，导致重建结果趋于模糊。针对该问题，首先，利用卷积神经网络学习不规则地震数据到规则地震数据之间端到端的映射关系。将原始数据作为卷积神经网络的标签，原始数据做欠采样处理成对应的不规则地震数据，将不规则地震数据传入网络中，经过特征提取、非线性映射和重建三个阶段处理为规则化地震数据。其次，卷积神经网络的损失函数构造联合傅里叶域约束，能充分利用数据时间域与傅里叶域的特征联系，改进地震数据重建的细节效果。

7.1.2 基于傅里叶变换的地震数据规则化

傅里叶变换广泛地应用于数字信号处理中，并且傅里叶频谱图也能更好地展现数据的高频和低频特性。本节采用离散傅里叶变换(discrete Fourier transform, DFT)[8]，也是计算机能处理的离散数值信号。将真实的地震数据样本 $\boldsymbol{x}$ 作为标签，经离散傅里叶变换后，公式如下：

$$X(k)=\sum_{n=0}^{N-1}x(n)\mathrm{e}^{-\mathrm{j}\frac{2\pi}{N}kn},\quad k=0,1,2,\cdots,N-1 \tag{7.2}$$

式中，$X(k)$ 为离散傅里叶变换后的数据；$x(n)$ 表示采样的信号；N 为采样点数。通过欧拉公式展开到复数域后，形式为

$$X(k)=\sum_{n=0}^{N-1}x(n)\left[\cos\left(2\pi k\frac{n}{N}\right)-\mathrm{j}\sin\left(2\pi k\frac{n}{N}\right)\right],\quad k=0,1,2,\cdots,N-1 \tag{7.3}$$

通过离散傅里叶变换，可以将地震时间域数据转化为傅里叶域数据，并通过傅里叶频谱图展示。如图 7.2 所示，可以看出原始地震数据经过欠采样，对其做傅里叶变换，相应频谱图也发生了较大变换。

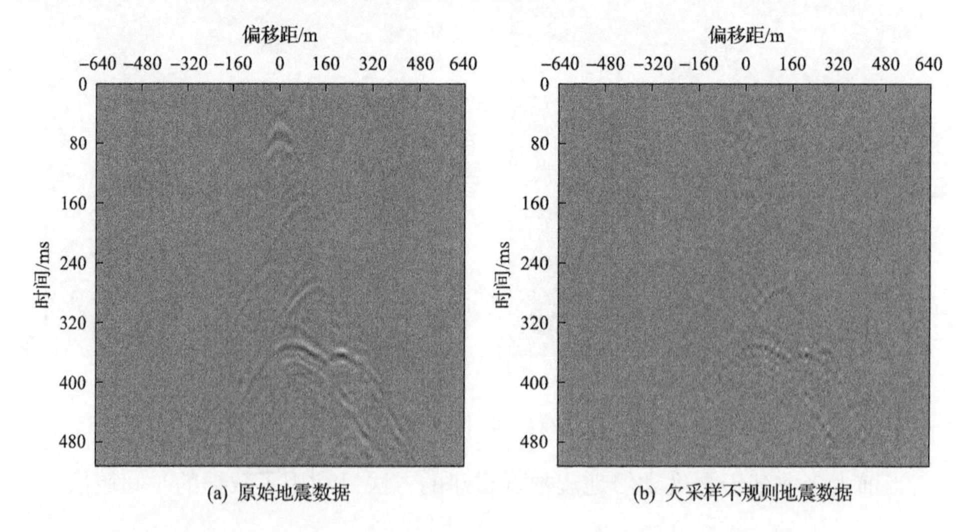

(a) 原始地震数据 (b) 欠采样不规则地震数据

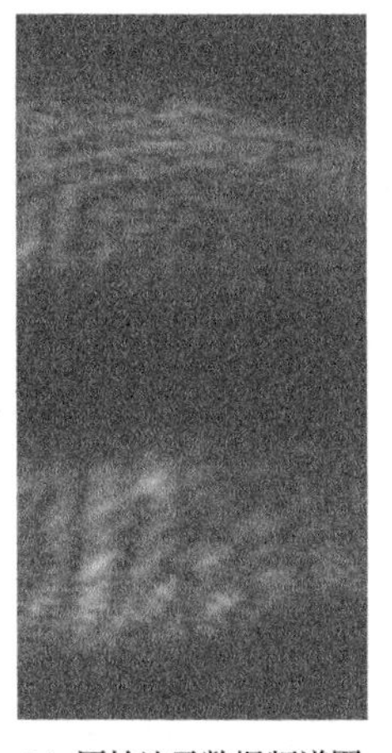

(c) 原始地震数据频谱图

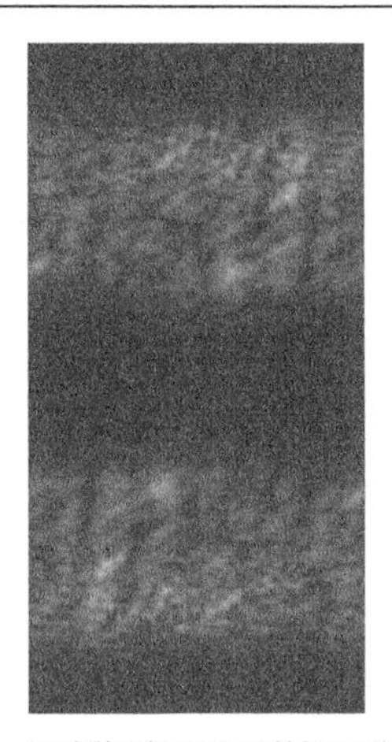

(d) 欠采样不规则地震数据频谱图

图 7.2　地震数据剖面图与频谱图

在网络中引入联合傅里叶域学习能强化网络在频率域拟合地震数据的特征，为了能够加强在细节纹理局部信息的学习，进而有效提高网络的泛化能力和重建效果。

7.2　卷积神经网络构建

7.2.1　网络架构

本章提出的时频联合重建网络分为三部分，即数据预处理、特征提取和数据重建。

1. 数据预处理

数据预处理部分将原始数据输入网络作为时间域信息的标签，此外原始地震数据做傅里叶变换之后做为频率域信息的标签。原始数据经过采样矩阵构建欠采样地震数据，然后把欠采样数据输入进网络中。

2. 特征提取

欠采样地震数据经过卷积运算[如式(7.4)所示]，然后利用 ReLU 激活函数，即 $\mathrm{ReLU}(\boldsymbol{x})=\max(0,\boldsymbol{x})$，提取主要特征。第一层设置卷积核通道数为 64，为后续特征提取留下充足的特征。卷积核大小为 3×3，每次卷积步长为 1。该实验在卷积之前对待处理数据用 0 扩充边缘，使得每次卷积完数据与输入数据尺寸大小保持相同。

$$F(\boldsymbol{x})=\theta_{\mathrm{ReLU}}(\omega^1(\boldsymbol{x})+b^1) \tag{7.4}$$

式中，θ_{ReLU} 为激活函数；$\omega^1(\boldsymbol{x})$ 为卷积运算；b^1 为对应卷积后的偏置项，上标表示为第一层卷积核运算。后续由卷积、激活函数和跳跃连接组成的残差块构成。

残差块设置跳跃连接可以减少多层卷积神经网络在训练时出现的梯度消失的问题，同时有助于梯度的反向传播，加快训练的效率，提高网络的鲁棒性。残差块的卷积操作和激活函数与前一层采用相同的方式。其中残差块的数量可以根据实际任务需求网络深度灵活设置，若要轻量化浅层网络可减少残差块数量；若任务对效率要求较低，对精度要求较高，可在此设置多层残差网络，多次卷积操作进行非线性映射，增强网络的拟合能力。

3. 数据重建

重建部分将特征提取的数据重建为规则化的地震数据。输出是二维地震数据矩阵，所以最后卷积核的通道数设置为 1。

时间-频率联合卷积神经网络结构图如图 7.3 所示。

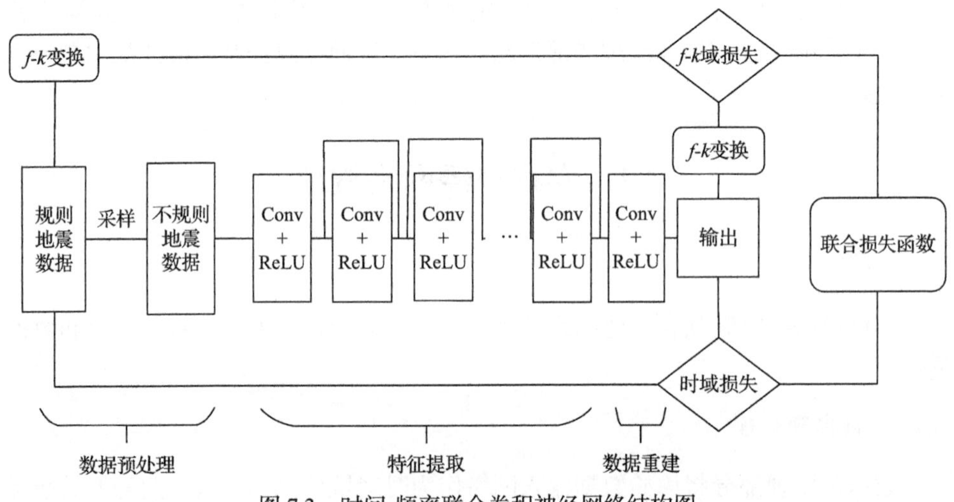

图 7.3　时间-频率联合卷积神经网络结构图

Conv 表示卷积；ReLU 表示线性整流

7.2.2　损失函数设定

不规则地震数据经过神经网络重建过程中，重建的地震数据一方面经过傅里叶变换，与原始数据傅里叶域的标签进行损失计算；另一方面在时间域上计算重建数据与原始数据的损失，将两项加权损失作为网络的整体损失函数，反向传递到网络中进行网络参数更新，联合损失函数公式如下：

$$\text{loss}_{\text{total}}=u\sum_{i=1}^{n}(\boldsymbol{x}_i-\hat{\boldsymbol{x}}_i)^2+v\sum_{i=1}^{n}[\boldsymbol{x}^{\text{f}}(k)_i-\boldsymbol{x}^{\text{f}}(\hat{k})_i]^2 \tag{7.5}$$

式中，n 表示每个批次网络训练的样本数；i 表示当前网络训练的样本；$\boldsymbol{x}_i - \hat{\boldsymbol{x}}_i$ 表示网络在时间域上的损失；$\boldsymbol{x}^{\mathrm{f}}(k)_i - \boldsymbol{x}^{\mathrm{f}}(\hat{k})_i$ 表示网络在傅里叶域上的损失；u 和 v 各自代表时间域特征和傅里叶域特征损失函数的权重系数，调整此项超参数可以调整网络训练的时间和频率两方面的注意力。

7.3　实验结果与分析

7.3.1　评价标准

地震数据重建效果的衡量指标采用信噪比(signal-to-noise ratio，SNR)如下所示：

$$\mathrm{SNR} = 10 \times \lg \frac{\sum_{\boldsymbol{x}=1}^{N} f^2(\boldsymbol{x})}{\sum_{\boldsymbol{x}=1}^{N} [f(\boldsymbol{x}) - f(\boldsymbol{x}')]^2} \tag{7.6}$$

式中，$\boldsymbol{x}$ 表示真实数据；$\boldsymbol{x}'$ 表示用本网络规则化的地震数据；$f(\boldsymbol{x})$ 表示数据样本的值；N 表示样本数量。

训练过程中学习率初始设定为 0.001，采用 Adam 算法优化学习目标，根据前一次迭代的误差调整学习率的大小，提高收敛速度与逼近效果，epoch 设置为 500 次，每训练 4 次在验证集上运行一次，验证网络是否充分训练或训练过拟合，批大小设置为 10，网络的输入输出尺寸均为 128×128。实验硬件平台采用 Intel I7-9700k 处理器，内存容量为 32GB，GPU 为英伟达 RTX2080 SUPER。操作系统为 64 位 Ubuntu 18.04 LTS，软件平台采用 Python 3.6 环境，联合深度学习框架使用 Pytorch 1.2 搭建。

7.3.2　标准地震模型实验

首先选择模拟地质模型正演地震数据测试本章方法，观测系统设置为：震源和检波器置于地表，地震道集数据通过中间放炮两端接收的方式获取，检波器采样间隔为 4ms，道间距为 10m。选择模拟数据共 10000 组按照 8∶1∶1 比例且不交叠的方式划分为训练集、验证集和测试集。在训练阶段，使用训练集数据进行训练并用验证集数据评估网络训练效果是否训练不充分或过拟合；当验证集结果趋近收敛时保存网络模型和参数并用测试集数据对预训练模型进行评估测试。

完全采样实验样本数据裁剪为 128×128 尺寸的切片数据 $\boldsymbol{x}$，作为训练样本时间域标签，不规则的地震数据样本通过从完整地震数据抽取比例为 r 的地震道保留下来，其他地震道作为空道来生成，分别以随机抽取来仿真采集坏道和均匀抽取的方法来仿真稀疏采样两种不规则情况。

针对均匀采样和随机采样两类缺失情况，制作从 10%到 90%共 9 组不同采样率情况下的样本(每组采样率间隔为 10%，共 18 组)，分批次送入网络训练。利用不同采样率下训练的不同网络模型，测试相应采样率下的地震数据。图 7.4 至图 7.6 分别给出采样率 r=20%、50%和 80%采样条件下的地震数据与重建结果。根据实验结果可以看出本章方法在不同采样率下均有较好的实验结果，较好地保留了地震数据的主要特征，随着采样率 r 不断提高，规则化效果也随之提高。

为说明时频联合学习的有效性，将仅使用时间域特征与本章方法对比，如图 7.7 所示，时间-频率联合约束网络重建地震数据剖面图 SNR 为 16.0182dB，仅时间域约束 SNR=14.643dB，效果有所提高。从对应频谱图中也可以看出，在联合

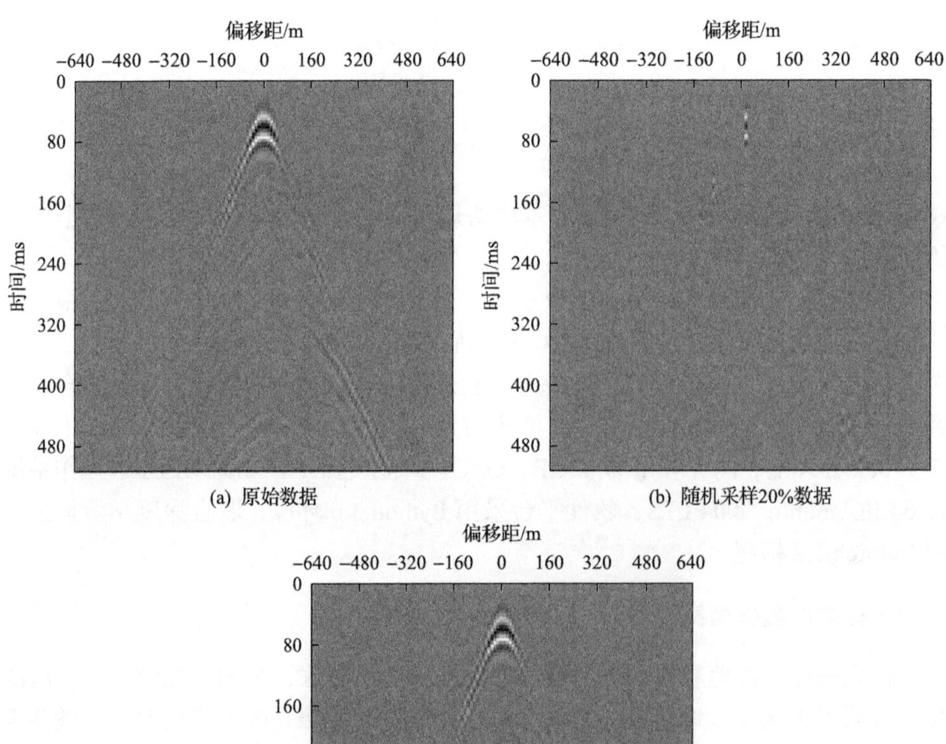

(a) 原始数据　(b) 随机采样20%数据

(c) 本章规则化数据，SNR=10.9896dB

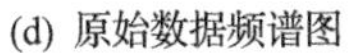

(d) 原始数据频谱图

(e) 随机采样20%数据频谱图

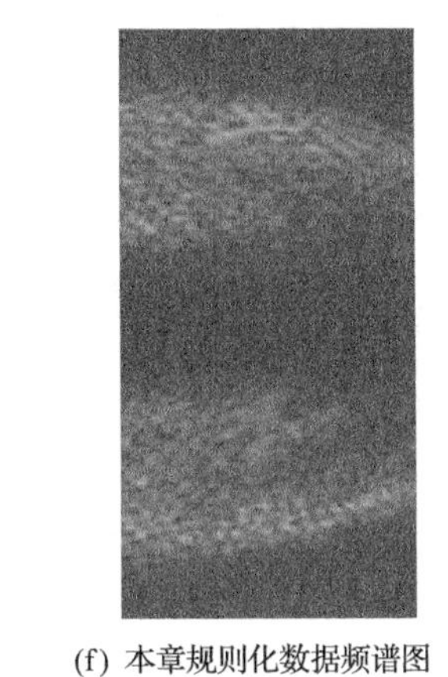

(f) 本章规则化数据频谱图

图 7.4　20%采样条件下规则化地震数据及频谱图

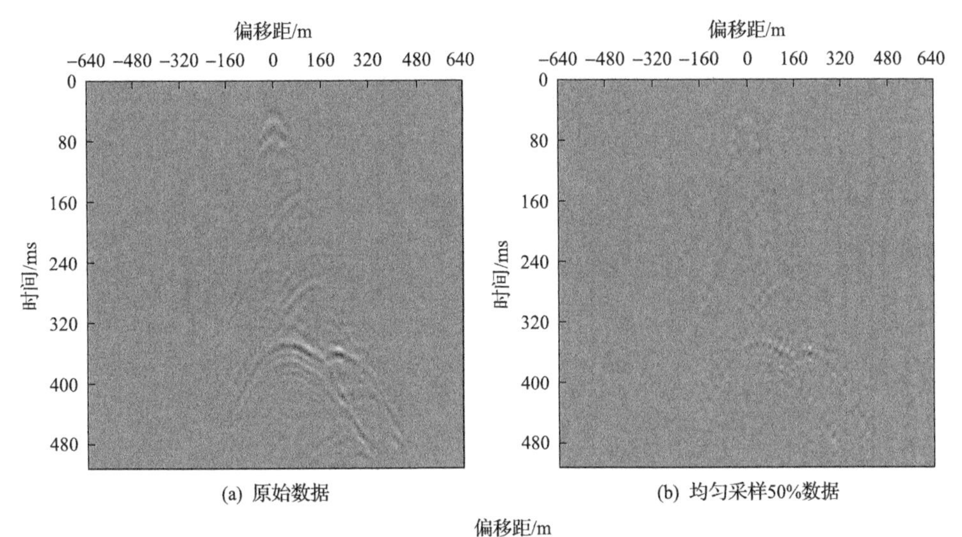

(a) 原始数据

(b) 均匀采样50%数据

偏移距/m

−640 −480 −320 −160 0 160 320 480 640

0

80

160

240

320

400

480

时间/ms

(c) 本章规则化数据，SNR=16.2683dB

(d) 原始数据频谱图

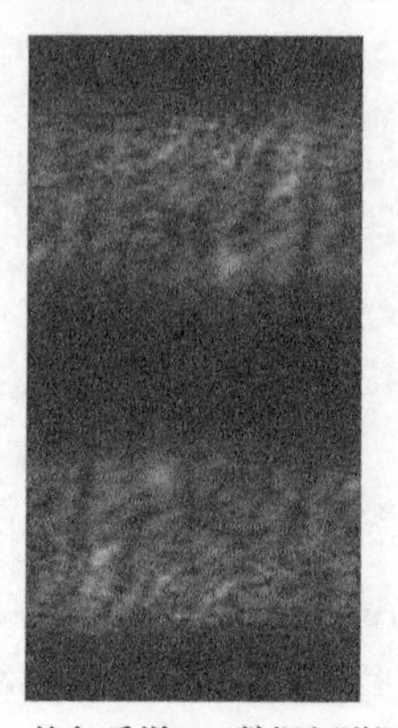

(e) 均匀采样50%数据频谱图

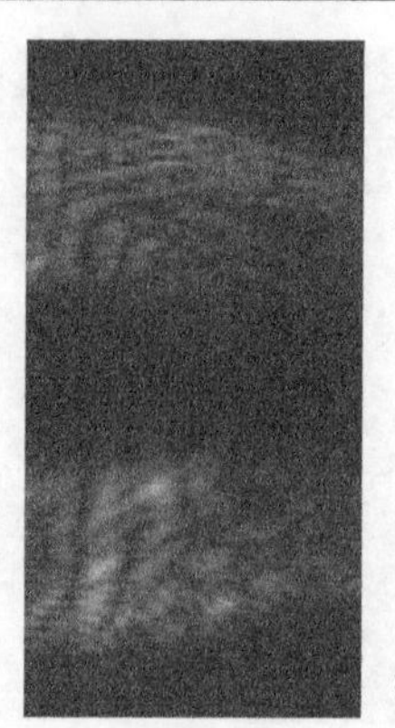

(f) 本章规则化数据频谱图

扫码见彩图

图 7.5　50%采样条件下规则化数据及频谱图

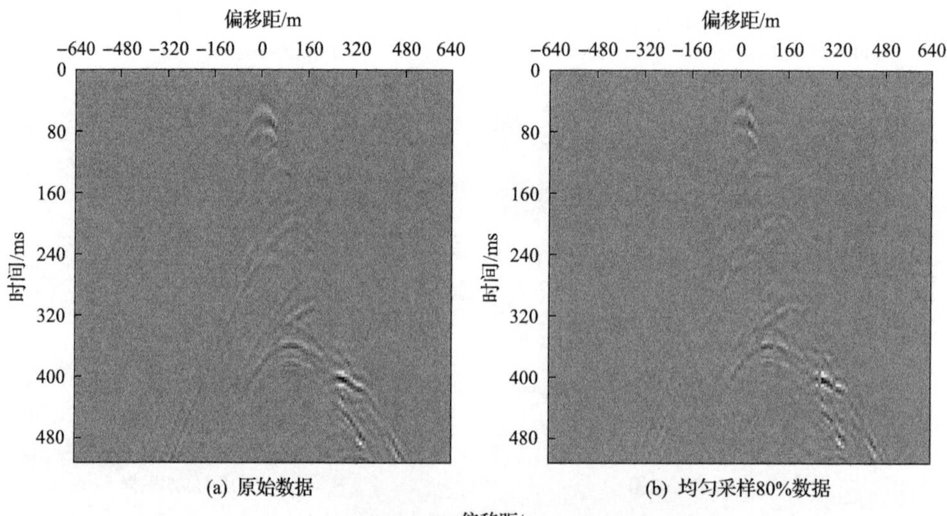

(a) 原始数据　　(b) 均匀采样80%数据

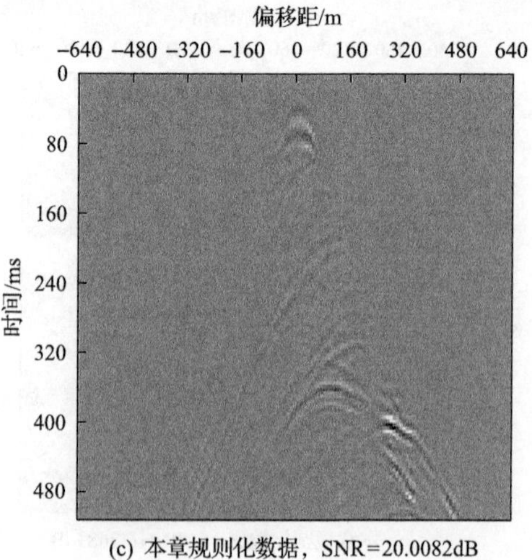

(c) 本章规则化数据，SNR=20.0082dB

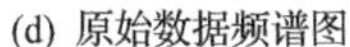

(d) 原始数据频谱图

(e) 均匀采样80%数据频谱图

(f) 本章规则化数据频谱图

扫码见彩图

图 7.6　80%采样条件下规则化数据及频谱图

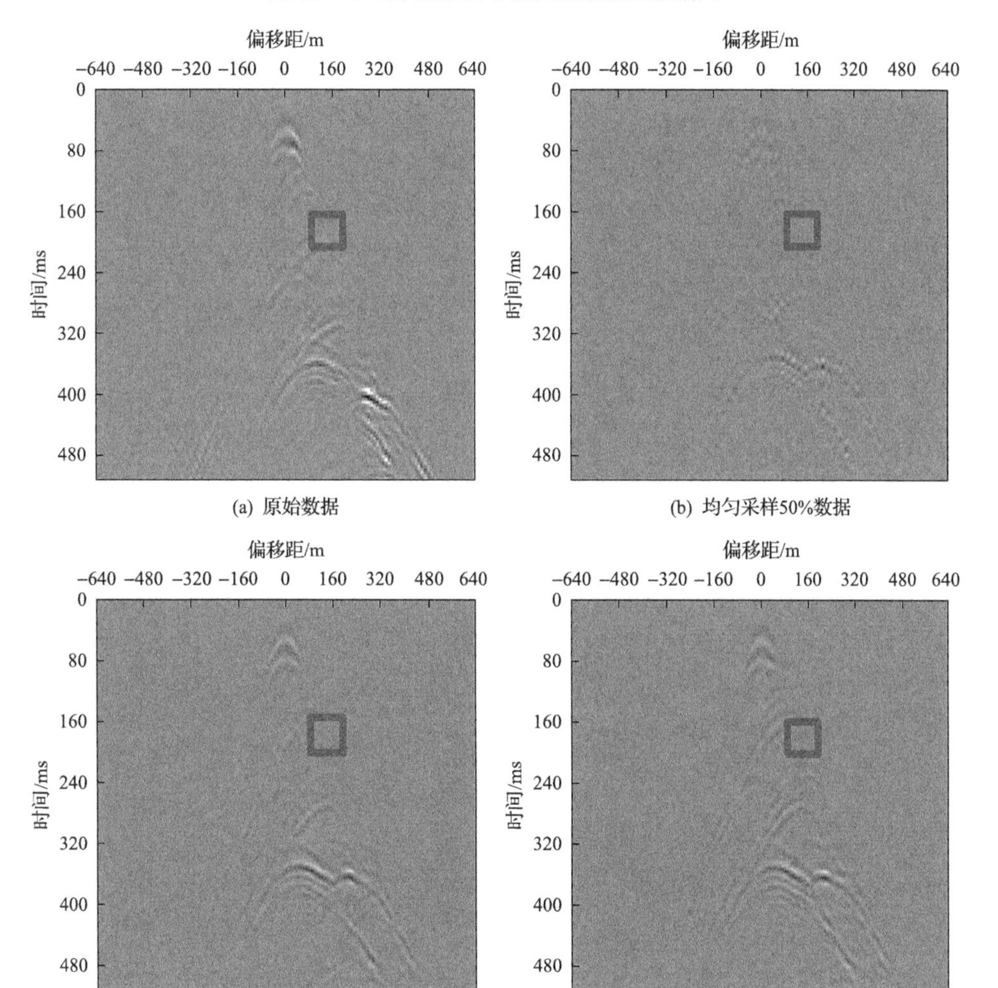

(a) 原始数据

(b) 均匀采样50%数据

(c) 仅时间域约束，SNR=14.643dB

(d) 联合时间-频率域约束，SNR=16.0182dB

(e) 原始数据频谱

(f) 采样后频谱

(g) 仅时间域约束重建频谱

扫码见彩图

(h) 联合时间-频率约束重建频谱

图 7.7　联合傅里叶网络重建剖面图和频谱图对比

频谱约束可以缩小重建地震数据在频谱与原始频谱的误差。从标注位置可以看到，联合学习重建数据的频谱中主要频段能量更强，且与原始数据频谱图的亮度更为接近，可见联合学习网络重建频谱更理想，时间域高频细节信息更丰富。

由于验证集能够较好地展示网络模型的性能，以及避免网络因过拟合产生指标虚高的情况，图 7.8(a)给出本章方法在验证集上结果的 SNR 指标，当训练集训练 500 次，验证集共验证 125 次。从图 7.8(b)中可以看出，迭代次数增多，SNR

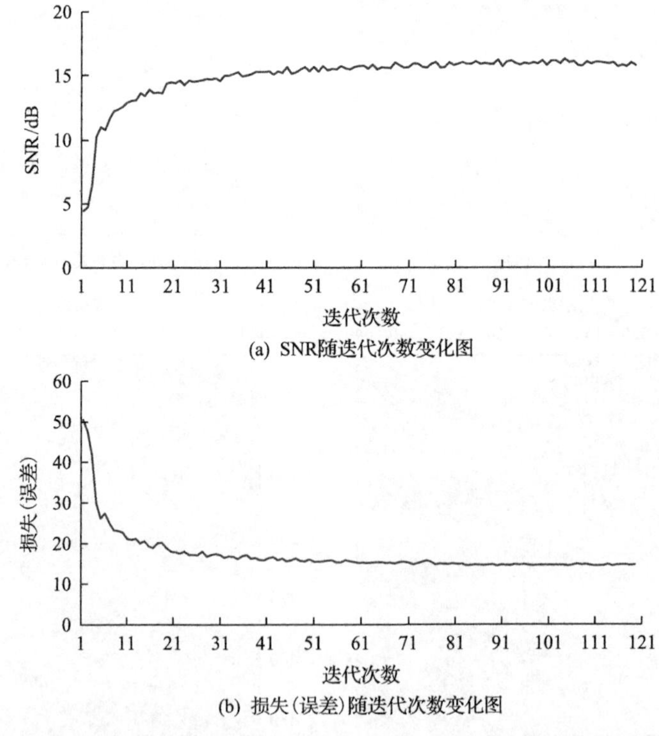

(a) SNR随迭代次数变化图

(b) 损失(误差)随迭代次数变化图

图 7.8　验证集上 SNR 指标和损失(误差)随迭代次数变化关系图

指标随之提高，网络中损失(误差)随之降低，最终趋于稳定。根据多级残差块层数对重建结果的影响，可知随着层数增加，网络的非线性拟合能力增强，SNR 也随之提高，但是到达一定数量以后，性能产生冗余，SNR 不再继续提高。

卷积神经网络在训练阶段容易因网络结构的因素产生过拟合或欠拟合等现象，针对数据采样条件的不同，单一结构的网络无法满足各个采样率条件下的地震数据重建，所以本实验在联合傅里叶域特征重建的基础上探究中间层残差块数量不同对数据重建的影响，图 7.9 为 50%均匀采样条件下，卷积神经网络设置不同残差块数量时重建地震数据的 SNR 指标。从表 7.1 可以看出，SNR 指标随着网络残差块的数量增多而提高，直到特定的峰值不再增加；从表 7.2 可以看出，在网络结构上选择不同数量的残差块对训练时间影响极大：例如在 90%采样条件下，残差块数量选择 5 层和 13 层时，地震数据重建效果接近的情况下，但是训练效率提高了 150%。结合表 7.1 和表 7.2 可以得出：采样率较小时，网络需要多层残差块进行非线性映射来增加数据特征，当采样率较高时，需要重建的地震数据特征少，可以适当减少残差块的数量，加快训练速度和减少模型的参数，所以为了平衡训练速度和训练效果，有必要在不同采样条件下选择合适的网络残差块数量。

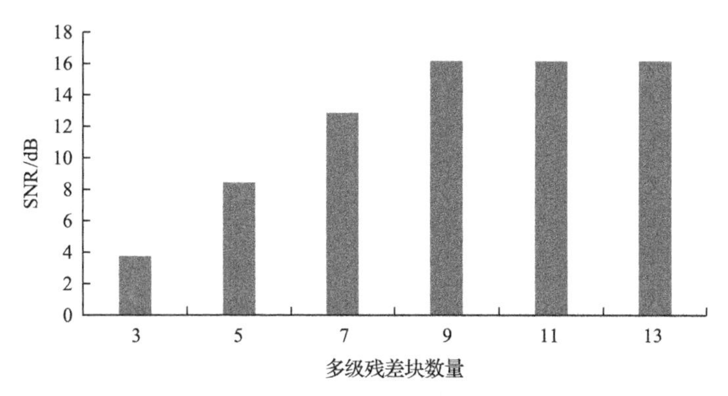

图 7.9　重建地震数据随网络残差块数量变化图

表 7.1　不同残差块数量网络数据重建 SNR 表

残差块数	不同采样率下重建数据的 SNR/dB								
	10%	20%	30%	40%	50%	60%	70%	80%	90%
3	0.5106	1.9421	3.3993	5.7164	8.4178	11.9788	13.6143	15.8662	19.6123
5	1.8248	3.5917	5.8216	7.108	11.3778	15.4424	17.196	18.7261	21.2771
7	3.7415	6.9621	8.72	11.3875	15.0171	17.518	18.5471	20.0082	21.0518
10	8.3653	10.7458	12.0483	15.2743	16.1409	16.961	18.3553	19.8375	21.0414
11	9.6382	11.2585	13.1754	15.1789	16.1083	17.387	18.2374	20.0032	21.2697
13	9.6236	11.213	13.1829	15.2402	16.1267	17.4781	18.4459	19.9129	20.9378

表 7.2 不同残差块数量网络训练时间

参数	残差块数					
	3	5	7	10	11	13
运行时间	38min	1h 5min	1h 32min	2h 13min	2h 27min	2h 44min

将本章方法应用于地震数据随机缺失的情况，并与当前比较先进的重建算法对比测试。图 7.10(a)是完全采样地震数据的部分记录；图 7.10(b)是随机采样率 $r = 50\%$地震道后得到的欠采样数据，SNR 为 3.1052dB；图 7.10(c)是利用双三次插值法重建的地震数据，重建后 SNR 为 3.2244dB；图 7.10(d)是利用曲波对不规则地震数据进行重建，重建后的 SNR 为 3.4600dB；图 7.10(e)为 BM3D[9]规则化地震数据，SNR 为 3.8120dB；图 7.10(f)为 K-SVD[10]规则化地震数据，SNR 为 3.3606dB；图 7.10(g)为 VDSR[11]趋于收敛时规则化地震数据，SNR 为 13.5222dB；

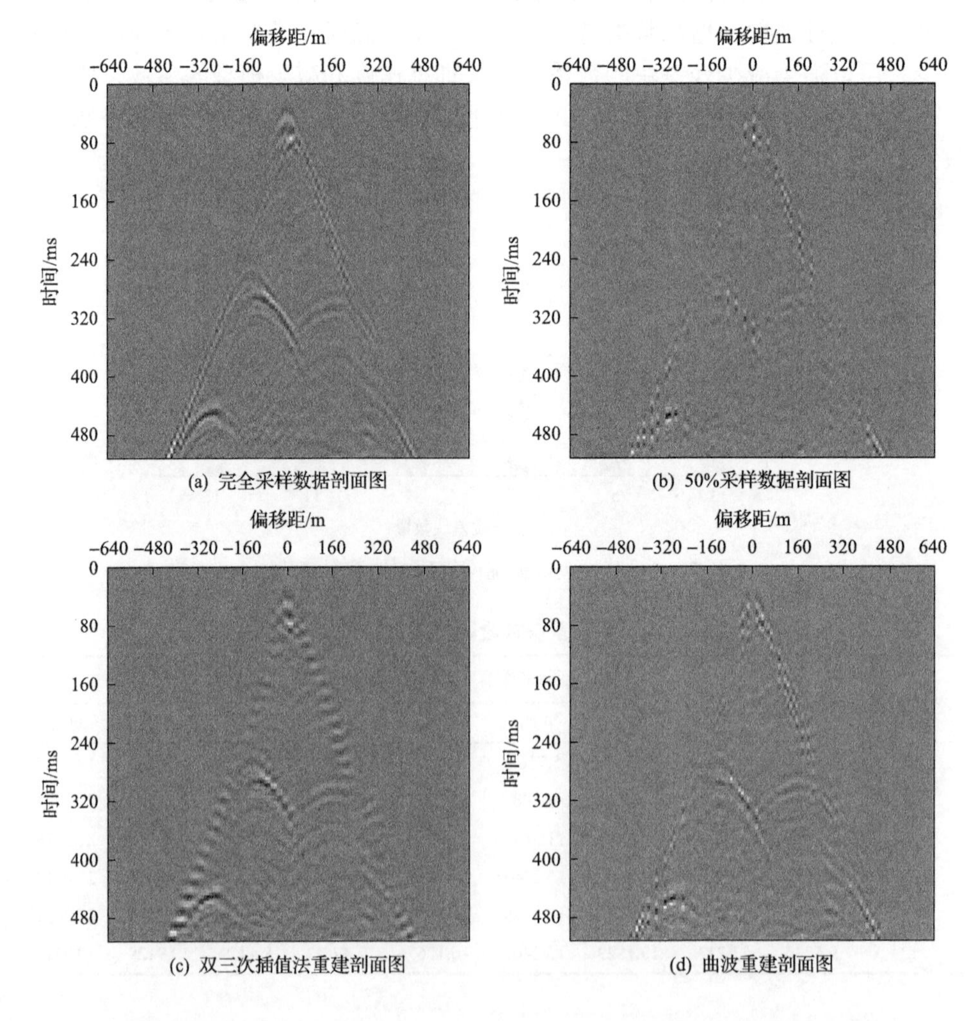

(a) 完全采样数据剖面图

(b) 50%采样数据剖面图

(c) 双三次插值法重建剖面图

(d) 曲波重建剖面图

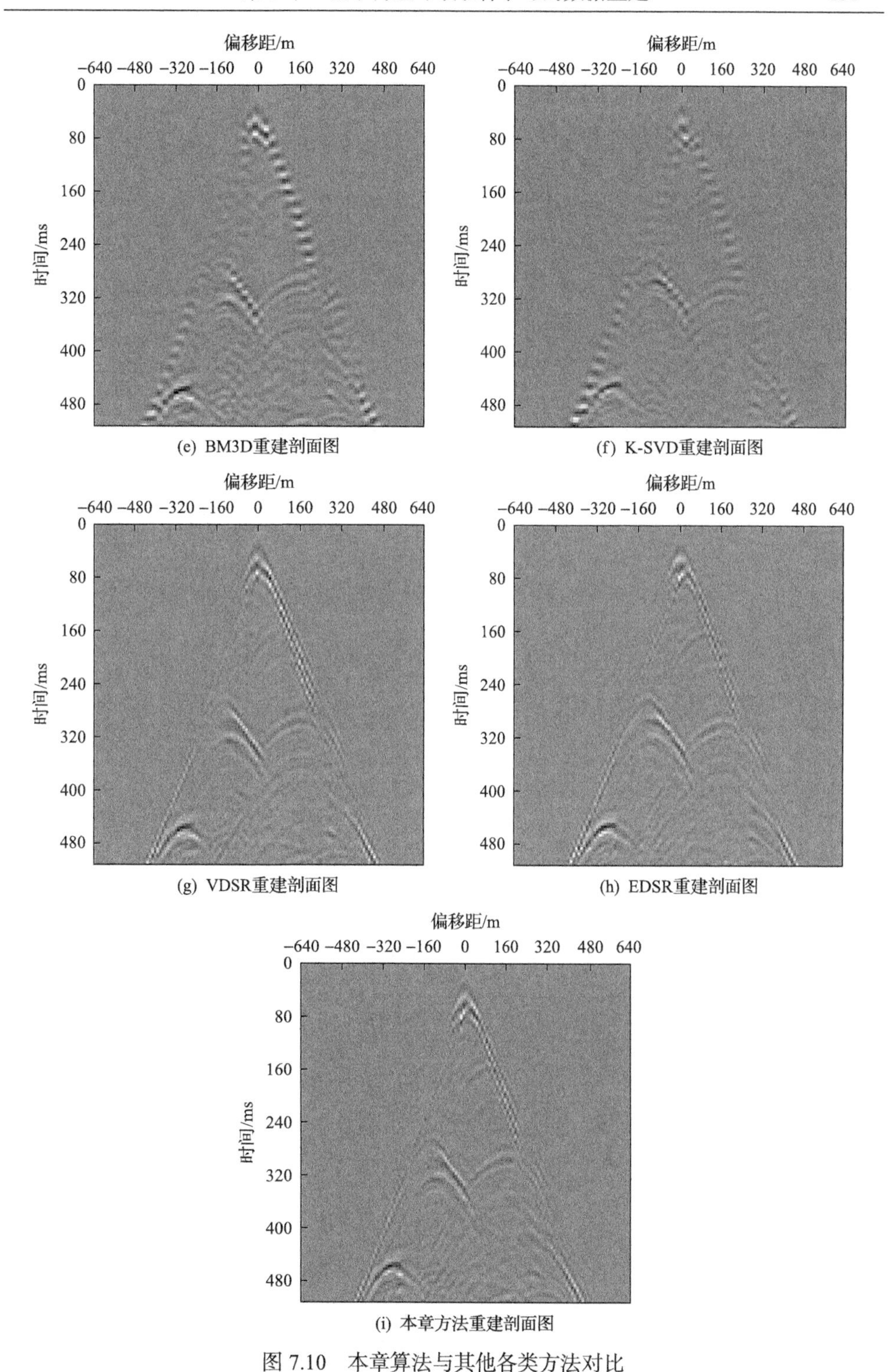

(e) BM3D重建剖面图

(f) K-SVD重建剖面图

(g) VDSR重建剖面图

(h) EDSR重建剖面图

(i) 本章方法重建剖面图

图 7.10　本章算法与其他各类方法对比

图 7.10(h)为 EDSR[12]方法趋于收敛规则化数据，SNR 为 13.8831dB；图 7.10(i)为本章算法迭代趋于收敛时规则化的结果，SNR 为 15.6318dB。从 SNR 指标验证本章提出的规则化方法具有更好的效果，从图 7.10 中可以看出，联合傅里叶域的卷积神经网络方法能提高重建效果。

表 7.3 和表 7.4 分别给出均匀采样和随机采样两种情况下采用不同方法在不同采样率条件下重建地震数据 SNR，表中展示的是欠采样数据、双三次插值、K-SVD、曲波变换、BM3D 以及基于深度学习的 VDSR、EDSR 算法、仅时间域学习与本章方法在测试集样本结果的均值。本章联合时间-频率深度学习重建方法大幅优于基于模型的规则化方法，也优于 VDSR 网络和 EDSR 的深度学习方法。

表 7.3 均匀采样条件下各方法重建 SNR 对比

方法	不同均匀采样率下的 SNR/dB								
	10%	20%	30%	40%	50%	60%	70%	80%	90%
欠采样数据	0.3537	0.9023	1.5377	2.4065	3.1217	3.7118	5.2553	7.2676	10.5354
双三次插值	0.0498	0.6259	1.217	2.459	3.9377	4.1084	5.6644	8.245	11.7925
K-SVD	0.0854	0.4147	1.8661	2.3838	3.6914	4.2281	5.3462	8.5832	11.1795
曲波变换	0.0647	0.5939	1.5039	2.3721	3.6605	4.1375	5.2613	8.3023	11.6593
BM3D	0.0502	0.5584	1.7331	2.527	3.4977	4.2391	5.4137	8.69	11.7308
VDSR	6.1684	10.4815	12.3436	13.8962	15.1862	16.4119	17.0425	18.3133	20.9235
EDSR	8.2179	10.8306	12.4962	13.4135	14.7744	16.1274	17.7605	19.0717	20.4622
联合 *f-k* 域	9.6382	11.2585	13.1754	15.2743	16.2683	17.518	18.5471	20.0082	21.2771

表 7.4 随机采样条件下各方法重建 SNR 对比

方法	不同随机采样率下的 SNR/dB								
	10%	20%	30%	40%	50%	60%	70%	80%	90%
欠采样数据	0.3595	0.8362	1.4756	2.1344	3.1052	3.6297	5.1161	6.5805	11.0135
双三次插值	1.3877	−0.0958	1.37	2.3465	3.3244	3.6119	5.2285	6.3453	11.1142
K-SVD	−0.795	0.2899	1.4093	2.3088	3.3606	3.7466	5.3297	6.7506	11.379
曲波变换	0.5104	0.3027	1.5776	1.8725	3.46	3.7048	5.5734	6.6956	11.472
BM3D	0.5507	0.2838	1.4583	1.6409	3.812	3.3858	5.6693	6.727	11.3271
VDSR	5.7397	8.453	10.9903	12.2717	13.5222	15.8103	16.232	17.7638	20.1528
EDSR	6.1023	8.7013	11.1378	12.4135	13.8831	15.659	16.4179	18.3175	20.1622
联合 *f-k* 域	9.2425	10.9896	12.8573	14.7175	15.6318	16.971	17.8893	19.1742	20.8754

7.3.3　实际数据重建实验

由于数据相比于模拟数据更复杂，为了验证本章方法在真实地震数据上的适应能力，选取某油田地震勘探的实际地震资料进行测试，采集过程的震源和检波器置于地表，检波器采样间隔为 2ms，道间距为 12.5m。将实际样本数据共 5000 个，按照 8∶1∶1 分成训练集、验证集和测试集，使用训练集数据训练网络，再用测试集测试网络的有效性，本章重建的地震数据 SNR 为 14.9723dB，而仅时间域学习重建数据的 SNR 为 13.4835dB。图 7.11 可见经过规则化后，本方法可以较好地重建出缺失道，地震同相轴光滑连续，其中地震数据细节得以较完整的重建，频谱更接近完整地震数据频谱。验证了本章方法在适用于重建实际地震数据，证明具有一定的泛化能力。

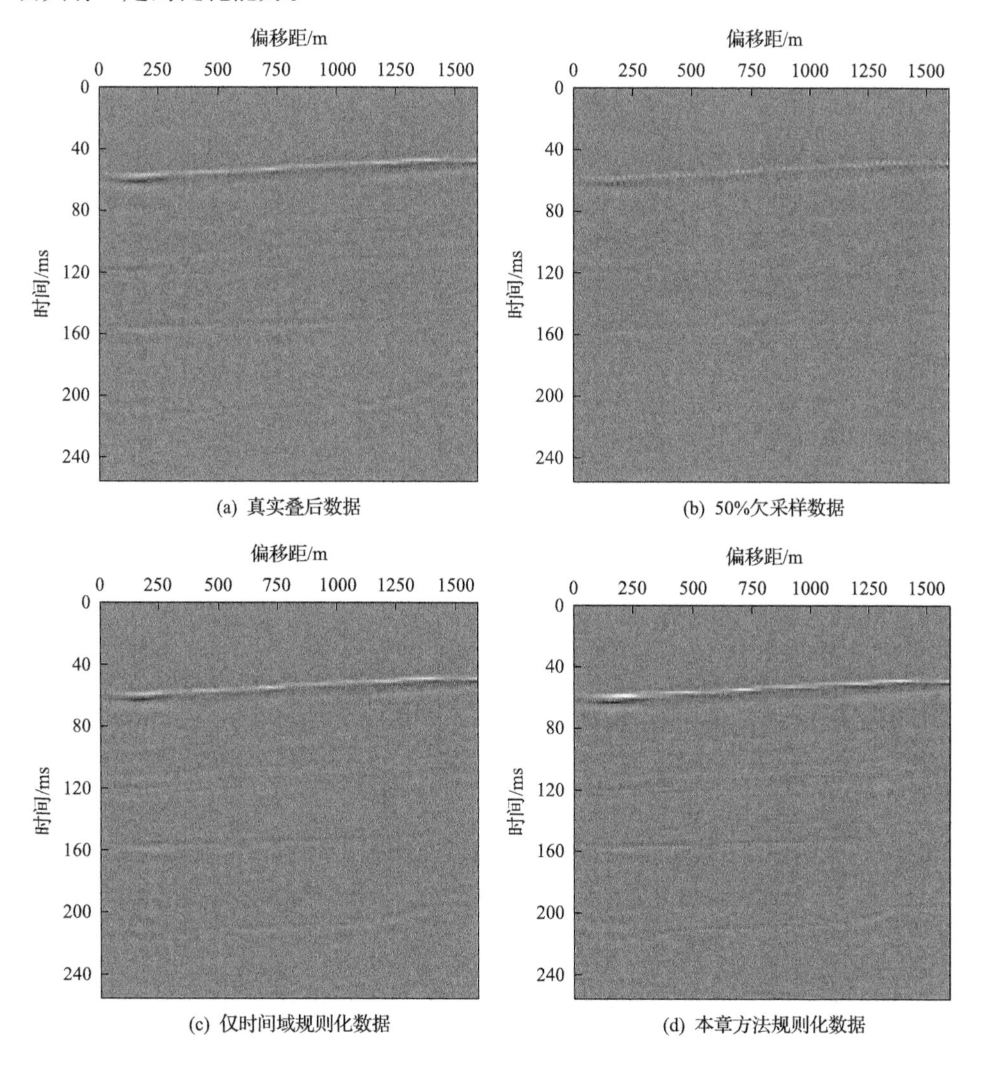

(a) 真实叠后数据　(b) 50%欠采样数据

(c) 仅时间域规则化数据　(d) 本章方法规则化数据

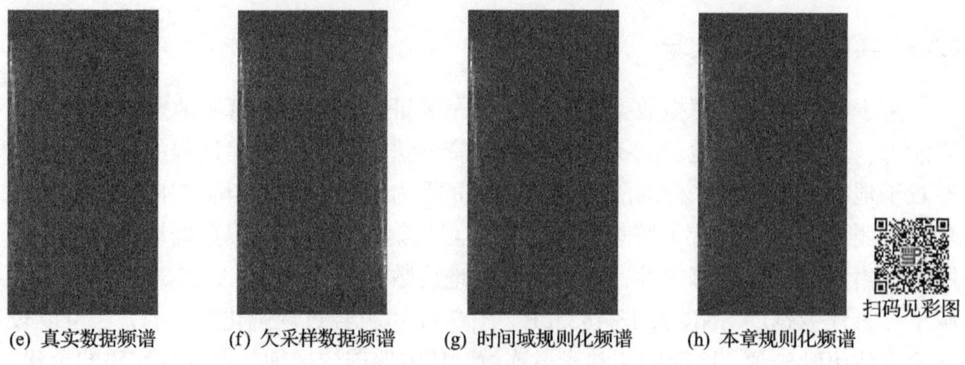

(e) 真实数据频谱　(f) 欠采样数据频谱　(g) 时间域规则化频谱　(h) 本章规则化频谱

图 7.11　真实叠后数据重建剖面图与频谱图

7.4 本章小结

本章提出的时间-频率联合深度学习的地震数据规则化方法，有效地利用了地震数据时间域和频率谱的特征。通过在地震数据的时间域和傅里叶域上联合约束，学习地震数据在时间域与傅里叶域频率域的多维度分布特征，通过对联合损失函数的权重的修正可以调整卷积神经网络学习的注意力，重建欠采样地震数据。对比传统基于模型的方法以及仅利用时间域特征学习的重建方法，本章提出的方法具有信噪比高、细节保持效果好、频谱恢复精度高的特点。最后通过实际地震数据重建结果验证了本章方法的准确性和有效性，证明本章提出的方法具有一定的实用性和泛化能力。网络采用多级残差深度卷积神经网络提取主要特征，在实际应用过程中可根据任务的需要调节残差块数量，以平衡网络的精度与效率。

参考文献

[1] Hubel D H, Weisel T N, Wiesel T N. Receptive fields, binocular interaction and functional architecture in cat's visual cortex[J]. The Journal of Physiology, 1962, 160(1): 106-154.

[2] Lecun Y, Bottou L, Bengio Y, et al. Gradient-based learning applied to document recognition[J]. Proceedings of the IEEE, 1988, 86(11): 2278-2324.

[3] Azevedo L, Paneiro G, Santos A, et al. Generative adversarial network as a stochastic subsurface model reconstruction[J]. Computational Geosciences, 2020, (2): 1-20.

[4] 郑浩, 张兵. 基于卷积神经网络的智能化地震数据插值技术[J]. 地球物理学进展, 2020, 35(2): 721-727.

[5] Zhu W, Mousavi S M, Beroza G C. Seismic signal denoising and decomposition using deep neural networks[J]. IEEE Transactions on Geoscience and Remote Sensing, 2019, 57(11): 9476-9488.

[6] 张岩, 李新月, 王斌, 等. 基于联合深度学习的地震数据随机噪声压制[J]. 石油地球物理勘探, 2021, 56(1): 4, 9-25, 56.

[7] Wang Y, Ge Q, Lu W, et al. Well-logging constrained seismic inversion based on closed-loop convolutional neural network[J]. IEEE Transactions on Geoscience and Remote Sensing, 2020, 58(8): 5564-5574.

[8] Cooley J W, Tukey J W. An algorithm for the machine calculation of complex Fourier series[J]. Mathematics of Computation, 1965, 19(90): 297-301.

[9] Dabov K, Foi A, Katkovnik V, et al. Image denoising by sparse 3-d transform-domain collaborative filtering[J]. IEEE Transactions on Image Processing, 2007, 16(8): 2080-2095.

[10] Elad M, Aharon M. Image denoising via sparse and redundant representations over learned dictionaries [J]. IEEE Transactions. Image Process, 2006, 15(12): 3736-3745.

[11] Kim J, Lee J K, Lee K M. Accurate image super-resolution using very deep Convolutional Networks[C]//IEEE Conference on Computer Vision & Pattern Recognition, Las Vegas, 2016.

[12] Lim B, Son S, Kim H, et al. Enhanced deep residual networks for single image super-resolution[C]//2017 IEEE Conference on Computer Vision and Pattern Recognition Workshops (CVPRW), Honolulu, 2017.

第 8 章　基于小波域联合学习的数据重建

基于深度学习的地震数据规则化方法在缺少地下介质先验知识的条件下，可以取得较好的效果，但目前基于深度学习的方法还存在的问题在于：通常只关注地震数据单一域特征信息的提取，未挖掘数据联合域的特征信息。

由于小波具有多尺度分析与多方向性的特点，在图像恢复领域取得了较好的效果，Anbarjafari 和 Demirel[1]提出利用小波变换将图像从频率域上分解为平滑子图与细节子图，利用细节子带辅助恢复高质量的图像；Gao 和 Xiong[2]提出一种混合小波的卷积网络，网络将输入数据分解成稀疏特征图谱，然后用另一个卷积网络进行稀疏编码得到恢复图像。此外专家学者也利用到傅里叶域、测井数据等物理约束信息，例如：张岩等[3]提出一种联合傅里叶域的去噪卷积神经网络，取得了较好的纹理保持效果和较高信噪比；Wang 等[4]提出一种基于闭环卷积神经网络测井约束地震反演引入阻抗域的损失，有效应用于真实地震数据。

鉴于以上分析，本章提出基于小波域联合深度学习的地震数据规则化方法，主要创新点有：

(1) 建立联合深度卷积神经网络学习地震数据在时间域与小波域的分布特征，得到规则化数据的预测模型，对不规则数据进行重建处理，将不规则地震数据的重建转化为卷积神经网络小波系数的预测。

(2) 设置结合时间域和小波域的损失函数，通过地震数据的整体特征和局部细节信息约束网络模型，调节联合损失函数的平衡系数可以调整网络模型学习的注意力。

8.1　方 法 原 理

8.1.1　地震数据重建模型

假设完整的地震数据为 $\boldsymbol{x}$，实际上因检波器故障或在稀疏采样等条件下，采集到的不规则地震数据 $\boldsymbol{y}$ 的过程如图 7.1 所示，可以通过式(8.1)表示为

$$\boldsymbol{y} = \boldsymbol{R}\boldsymbol{x} \tag{8.1}$$

式中，$\boldsymbol{R}$ 为采样矩阵，代表从 N 道地震数据中采样得到 M 道（$N > M$）。

基于深度学习的地震数据规则化重建的过程就是通过学习样本特征，从不规则数据 $\boldsymbol{y}$ 中重建得到完全采样地震数据的近似估计 $\boldsymbol{x}'$（$\boldsymbol{x}' \approx \boldsymbol{x}$），利用多次迭代使

训练结果趋于稳定，逐渐逼近 $\boldsymbol{x}$。由于当前大多数基于深度学习的地震数据规则化方法未能充分考虑时间域与频率域的联系，本章提出联合小波变换的深度学习方法，利用时间域和小波域的联合误差定义损失函数，充分考虑数据时间-频率域的特征联系，改善重建数据的细节效果。

8.1.2　基于小波变换的规则化

以完全采样地震数据样本 $\boldsymbol{x}$ 作为时间域的标签。通过滤波器组对 $\boldsymbol{x}$ 进行二维小波分解 $T(\boldsymbol{x})$ 的过程如式(8.2)：

$$T_{j+1,m,n}(\boldsymbol{x})=\begin{cases} h_{\psi,-n}(\boldsymbol{x})\oplus h_{\psi,-m}(\boldsymbol{x})=T_{j,m,n}{}^{\mathrm{D}}(\boldsymbol{x}) \\ h_{\psi,-n}(\boldsymbol{x})\oplus h_{\varphi,-m}(\boldsymbol{x})=T_{j,m,n}{}^{\mathrm{H}}(\boldsymbol{x}) \\ h_{\varphi,-n}(\boldsymbol{x})\oplus h_{\psi,-m}(\boldsymbol{x})=T_{j,m,n}{}^{\mathrm{V}}(\boldsymbol{x}) \\ h_{\varphi,-n}(\boldsymbol{x})\oplus h_{\varphi,-m}(\boldsymbol{x})=T_{j,m,n}{}^{\mathrm{A}}(\boldsymbol{x}) \end{cases} \tag{8.2}$$

式中，h_ψ 为低通滤波器；h_φ 为高滤波器；$\oplus$ 表示卷积运算；j 为尺度因子，j=0,1,2,⋯；m、$n=0,1,2,\cdots,2^j-1$。将分解所得的小波系数低频分量 T^{A}、水平高频分量 T^{V}、垂直高频分量 T^{H}、对角高频分量 T^{D}，分别作为对应小波域的标签 $\boldsymbol{C}=(c_1,c_2,c_3,c_4)$。

以不规则采样数据 $\boldsymbol{y}$ 作为网络输入，利用网络 G 训练得到各频率分量的小波系数：

$$G(\boldsymbol{y})=\begin{cases} G_{\mathrm{D}}(\boldsymbol{y})=T^{\mathrm{D}'}(\boldsymbol{y}) \\ G_{\mathrm{H}}(\boldsymbol{y})=T^{\mathrm{H}'}(\boldsymbol{y}) \\ G_{\mathrm{V}}(\boldsymbol{y})=T^{\mathrm{V}'}(\boldsymbol{y}) \\ G_{\mathrm{A}}(\boldsymbol{y})=T^{\mathrm{A}'}(\boldsymbol{y}) \end{cases} \tag{8.3}$$

将网络推理所得的小波系数不同方向频率分量 $T^{\mathrm{A}'}$、$T^{\mathrm{V}'}$、$T^{\mathrm{H}'}$、$T^{\mathrm{D}'}$ 作为对应网络训练的预测小波系数 $\boldsymbol{C}'=(c_1',c_2',c_3',c_4')$，小波反变换后的重建时间域数据 $\boldsymbol{x}'$。联合计算时间域和小波域的误差，设置全局损失函数 l_{total} 作为约束，并通过正向传递和反向传播调整网络参数。网络经过多次迭代使训练结果趋于稳定，得到最终网络模型，将地震数据规则化问题转化为小波系数预测问题。

网络模型通过学习一个非线性映射函数 f_θ，使得 $\boldsymbol{x}'=f_\theta(\boldsymbol{y})$，网络从不规则地震数据 $\boldsymbol{y}$ 预测生成规则化地震数据 $\boldsymbol{x}'\approx\boldsymbol{x}$。通常基于深度学习的重建方法从欠采样数据 $\boldsymbol{y}$ 中估计 $\boldsymbol{x}$ 的最大似然，通过式(8.4)优化参数 θ，其中 $p(\boldsymbol{x}\mid\boldsymbol{y})$ 是衡量欠采样数据与真实数据条件概率的似然函数。

$$\underset{\theta}{\operatorname{argmax}} \sum_{(x,y)\in D} \lg p(\boldsymbol{x} \mid \boldsymbol{y}) \tag{8.4}$$

式中，D 为实际完全采样数据 $\boldsymbol{x}$ 和不规则数据 $\boldsymbol{y}$ 对应所组成的集合，$D=\left\{(\boldsymbol{x}_i,\boldsymbol{y}_i)\right\}_i^N$。

损失函数采用完全采样数据 $\boldsymbol{x}$ 与预测数据 $\boldsymbol{x}'$ 在数据采样点的均方误差为

$$l_{\text{mse}}(\boldsymbol{x},\boldsymbol{x}') = \left\|\boldsymbol{x}-\boldsymbol{x}'\right\|_2^2 \tag{8.5}$$

但最小化均方误差损失仅利用地震数据时间域特征，忽略了高频纹理细节的约束，因此我们引入小波域的损失来增强细节纹理部分的重建效果。完全采样地震数据的小波系数和网络预测的小波系数分别用 $\boldsymbol{C}=(c_1,c_2,c_3,c_4)$ 和 $\boldsymbol{C}'=(c_1',c_2',c_3',c_4')$ 表示，小波域参数 θ 经过网络 G，其模型映射函数 $G_\theta(x)=(G_{\theta_1}(x),G_{\theta_2}(x),G_{\theta_3}(x),G_{\theta_4}(x))$ 的参数 θ 在本网络中可以被优化为

$$\underset{\theta}{\operatorname{argmax}} \sum_{(\boldsymbol{C},\boldsymbol{y})\in D} \lg p(\boldsymbol{C} \mid \boldsymbol{y}) \tag{8.6}$$

即从给定的训练集合 D 中，利用不规则数据 $\boldsymbol{y}$ 预测小波系数 $\boldsymbol{C}$ 的最大似然值，使得 $\boldsymbol{C}'\approx\boldsymbol{C}$。

8.1.3　小波域特征提取

地震数据的波前信息在时间域上表现为复杂的纹理状曲线，尽管多层卷积神经网络具有较强的特征提取能力，但仅利用时间域信息提取的特征具有很大的局限。小波变换[5]通过缩放母小波的宽度来获得信号的频率特征，平移小波基来获得信号的时间信息。信号的小波变换相当于利用由母小波的缩放和小波基的平移操作，与原始信号的卷积操作，得到小波系数，如图 8.1 所示。

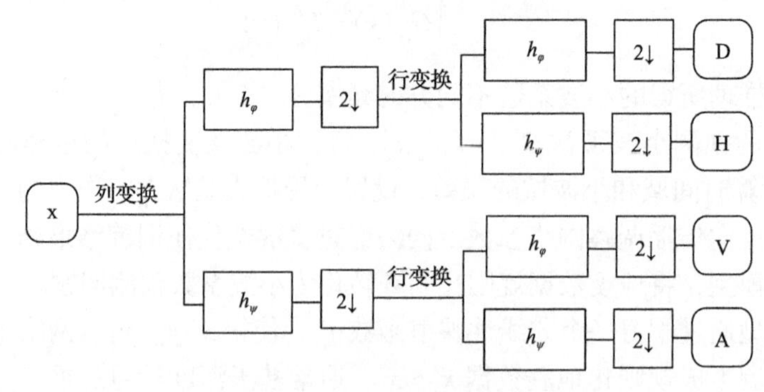

图 8.1　二维小波变换

小波分解后的地震数据如图 8.2 所示，小波基选择 Haar 小波，根据二维快速

小波变换[6](fast wavelet transform，FWT)来计算 Haar 小波系数。其中图 8.2(b)左上角对应地震数据低频子带，此频率分量包含数据的主要能量，右上角对应地震数据水平方向的高频子带，左下角块对应垂直方向的高频子带，右下角对应对角高频子带，高频分量主要包含地震数据的结构细节和纹理特征，各个方向子带小波系数具有一定的相关性。将小波变换引入卷积神经网络对地震数据特征提取过程中，用来描述地震数据不同尺度与方向的频率信息和纹理信息。通过神经网络预测对应规则化地震数据的小波系数，重建具有丰富纹理细节和全部拓扑信息的高质量地震数据。另外由小波变换的系数分布可知，加强低频小波的预测可以保留地震数据全局的主要特征信息，加强高频小波系数的预测有利于地震数据细节的恢复。结合以上两个方面，可以使地震数据在规则化处理过程中不仅能保留整体信息，还能重建地震数据的细节，最终得到更加真实的数据。

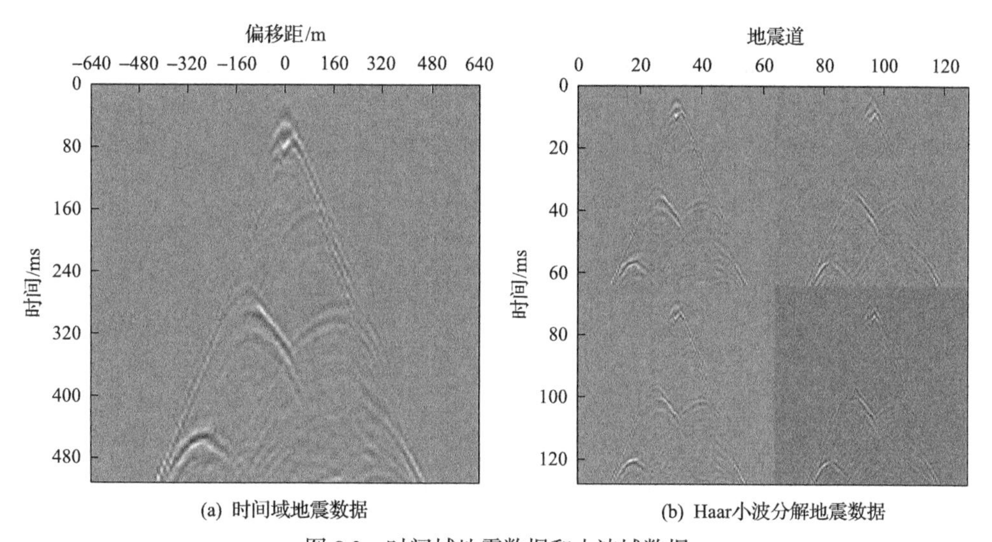

(a) 时间域地震数据　　(b) Haar小波分解地震数据

图 8.2　时间域地震数据和小波域数据

为充分利用小波域的特征，设计了小波预测损失和纹理损失两种小波域的损失函数。前者是小波域均方误差的加权形式，定义为

$$l_{\text{wavelet}} = \sum_{i=1}^{n} \lambda_i \left\| c_i' - c_i \right\|_2^2 \tag{8.7}$$

式中，λ_i 为平衡不同小波子带重要性的权重系数，赋予高频系数较大的权重可以将训练注意力集中在局部高频细节重建上，生成细节效果较好的规则化地震数据。为了防止过拟合现象导致高频小波系数收敛到零，定义纹理损失为

$$l_{\text{texture}} = \sum_{i=k}^{n} \gamma_i \max\left(\alpha \left\| c_i \right\|_2^2 + \varepsilon - \left\| c_i' \right\|_2^2, 0\right) \tag{8.8}$$

本章采用一级小波分解，生成的低频分量子带保留数据主要信息分量，其余三个子带为不同方向的高频分量，k 为约束高频小波系数的初始子带。为了使纹理信息得到充分训练，尽可能减小纹理损失，又要防止训练过拟合导致测试结果中纹理细节退化，增加网络的泛化能力。γ_i、α 和 ε 为平衡系数，设置 γ_i 为各高频分量的权重，α 略大于 1，ε 略大于 0，它保证 l_{texture} 不为 0，从而使高频小波系数非零，防止小波高频系数训练过拟合。

8.1.4 联合小波域深度学习模型

提出的联合学习卷积神经网络模型 G 如图 8.3 所示，整体网络由三个子网组成，分别是嵌入层网络、小波系数预测网络、联合损失计算。网络的输入为不规则地震数据，嵌入层网络通过多层卷积提取出一组特征图谱。小波系数预测网络包括四个独立子网络，分别对应小波分解的不同频率分量，每个子网络利用提取的特征来学习对应的小波系数。联合损失计算根据前一子网学习得到的小波系数重建规则化的地震数据，对规则化数据的损失函数进行评价。网络的损失函数 l_{total} 包含三个组成部分，分别是全局时间域均方误差、小波预测损失、纹理损失。

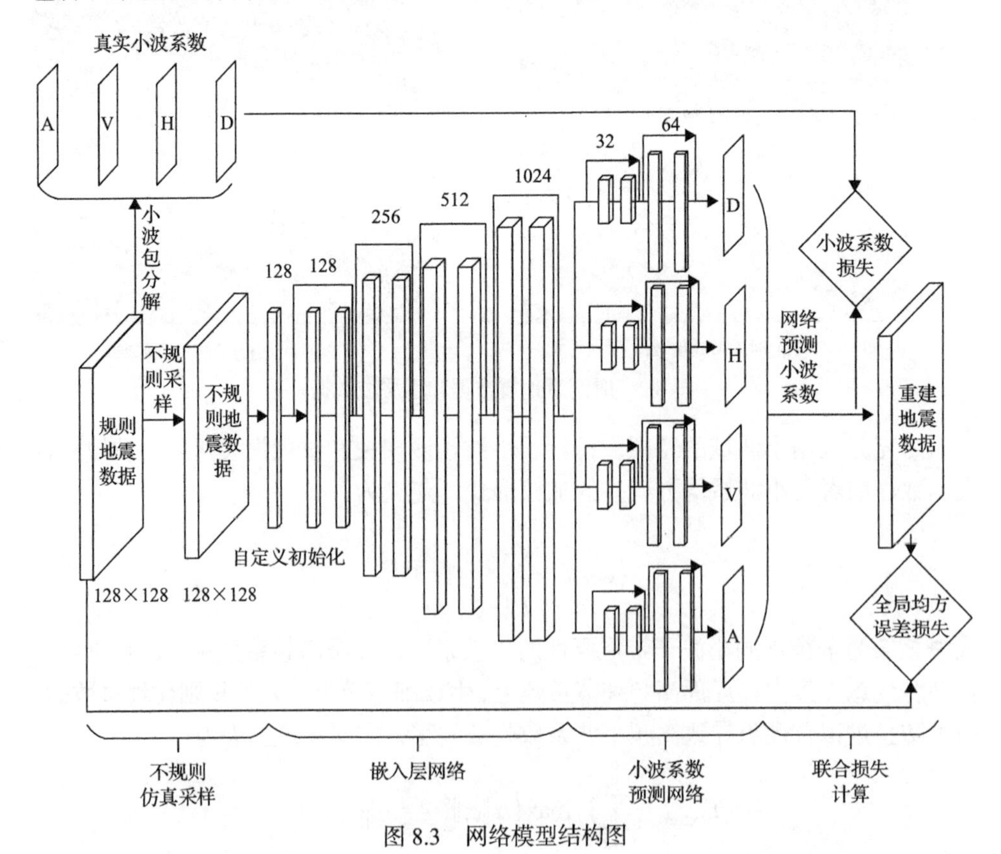

图 8.3 网络模型结构图

在时间域中加入规则化地震数据与原始的完整地震数据均方误差的约束。在小波域内使用小波系数预测损失与纹理损失约束。网络根据小波具有良好时频分析特点，综合利用地震数据的时间域和频率域信息，实现地震数据规则化，网络实现细节如下：

1. 嵌入层网络

嵌入层网络的输入为不规则的地震数据，经过多层卷积特征提取后，将得到的特征图谱传递给后续网络。不规则地震数据以 128×128 尺寸大小作为输入，嵌入层网络的所有卷积核大小为 3×3，步长为 1，通过补零操作使特征图谱大小与输入数据尺寸相同，卷积后的特征图谱经过归一化和激活函数，再经过下一层操作。卷积层、归一化层和激活函数构成一个残差块，前后残差块之间设置残差连接，可以加速收敛和防止梯度消失。网络每层卷积核的数量沿前向递增，分别为 128、256、512、1024，为小波系数预测网络提供足够的特征信息。

2. 小波系数预测网络

小波系数预测网络由 4 个独立的并行子网络组成，利用嵌入层网络提取的特征图谱学习预测不同频率分量的小波系数。地震数据具有较强的曲线纹理特征，以一级小波分解为例，将小波预测网络分成 4 个独立的小波预测子网络。通过神经网络单独处理对应方向子带的小波系数，重建规则化的地震数据。每层网络的卷积核的尺寸为 3×3，步长为 1，网络预测的小波系数与不规则地震数据输入的尺寸相同。由于每个子网预测的小波系数相对独立，使得网络更具有鲁棒性。

3. 联合损失计算

联合损失计算是对地震数据小波域和时间域的损失进行评价。网络将各个独立小波预测子网的小波系数反变换为时间域的规则化地震数据，使其和完全采样的地震数据计算损失，反向传递到网络中，更新网络参数权重。

8.1.5　联合损失函数

网络的联合损失函数由三部分组成：全局信息预测损失、小波系数预测损失、纹理细节预测损失。全局信息损失通过重建网络生成时间域规则化的地震数据与完全采样的地震数据计算损失，以均方误差为约束条件；小波系数预测损失是利用完全采样地震数据的小波系数对预测子网得到的小波系数施加约束；纹理细节预测损失是计算输入数据和标签之间小波变换高频分量的误差，加强此部分的约束可提高地震数据规则化的纹理细节效果。

设空间域的均方误差损失为全局损失 l_{full}，联合误差函数被定义为式(8.9)，

其中 μ 和 ν 是平衡参数，该超参数可根据网络训练目标的侧重点进行调整，用于改变网络学习的注意力。

$$\begin{aligned} l_{\text{total}} &= l_{\text{wavelet}} + \mu l_{\text{texture}} + \nu l_{\text{full}} \\ &= \sum_{i=1}^{n} \lambda_i \left\| c_i - c_i' \right\|_2^2 \\ &\quad + \mu \sum_{i=k}^{n} \gamma_i \max(\alpha \left\| c_i \right\|_2^2 + \varepsilon - \left\| c_i' \right\|_2^2, 0) \\ &\quad + \nu \left\| T^{-1}(\boldsymbol{C}') - \boldsymbol{x} \right\|_2^2 \end{aligned} \tag{8.9}$$

由于小波系数与不规则的地震数据输入尺寸相同，通过卷积网络使每个特征图谱的大小保持一致，可以降低训练难度和兼顾地震数据的全局拓扑信息和纹理细节信息。

8.2　标准地震模型实验

8.2.1　参数设置

选择 Marmousi 模型测试本章方法，震源和检波器置于地表，地震道集数据通过中间放炮两端接收的方式正演获取，检波器采样间隔为 4ms，道间距为 10m。完全采样实验样本数据裁剪为 128×128 尺寸的切片数据 $\boldsymbol{x}$，作为训练样本时间域标签，不规则的地震数据样本通过从完整地震数据抽取比例为 r 的地震道保留下来，其他道作为空道来生成。分别以随机抽取来仿真采集坏道和均匀抽取的方法来仿真稀疏采样两种不规则情况。

实验选择 Marmousi 模型数据共 10000 组按照 8∶1∶1 比例且不交叠的方式划分为训练集、验证集和测试集。在训练阶段，我们使用训练集数据进行训练并用验证集评估网络训练效果是否训练不充分或过拟合；当验证集结果趋近收敛时，保存网络模型和参数并用测试集数据对预训练模型进行评估测试。

8.2.2　网络模型测试

本章针对均匀采样和随机采样两类缺失情况，制作从 10%到 90%共 9 组不同采样率情况下的样本(每组采样率间隔为 10%，共 18 组)，分批次送入网络训练。通过不同采样率下训练的不同网络模型，测试相应采样率下的地震数据。图 8.4(a)～(c)所展示的为其中 20%、50%和 80%均匀采样条件下的地震数据模型，对欠采样数据进行重建，如图 8.4(d)～(f)所示。根据实验结果可以看出本章方法在

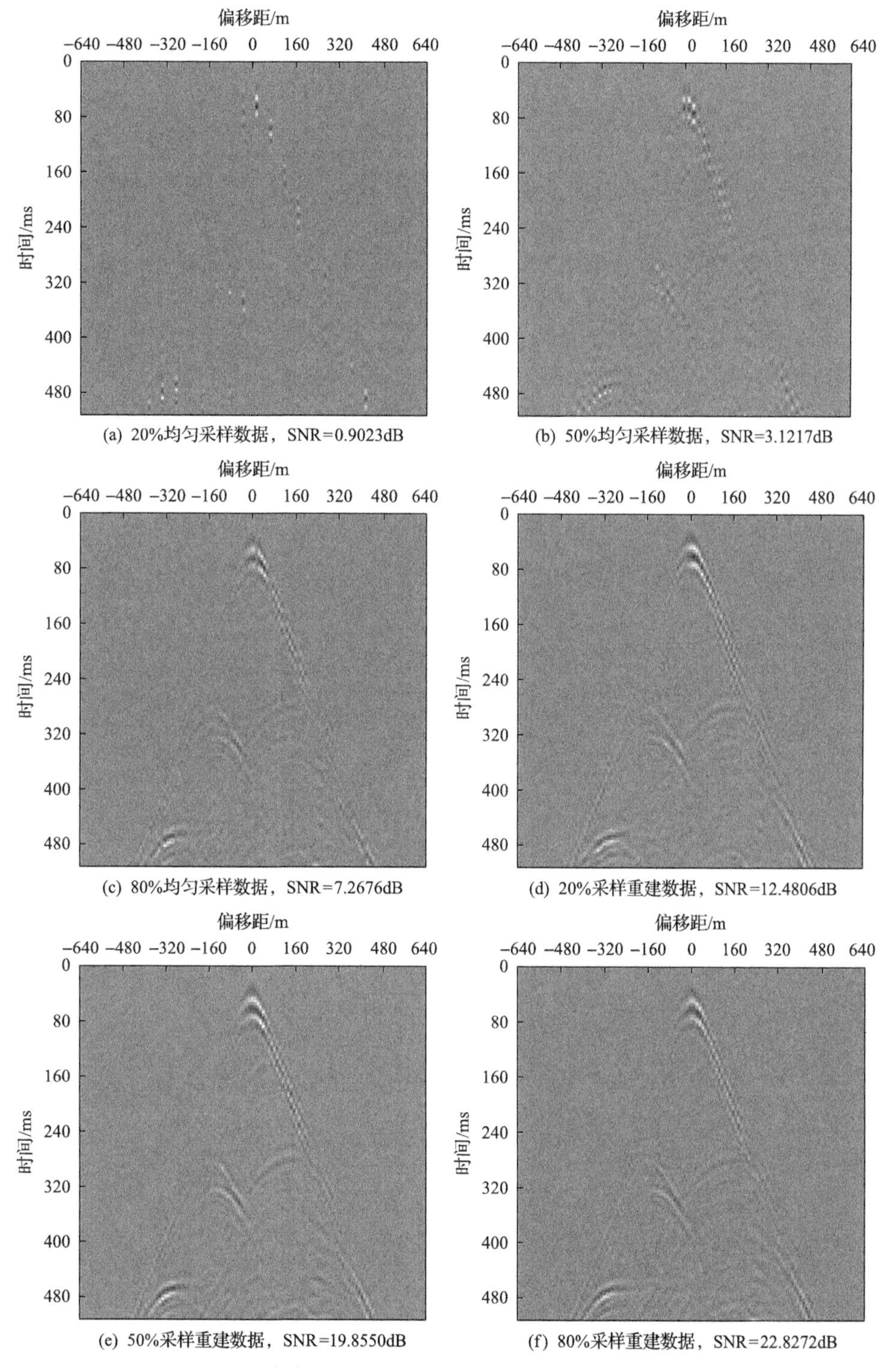

(a) 20%均匀采样数据，SNR=0.9023dB

(b) 50%均匀采样数据，SNR=3.1217dB

(c) 80%均匀采样数据，SNR=7.2676dB

(d) 20%采样重建数据，SNR=12.4806dB

(e) 50%采样重建数据，SNR=19.8550dB

(f) 80%采样重建数据，SNR=22.8272dB

图 8.4　本章方法在不同采样率下规则化地震数据结果

不同采样率下均有较好的实验结果，较好地保留了实际地震数据的特征，随着采样率不断提高，规则化效果也随之提高。

图 8.5 展示为验证集上的结果，其中图 8.5(a)是 SNR 随迭代次数的变化曲线图，随着迭代次数增多，SNR 也逐步提高，重建效果不断增强，当达到 1000 次迭代时算法取得收敛，SNR 基本稳定在最大值附近，说明该网络模型具有较好的收敛性和稳定性。图 8.5(b)给出了联合误差随迭代次数增加的变化曲线。为使网络更好地收敛到最优解，防止训练后期学习率过大，本实验采用指数衰减算法，设置初始学习率为 2×10^{-4}，每次迭代衰减指数为 0.995，学习率的变化曲线如图 8.5(c)所示。迭代初期用较大的学习率使结果快速收敛，所以前期联合误差数值变化相对较为剧烈，有助于加速重建地震数据；后期减小学习率，使目标函数收敛到局部最小值，联合误差变化相对缓慢，有利于重建规则数据细节信息。另外从曲线图中可以看出，在训练过程中因为网络调整参数导致结果震荡，但是网络会根据损失函数进行调整，使最终结果趋于稳定。

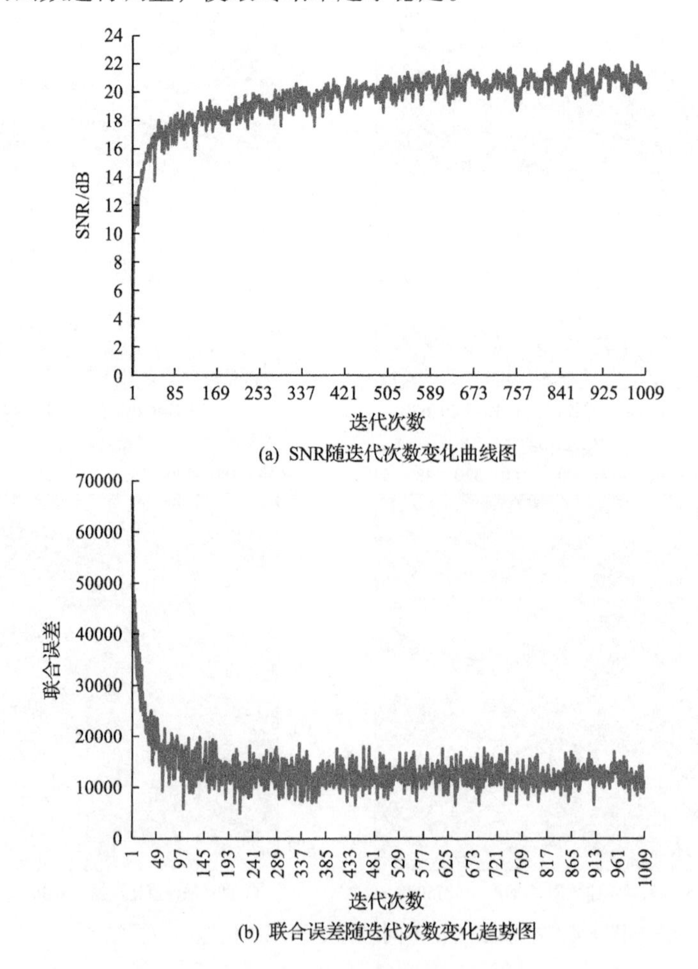

(a) SNR随迭代次数变化曲线图

(b) 联合误差随迭代次数变化趋势图

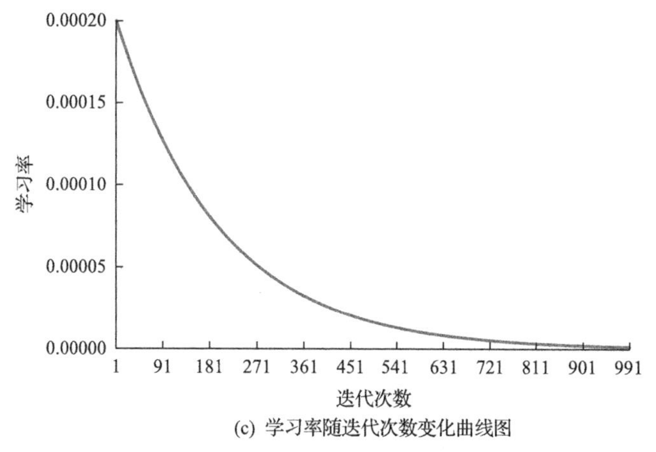

(c) 学习率随迭代次数变化曲线图

图 8.5　SNR、联合误差和学习率随迭代次数变化趋势

8.2.3　纹理细节保持效果

为了验证基于联合小波域学习的卷积神经网络对细节重建的有效性，测试样本在 50%均匀采样条件下，对比联合小波域学习网络(SNR 为 19.8550dB)和仅使用时间域学习网络(SNR 为 17.2667dB)的结果。如图 8.6(a)～(c)所示，利用深度学习规则化地震数据有较好的效果，但是将地震数据从灰度剖面图转化为波形图。如图 8.6(d)～(f)可以看出，联合小波域学习的网络局部细节特征更加准确，更加接近于真实地震数据，特别是局部放大后，如图 8.6(h)～(j)。证明了联合小波变换的卷积神经网络有更好的纹理保持性能，为后续分析判断地质构造特征提供帮助。

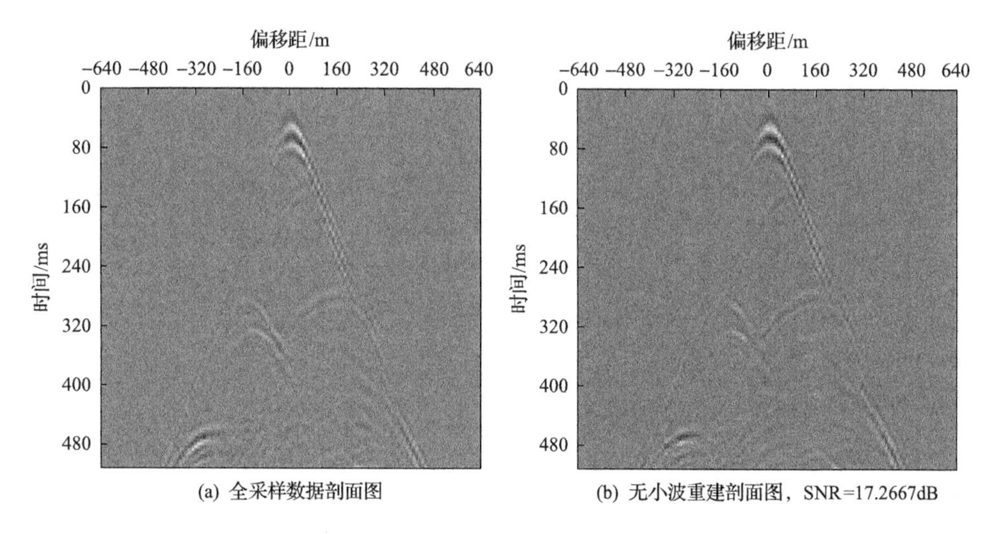

(a) 全采样数据剖面图　　(b) 无小波重建剖面图，SNR=17.2667dB

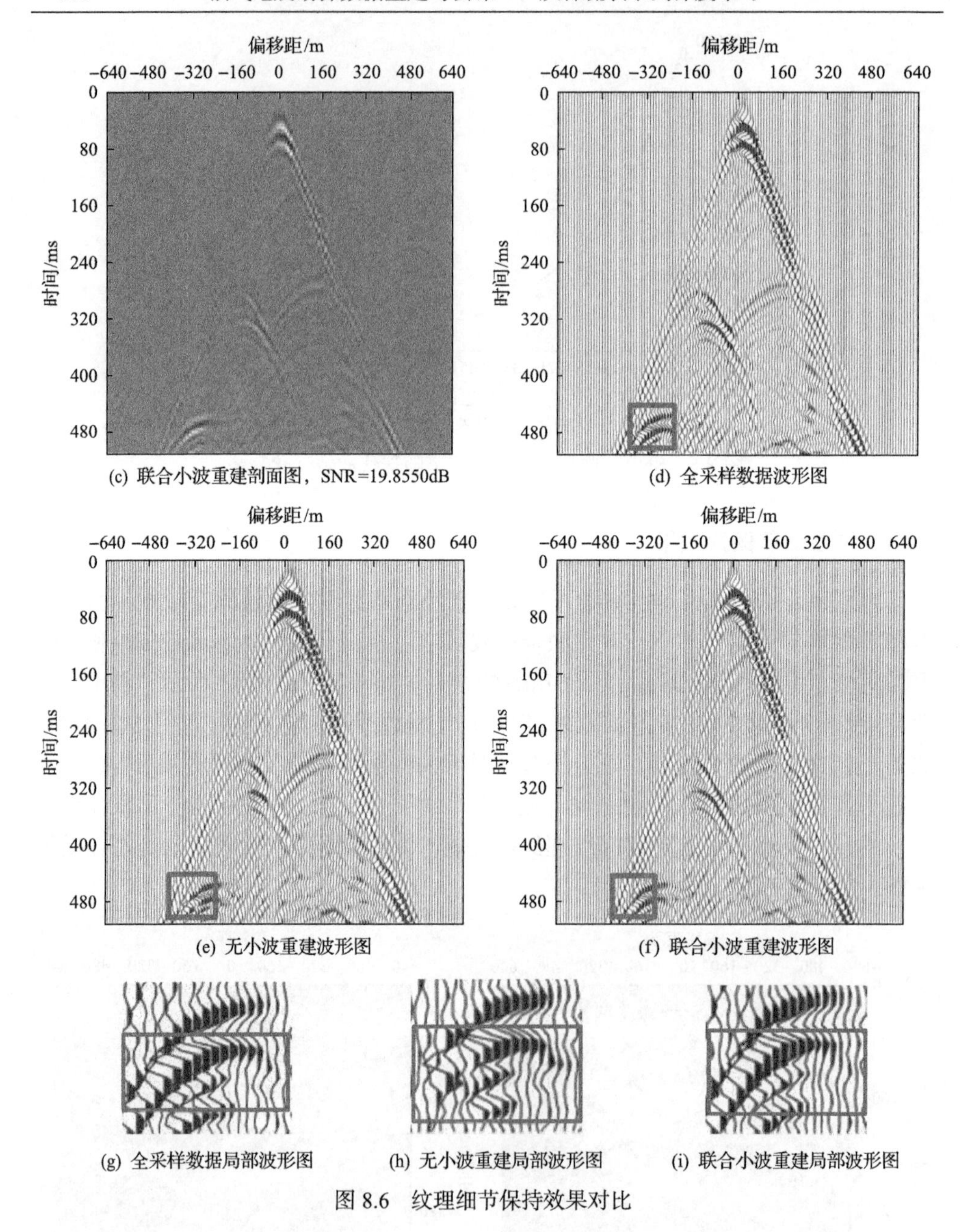

(c) 联合小波重建剖面图，SNR=19.8550dB

(d) 全采样数据波形图

(e) 无小波重建波形图

(f) 联合小波重建波形图

(g) 全采样数据局部波形图

(h) 无小波重建局部波形图

(i) 联合小波重建局部波形图

图 8.6　纹理细节保持效果对比

8.2.4　算法对比

将本章方法应用于地震数据随机缺失的情况，并与当前比较先进的重建算法对比测试。图 8.7(a)是完全采样地震数据的部分记录；图 8.7(b)是随机采样 50%记录道后得到的欠采样数据，SNR 为 3.1052dB；图 8.7(c)～(h)分别为采用双三

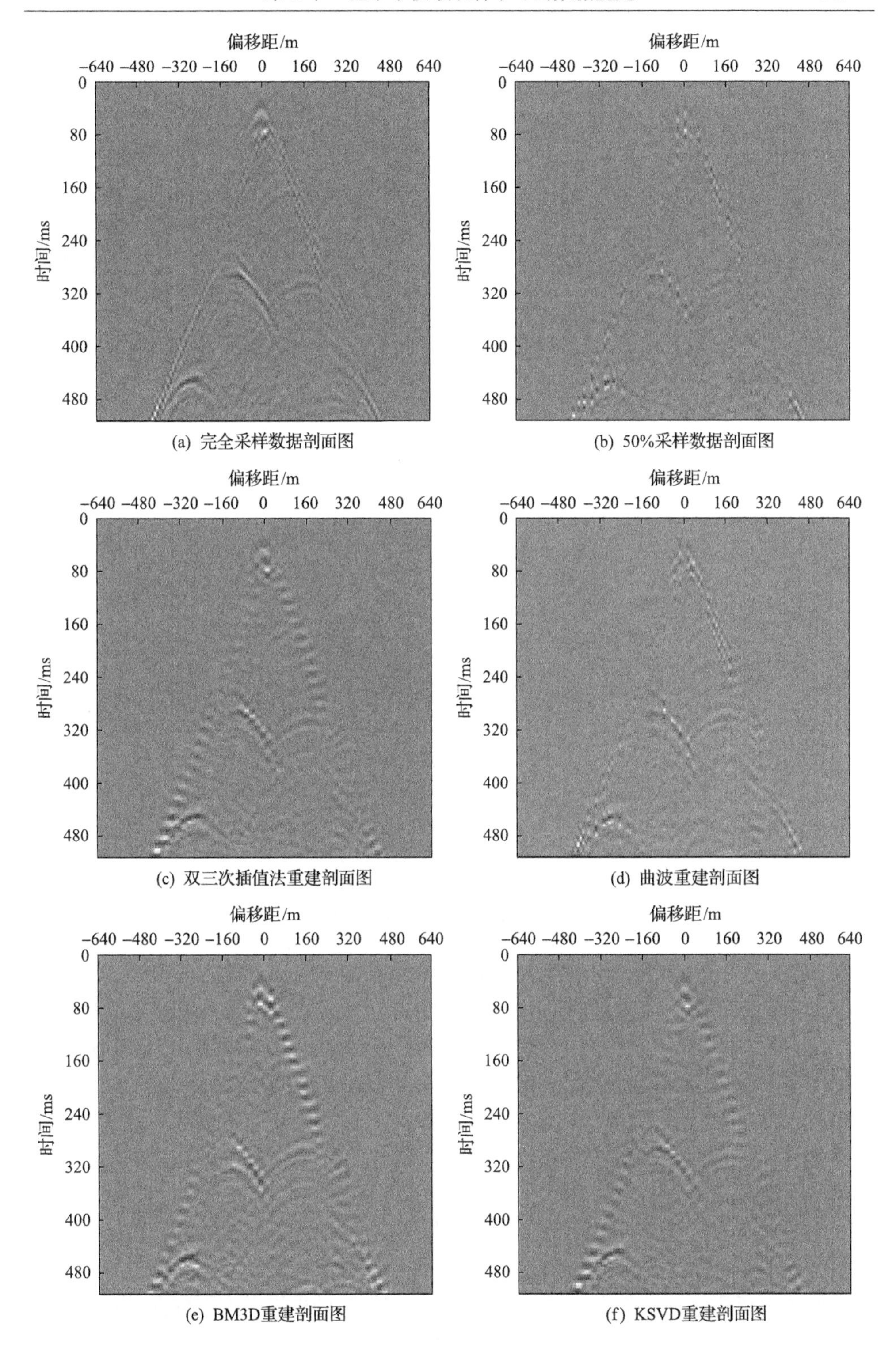

(a) 完全采样数据剖面图

(b) 50%采样数据剖面图

(c) 双三次插值法重建剖面图

(d) 曲波重建剖面图

(e) BM3D重建剖面图

(f) KSVD重建剖面图

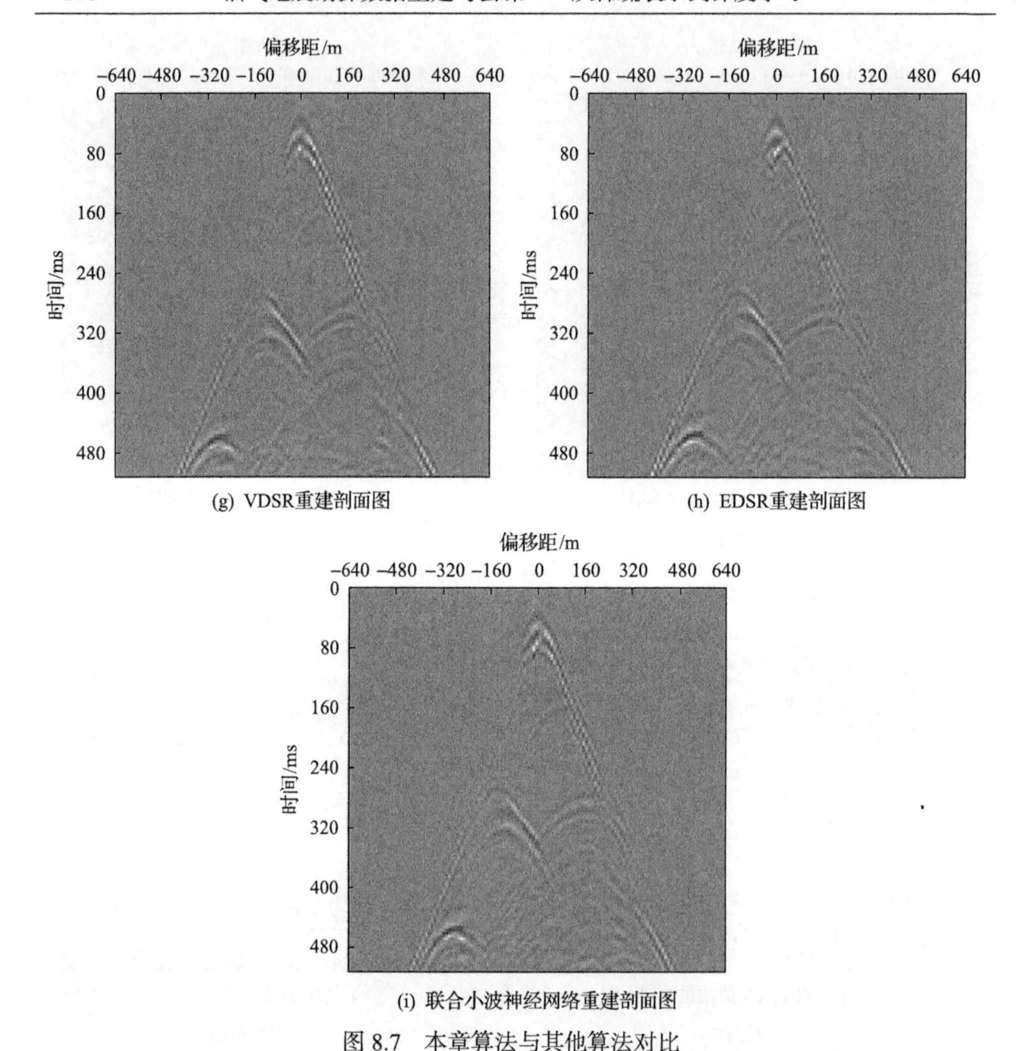

(g) VDSR重建剖面图

(h) EDSR重建剖面图

(i) 联合小波神经网络重建剖面图

图 8.7 本章算法与其他算法对比

次插值重建、利用曲波对不规则地震数据重建、BM3D 法、K-SVD、VDSR 和 EDSR 算法重建地震数据，具体结果见第 7 章算法对比；图 8.7(i)为本章算法迭代趋于收敛时规则化的结果，SNR 为 17.6811dB。相比于上述算法，本章算法结果在 SNR 指标上分别有 14.4567dB、14.2211dB、13.8691dB、14.3205dB、4.1589dB 和 3.798dB 的提升，从 SNR 指标验证了本章提出的规则化方法具有更好的效果。从图 8.7 中可以看出，联合小波域的卷积神经网络方法能提高重建效果，而且主观视觉质量方面优于其他方法。

由于本章方法从全局拓扑信息中预测小波系数，在低采样率情况下具有一定的优势。如图 8.8 所示，在 20%的低采样率条件下，可以看出本章方法重建的地震数据较好地保留原始地震数据特征和波形信息，在细节处更逼近实际数据，证明该方法对地震数据缺失位置情况不敏感，在地震数据规则化的过程具有一定的鲁棒性。

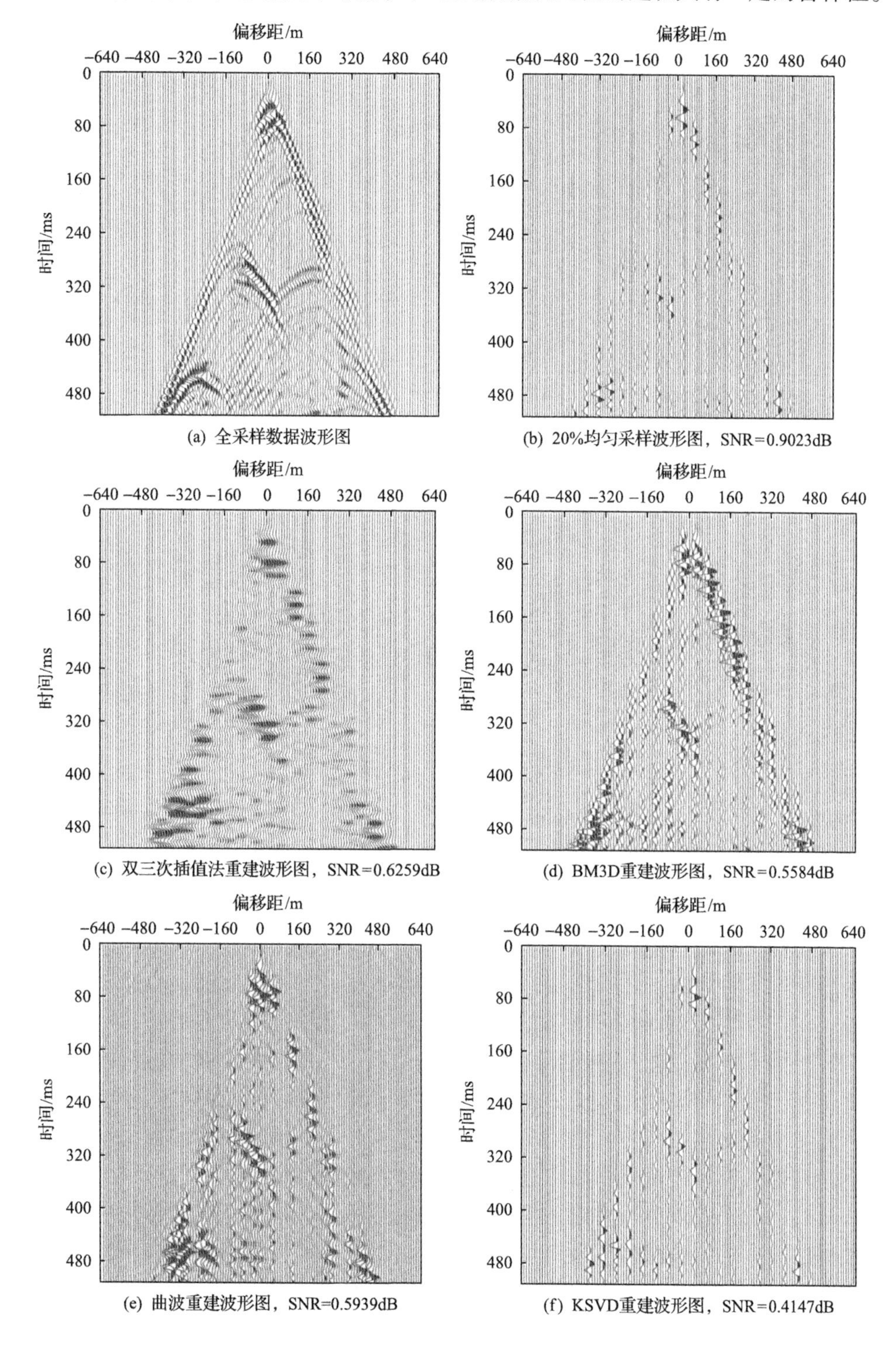

(a) 全采样数据波形图

(b) 20%均匀采样波形图，SNR=0.9023dB

(c) 双三次插值法重建波形图，SNR=0.6259dB

(d) BM3D重建波形图，SNR=0.5584dB

(e) 曲波重建波形图，SNR=0.5939dB

(f) KSVD重建波形图，SNR=0.4147dB

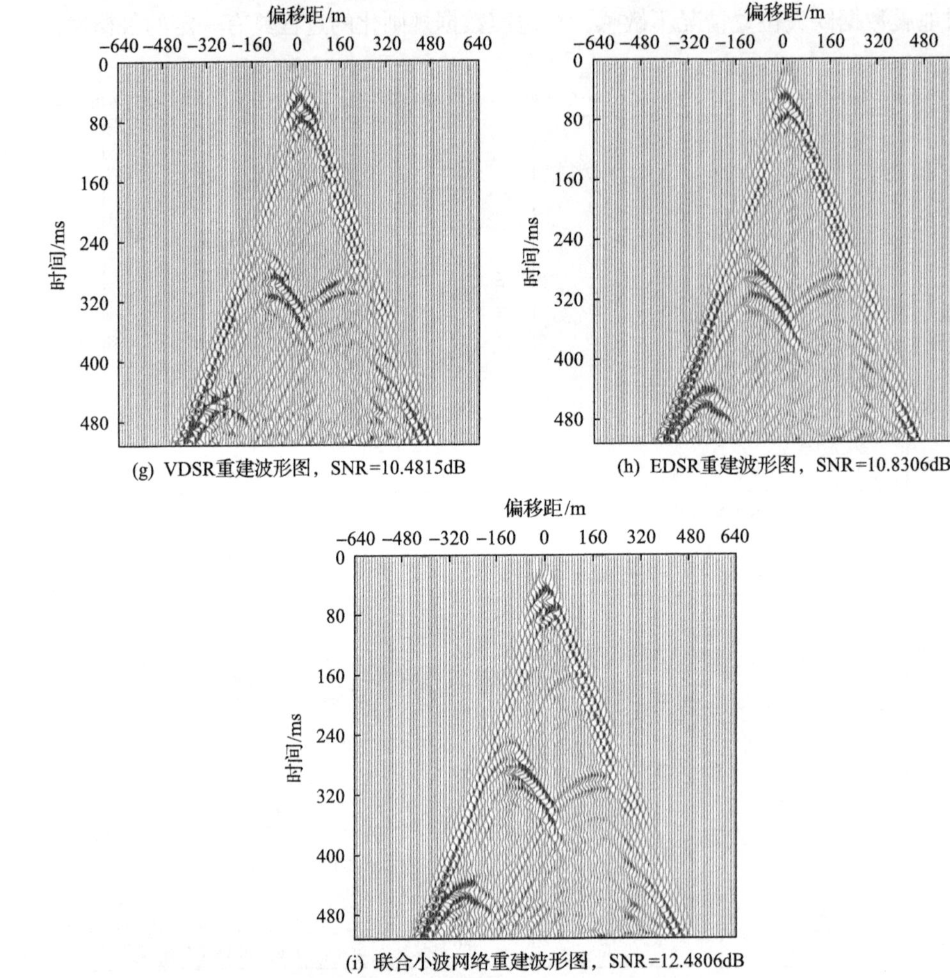

(g) VDSR重建波形图，SNR=10.4815dB

(h) EDSR重建波形图，SNR=10.8306dB

(i) 联合小波网络重建波形图，SNR=12.4806dB

图 8.8　地震数据低采样率下各重建算法对比

表 8.1 和表 8.2 分别对比了均匀采样与随机采样两种方式在不同采样率条件下本章方法与各种方法的重建结果，给出欠采样数据、双三次插值、K-SVD、曲波变换、BM3D 以及基于深度学习的 VDSR、EDSR 算法与本章方法在各个采样率下测试集样本数据重建 SNR 的均值。可见本章联合小波域的深度学习重建方法大幅优于基于模型的规则化方法，也优于同类基于深度学习的规则化方法。

图 8.9 给出了本章方法在均匀采样与随机采样下的效果对比。在高采样率范围下，均匀采样和随机采样对数据整体结构的特征保持较完整，两种情况下本章方法重建的数据效果比较接近；但是在中等采样率下，均匀采样比随机采样能更好地保留数据的结构特性，导致均匀采样重建的效果要高于随机采样；在低采样率条件下，均匀采样和随机采样严重破坏了实际地震数据的结构特性，因此两种

方法重建效果也较差。

表 8.1　均匀采样条件下不同方法 SNR 对比

方法	不同均匀采样率条件下的 SNR/dB								
	10%	20%	30%	40%	50%	60%	70%	80%	90%
欠采样数据	0.3537	0.9023	1.5377	2.4065	3.1217	3.7118	5.2553	7.2676	10.5354
双三次插值	–0.0498	0.6259	1.2170	2.4590	3.9377	4.1084	5.6644	8.2450	11.7925
K-SVD	0.0854	0.4147	1.8661	2.3838	3.6914	4.2281	5.3462	8.5832	11.1795
曲波变换	0.0647	0.5939	1.5039	2.3721	3.6605	4.1375	5.2613	8.3023	11.6593
BM3D	0.0502	0.5584	1.7331	2.5270	3.4977	4.2391	5.4137	8.6900	11.7308
VDSR	6.1684	10.4815	12.3436	13.8962	15.1862	16.4119	17.0425	18.3133	20.9235
EDSR	8.2179	10.8306	12.4962	13.4135	14.7744	16.1274	17.7605	19.0717	22.4622
联合小波学习	10.7501	12.4806	15.9806	18.0749	19.8550	21.0418	22.0164	22.8272	23.6362

表 8.2　随机采样条件下不同方法 SNR 对比

方法	不同随机采样率条件下的 SNR/dB								
	10%	20%	30%	40%	50%	60%	70%	80%	90%
欠采样数据	0.3595	0.8362	1.4756	2.1344	3.1052	3.6297	5.1161	6.5805	11.0135
双三次插值	–1.3877	–0.0958	1.3700	2.3465	3.3244	3.6119	5.2285	6.3453	11.1142
K-SVD	–0.7950	0.2899	1.4093	2.3088	3.3606	3.7466	5.3297	6.7506	11.3790
曲波变换	–0.5104	0.3027	1.5776	1.8725	3.4600	3.7048	5.5734	6.6956	11.4720
BM3D	–0.5507	0.2838	1.4583	1.6409	3.8120	3.3858	5.6693	6.7270	11.3271
VDSR	5.7397	8.4530	10.9903	12.2717	13.5222	15.8103	16.2320	17.7638	20.1528
EDSR	6.1023	8.7013	11.1378	12.4135	13.8831	15.6590	16.4179	18.3175	21.4622
联合小波学习	10.1304	10.9304	13.7376	15.3435	17.6811	19.3270	20.4703	22.0521	23.2951

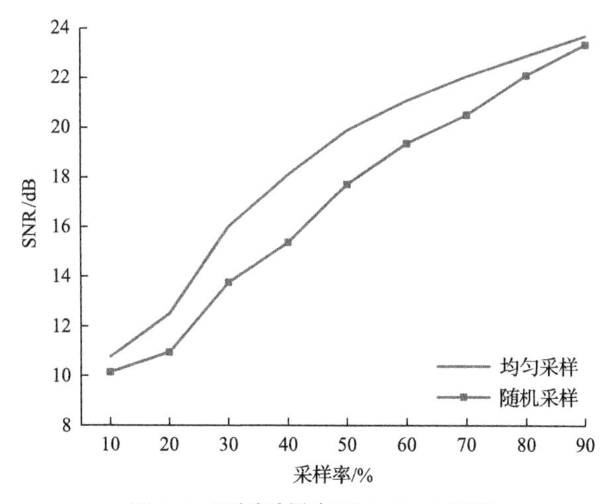

图 8.9　不同采样率下 SNR 对比图

8.3　实际地震数据实验

实际地震数据相比于标准测试模型要更加复杂，为测试本章方法对实际地震数据规则化处理的适应能力，选取某油田地震勘探的实际地震资料进行测试，震源和检波器置于地表，检波器采样间隔为 2ms，道间距为 12.5m。将实际样本数据共 5000 个，按照 8∶1∶1 分成训练集、验证集和测试集，使用训练集数据训练网络，再用测试集测试网络的有效性，任选 1 个测试集样本如图 8.10(a)所示，图 8.10(b)为随机抽取原始数据 50%，图 8.10(c)～(h)分别为双三次插值法、K-SVD、BM3D、VDSR、EDSR 以及本章方法重建效果的剖面图，图 8.10(i)～(p)为波形图对比。通过对比 SNR 指标，本章提出联合小波域深度学习方法优于同类方法，

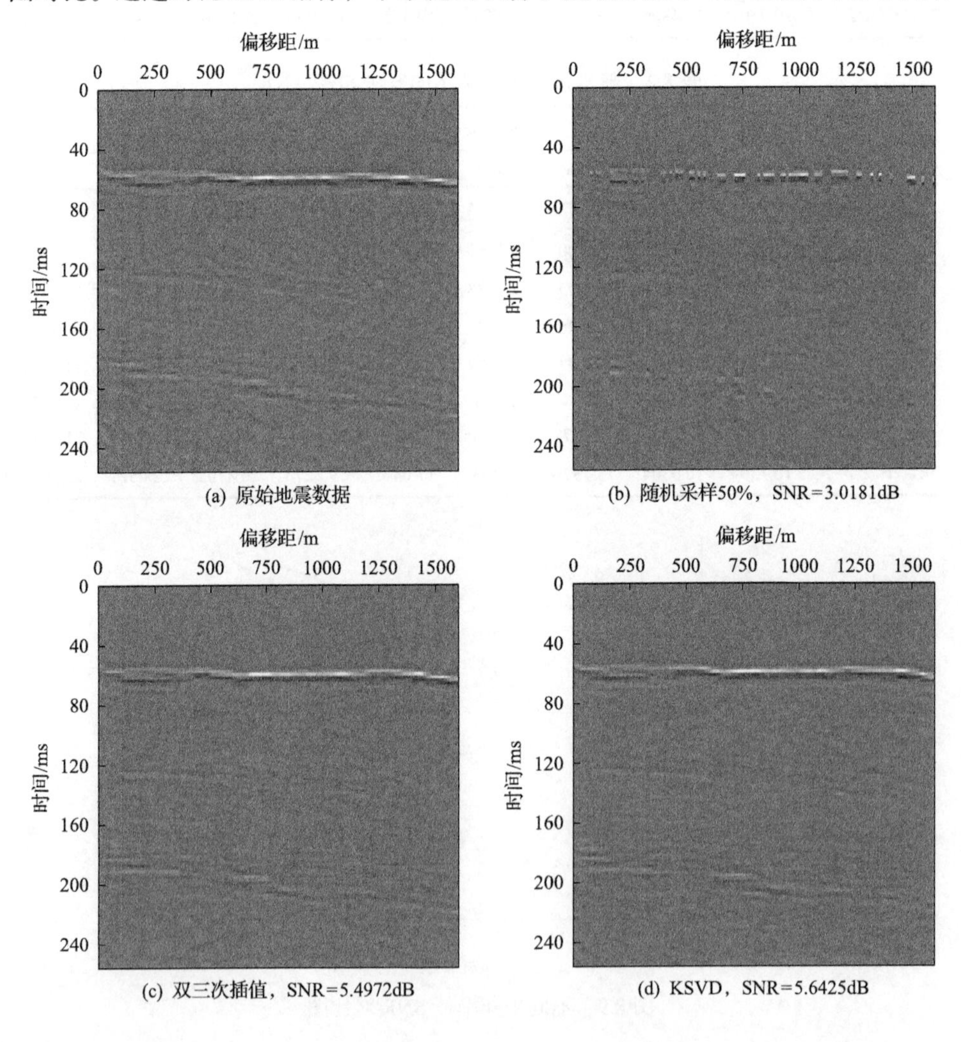

(a) 原始地震数据　　(b) 随机采样50%，SNR=3.0181dB

(c) 双三次插值，SNR=5.4972dB　　(d) KSVD，SNR=5.6425dB

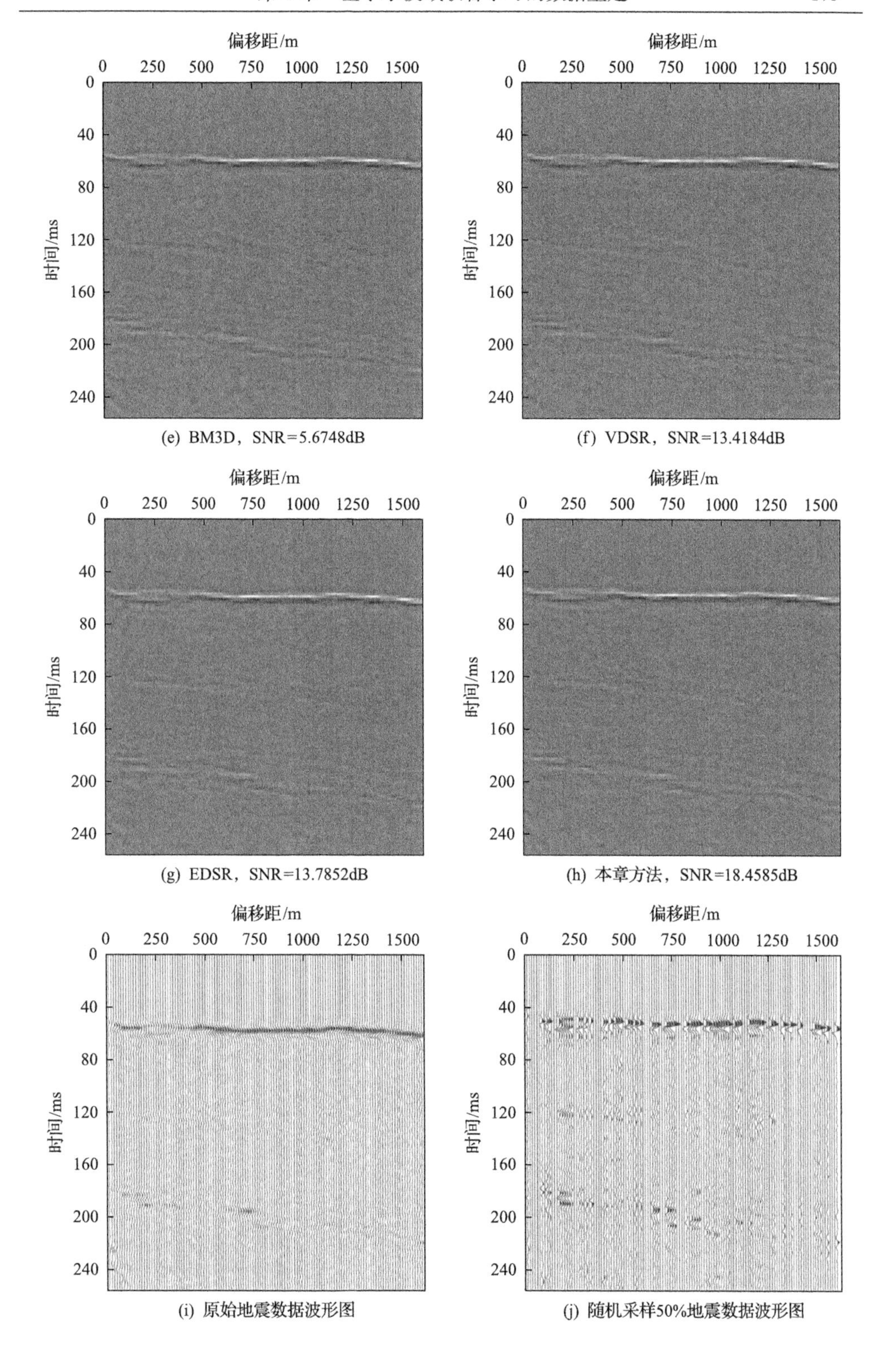

(e) BM3D，SNR=5.6748dB

(f) VDSR，SNR=13.4184dB

(g) EDSR，SNR=13.7852dB

(h) 本章方法，SNR=18.4585dB

(i) 原始地震数据波形图

(j) 随机采样50%地震数据波形图

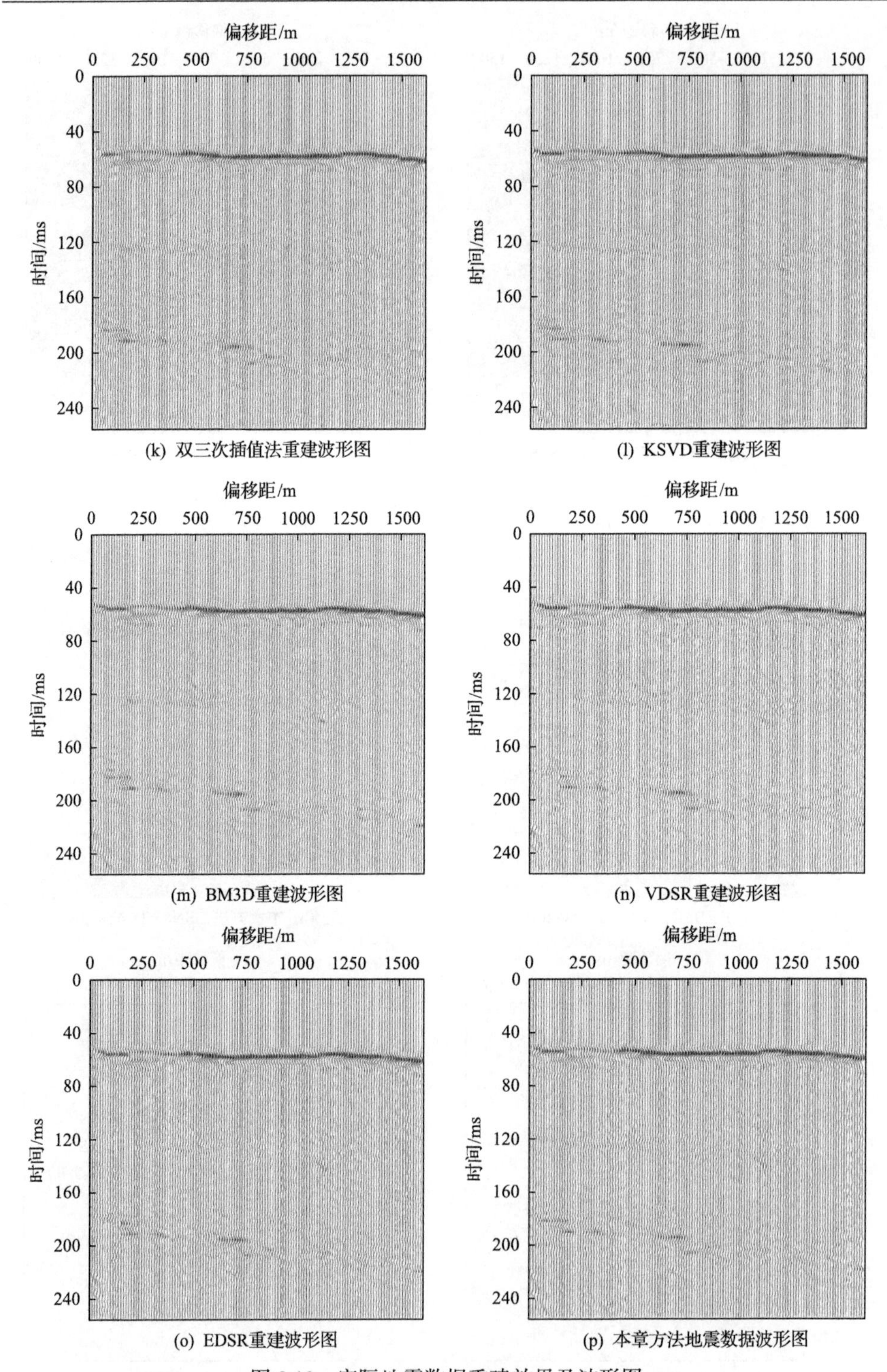

(k) 双三次插值法重建波形图

(l) KSVD重建波形图

(m) BM3D重建波形图

(n) VDSR重建波形图

(o) EDSR重建波形图

(p) 本章方法地震数据波形图

图 8.10　实际地震数据重建效果及波形图

可以看到经过规则化后，该方法可以较好地重建出缺失道，地震同相轴光滑连续，其中地震数据细节得以较完整地重建，具有较好的鲁棒性。

为了验证本网络的泛化能力，因此我们将某采油厂真实勘探地震的叠前数据和叠后数据各抽取出 5000 组样本，制成一个样本增广的数据集，训练集、验证集和测试集按不交叠的方式划分比例为 8∶1∶1，通过结合两种样本数据集进行网络训练。当训练收敛时分别使用测试集中叠前和叠后数据进行测试，当测试数据为叠前数据时，规则化地震数据 SNR 为 16.0539dB；测试数据为叠后数据时，规则化地震数据 SNR 为 16.331dB，表明本章网络具有一定的泛化能力和适用性，学习得到的规则化非线性映射函数可以分别较高精度地重建叠前和叠后数据，如图 8.11 所示。

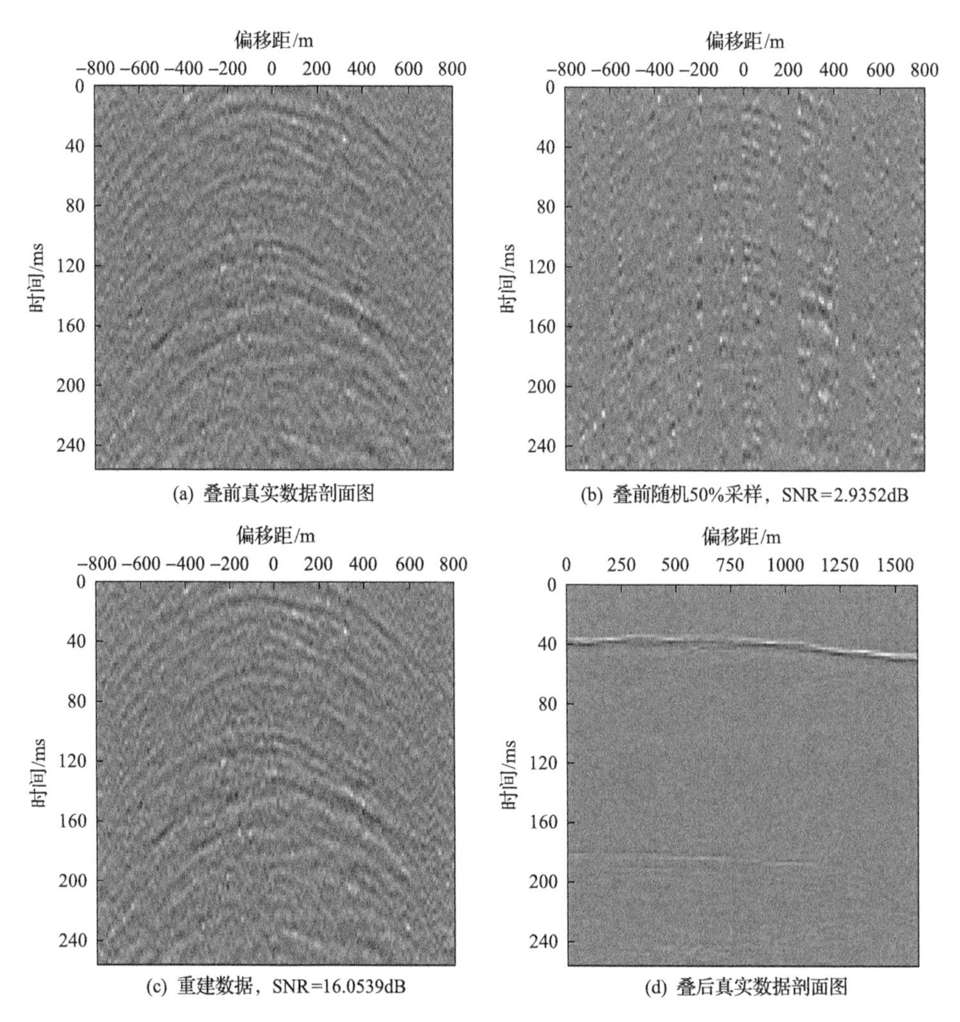

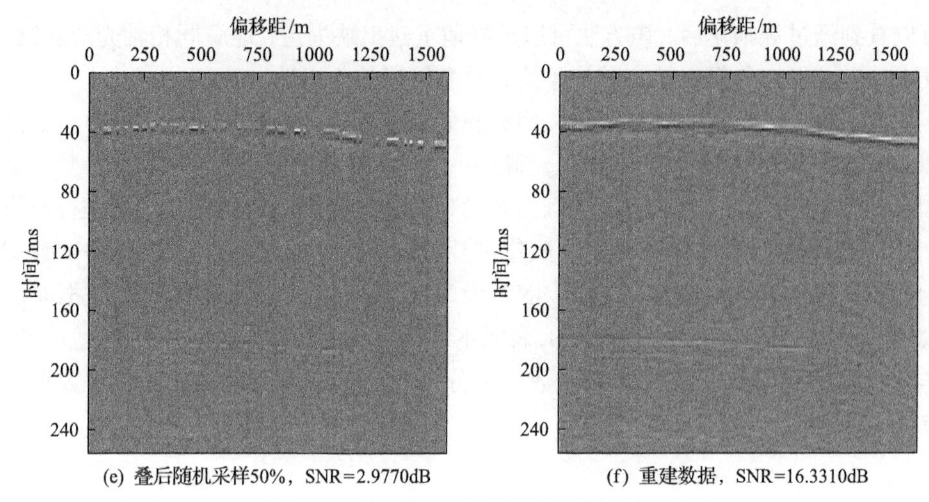

(e) 叠后随机采样50%，SNR=2.9770dB　　(f) 重建数据，SNR=16.3310dB

图 8.11　实际叠前和叠后地震数据规则化

8.4 本 章 小 结

本章提出的联合小波域深度学习的地震数据规则化方法，将不规则地震数据重建问题转化为通过卷积神经网络对各尺度不同方向分量的小波系数预测，得到重建的规则化地震数据。该方法中提出联合损失函数结合地震数据的整体分布和局部细节特征约束网络模型，通过修正联合损失函数的权重可以调整卷积神经网络学习的注意力。对比传统基于模型的方法以及仅在时间域学习的条件下的重建效果，本章提出的方法具有细节保持效果好，对地震数据缺失位置不敏感，在采样率较低的情况下具有较好重建效果的特点。最后通过某实际地震数据重建结果验证本章方法的准确性和有效性。需要指出的是，基于卷积神经网络的方法往往需要大量数据学习相应地震数据的特征，所以如何在仅有限量样本的情况下，提高模型的泛化能力，取得相对理想的效果是接下来研究的方向。

参 考 文 献

[1] Anbarjafari G, Demirel H. Image super resolution based on interpolation of wavelet domain high frequency subbands and the spatial domain input image[J]. ETRI Journal, 2010, 32(3): 390-394.

[2] Gao X, Xiong H . A hybrid wavelet convolution network with sparse-coding for image super-resolution[C]//2016 IEEE International Conference on Image Processing (ICIP), Phoenix, 2016.

[3] 张岩，李新月，王斌，等. 基于联合深度学习的地震数据随机噪声压制[J]. 石油地球物理勘探，2021，56(1)：4, 9-25, 56.

[4] Wang Y, Ge Q, Lu W, et al. Well-logging constrained seismic inversion based on closed-loop convolutional neural network[J]. IEEE Transactions on Geoscience and Remote Sensing, 2020, 58(8): 5564-5574.

[5] Mallat S. Wavelet for a vision[J]. Proceeding of the IEEE, 1996, 84 (4) : 604-614.

[6] Mallat S G . A theory for multiresolution signal decomposition: The wavelet representation[J]. IEEE Transactions on Pattern Analysis & Machine Intelligence, 1989, 11 (4) : 674-693.

第 9 章　基于时频联合学习的数据去噪

基于深度学习的去噪方法较传统去噪方法效果有大幅提升，但还存在较大的提升空间，例如：

(1)通常仅关注单一时间域，或者传统变换域(如傅里叶、小波)的特征提取，如文献[1]中提出的用于地震数据去噪的网络模型与常规地震数据去噪算法相比，具有更好的去噪效果，但由于仅考虑时间域提取特征，导致去噪过程中出现细节的丢失。

(2)使用的卷积核通常为较小的固定尺寸，提取地震数据的特征信息不充分，影响感受野大小，相同条件下要得到相同范围的感受野只能增加网络深度，但网络深度的增加会使提取的特征越来越高级，导致地震数据丢失较多的细节信息。

针对上述问题，提出基于联合深度学习的地震数据随机噪声压制模型，首先，模型结合时间域与频率域特征，利用联合误差来定义损失函数，综合描述不同空间中地震数据的特征；其次，考虑到地震数据中包含复杂的地质结构和较强的非局部自相似性，采用一种扩充卷积的卷积方式，利用多种尺寸的卷积核提取特征，增加地震数据特征提取的多样性、增大感受野、减少网络过拟合、提高收敛速度；再次，模型利用残差网络不断提取每层网络的噪声特征，将噪声从含噪数据中分离出来；最后，网络利用 BN 算法实行归一化，进一步提高地震数据去噪准确性。

9.1　联合学习噪声压制模型

9.1.1　网络模型结构

本章提出的网络模型结构如图 9.1 所示，输入是含噪地震数据，表示为 $\boldsymbol{y}=\boldsymbol{x}+\boldsymbol{v}$，其中 $\boldsymbol{x}$ 为不含噪地震数据，$\boldsymbol{v}$ 为随机噪声。引入残差学习的思想，通过训练得到原始地震数据 $\boldsymbol{x}$ 的估计 $\hat{\boldsymbol{x}}$（$\hat{\boldsymbol{x}}\approx\boldsymbol{x}$）。利用扩充卷积(expanded convolution，EConv)的方法，设定扩充因子 r，得到大小为 $(2r+1)\times(2r+1)$ 的卷积核，卷积操作前对待处理数据用零扩充边界，以确保输入输出尺寸一致，并且卷积操作步长均为 1。模型中还包括 BN 层和整流线性单元(rectified linear unit，ReLU)。模型的深度为 10 层，第 1 层由 EConv 和 ReLU 组成，EConv 扩充因子为 1，即卷积核大小为 3×3，用于提取含噪地震数据的特征，卷积处理后得到 128 个特征映射。ReLU 激活函数用于执行非线性映射，去除地震数据中的冗余，尽可能保留噪声数据的主要特征。第 2 层至第 9 层分别由 Econv、BN 和 ReLU 组成，EConv 扩张因子依次为 2、3、4、5、4、3、2、1，对应卷积核大小分别为 5×5、7×7、9×9、11×11、9×9、7×7、5×5、3×3，每层卷积处理后都得到 128 个特征映射，用于加快并稳定训练过程，提升去噪性能。第 10 层由 EConv 组成，扩充因子为 1，卷积核大小为 3×3，卷积操作后得到 1 个特征映射，即为残差网络学习到的噪声。针对地震数据去噪的特点，模型具体的设计如下：

(1) 联合时间-频率域的损失函数：由于当前大多数的基于深度学习去噪模型忽略时间域和频率域的联系，导致数据纹理细节损失较大。本章充分考虑时间域与频率域的特征，将傅里叶变换与卷积神经网络结合，利用时间域和频率域联合误差来定义损失函数，改善去噪效果，消除假频。

(2) 扩充卷积：为平衡卷积核大小与网络深度之间的关系，采用扩充卷积的方式，在保留了传统 3×3 卷积的优点的基础上，通过调整扩充因子来增加感受野，从第 1 层至第 10 层，扩充因子分别设置为 1、2、3、4、5、4、3、2、1、1，网络各层感受野分别为 3、7、13、21、31、39、45、49、51、53，相同条件下 DnCNN 模型要达到大小为 53 的感受野则需要 26 层的网络深度，但网络层数过多会导致丢失较多的细节信息。

(3) 残差网络学习：由于网络的输入与输出具有很强的相似性，残差学习更适合于地震数据的去噪，网络模型通过提取大量含噪数据样本学习噪声的特征，最后将含噪数据与所学到的噪声相减，得去噪后地震数据。

(4) 输入输出尺寸保持一致：在卷积操作过程中，由于卷积计算的特点，逐层卷积会使特征图越来越小，特征表示能力也越来越弱，还会导致最后的数据边界引入噪声，本章提出的模型在每次卷积操作前都对待处理数据用零扩充边界，确保每层输出的特征图都和输入保持相同尺寸。

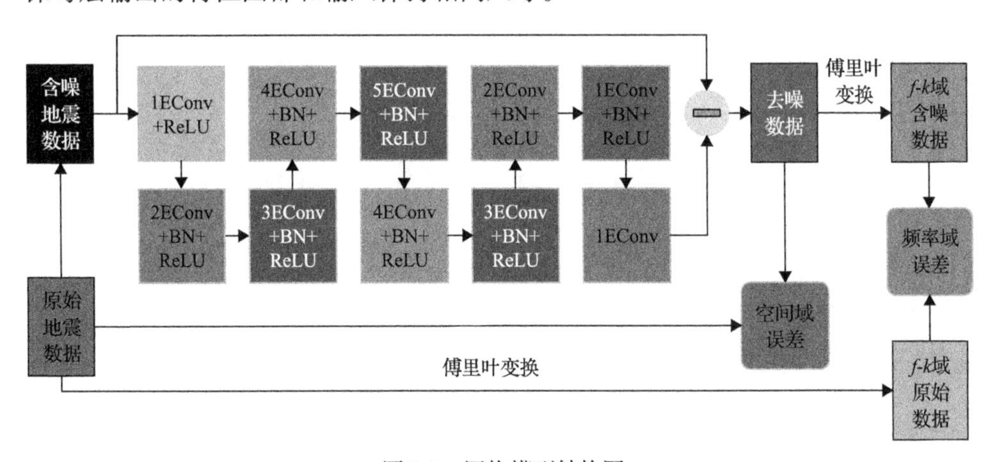

图 9.1　网络模型结构图

nEConv 表示扩充因子为 n 的卷积(n=1～5)

9.1.2 联合损失函数的构造

目前基于深度学习的图像去噪优化函数往往采用最小均方误差(mean squared error，MSE)损失函数。本章在时间域 MSE 的基础上，引入傅里叶域 MSE 联合设计损失函数，其中 MSE 定义为去噪数据和原始不含噪声数据的均方误差，如式(9.1)所示：

$$\mathrm{MSE}=\frac{1}{n}\sum_{i=1}^{n}(\mathrm{obs}_i-\mathrm{pred}_i)^2 \tag{9.1}$$

式中，obs_i 和 pred_i 分别为观测值和预测值。

神经网络模型的目标函数为联合时间域和频率域的最小化损失函数如式(9.2)所示：

$$\mathrm{loss}=\frac{1}{n}\sum_{i=1}^{n}(\boldsymbol{x}_i-\hat{\boldsymbol{x}}_i)^2+\frac{1}{n}\sum_{i=1}^{n}(\boldsymbol{x}_i^{\mathrm{f}}-\hat{\boldsymbol{x}}_i^{\mathrm{f}})^2 \tag{9.2}$$

式中，$\boldsymbol{x}$ 为 n 个不含噪地震数据训练目标；$\hat{\boldsymbol{x}}$ 为 n 个地震数据样本去噪后时间域的输出；$\boldsymbol{x}^{\mathrm{f}}$ 为 n 个不含噪地震数据经过傅里叶变换后的训练目标；$\hat{\boldsymbol{x}}^{\mathrm{f}}$ 为 n 个时间域输出的去噪后地震数据样本再经过傅里叶变换后的频率域输出($i=1,2,\cdots,n$)。

9.1.3 扩充卷积的构造

为增加特征信息提取的多样化，采用扩充卷积的方式获得更多特征信息并为网络提供更大的感受野，从而在噪声压制过程充分利用地震数据的非局部自相似性，保留更多地震数据内部的有效信息。扩充卷积通过增加每层的卷积核尺寸来增加感受野，定义卷积核 ω 的大小为 $(2r+1)\times(2r+1)$，其中 r 为扩充因子，且卷积核的宽和高均为 $2r+1$。结合扩充卷积后的卷积操作表示为

$$s(i,j)=\sum_{m}\sum_{n}z(i+2r+1,j+2r+1)\ \omega(2r+1,2r+1) \tag{9.3}$$

经典卷积与扩充卷积的操作对比如图 9.2 所示，其中图 9.2(a)是卷积核大小为 3×3 的经典卷积，图 9.2(b)是扩充因子为 2 时，使卷积核大小增大到 5×5 的扩充卷积，扩充卷积每层的感受野大小设为 $G(i)$，表示为式(9.4)：

$$G(i)=(G(i-1)-1)*\mathrm{stride}(i)+c(i) \tag{9.4}$$

式中，$\mathrm{stride}(i)$ 为第 i 层卷积操作的步长。

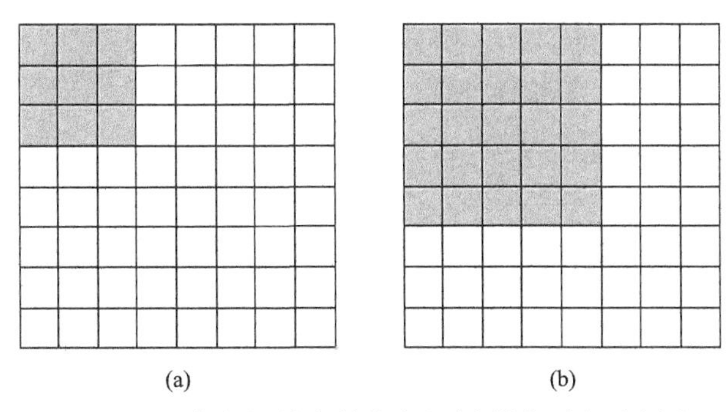

(a)　　(b)

图 9.2　经典卷积(a)与扩充卷积(b)操作对比示意图

9.2　标准模型实验

本实验用到的数据样本为 Marmousi 模型数据，经过裁剪得到的 10000 个尺寸为 300 个采样点，207 道的切片数据 $\boldsymbol{x}$，将数据集按照 80%、10%、10%的比例划分为训练集、验证集和测试集。地震数据的随机噪声通过零均值正分布的高斯随机噪声仿真，噪声的标准差与原始地震数据的标准差成正相关，噪声标准差定义为

$$\sigma = \ell\sqrt{\frac{1}{MN}\sum_{t=1}^{M}\sum_{s=1}^{N}(\boldsymbol{x}_{t,s} - u)^2} \tag{9.5}$$

式中，M 为切片时间采样总数；N 为切片地震道采样总数；t 为时间采样序号；s 为地震道记录序号；u 为地震数据的均值；ℓ 为噪声强度的比例因子。

训练过程中学习率初始设定为 0.001，采用 Adam 算法优化学习目标，根据前一次迭代的误差调整学习率的大小，提高收敛速度与逼近效果，epoch 设置为 50 次，批大小设置为 20，网络的输入输出尺寸均为 300×207。实验硬件平台采用 Intel I7 8 核 CPU，内存容量为 32GB，GPU 为 GeForce RTX2080 SUPER。操作系统为 64 位 Ubuntu 18.04 LTS，软件平台采用 Python 3.6 环境，联合深度学习框架使用 Pytorch 1.2 搭建。

9.2.1　网络结构的分析

为证明提出网络模型的有效性，分别对联合时间-频率域损失函数、扩充卷积、残差学习策略、BN 层的有效性进行验证。

1. 联合损失函数设计

将未结合 f-k 域损失函数的模型与本章模型(结合 f-k 域损失函数)对比测试

(迭代 50 次)。本章模型的 PSNR 稍高于未结合 f-k 域损失函数(图 9.3)；两个模型的训练过程均具有稳定的收敛性能，且本章模型的 MSE 略低于未结合 f-k 域损失函数模型，去噪效果的误差更小(图 9.4)。

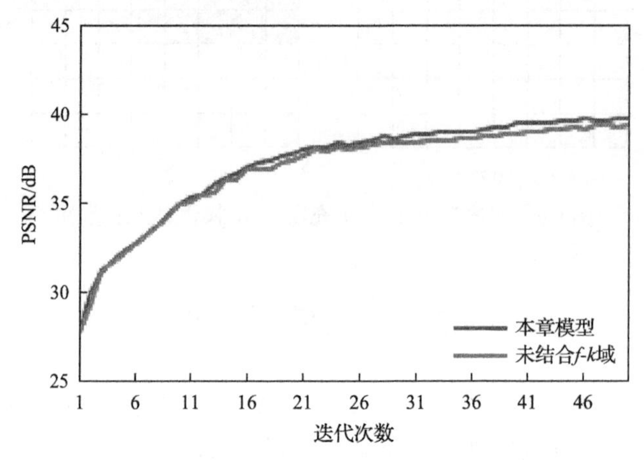

图 9.3　有无结合 f-k 域模型的 PSRN 对比图

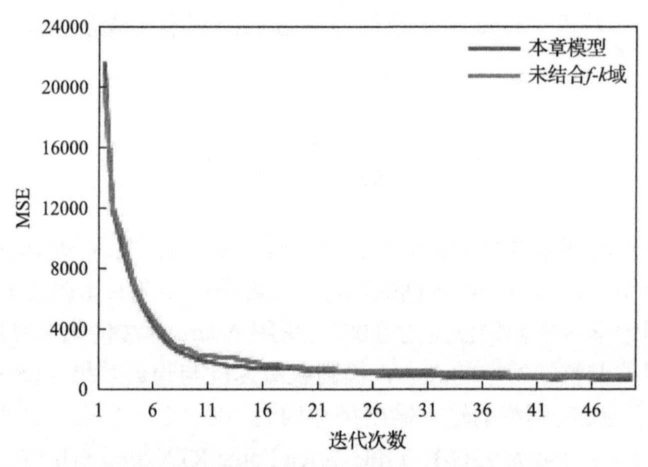

图 9.4　有无结合 f-k 域模型的 MSE 对比图

图 9.5 为同一样本在两种模型下的去噪效果图。对比图 9.5(c)与图 9.5(d)可见，结合 f-k 域误差模型的去噪效果在图中圆形区域内同相轴更光滑，表明联合 f-k 域计算损失函数模型的纹理保持效果优于单一时间域的误差模型。另外，测试集的去噪效果[图 9.5(d)]与图 9.3 中训练集稳定时的 PSNR 很接近，拟合效果较好。从 PSNR、结构相似性(SSIM)、SNR 的评价标准来看，也说明本章模型较单一时间域的误差模型噪声压制效果更好。图 9.5(e)和图 9.5(f)分别为未结合 f-k 域计算损失函数的残差剖面和本章模型(结合 f-k 域计算损失函数)的残差剖面，前

者的残差还保留部分原始地震数据的纹理，而本章算法的残差更接近真实的随机噪声。

此外，将仅含 *f-k* 域损失函数的模型与本章模型对比实验，含噪地震数据如图 9.5(b)所示，图 9.6(a)为仅含 *f-k* 域计算目标函数的噪声压制效果，可见其 PSNR、SNR 和 SSIM 均低于联合目标函数。由于无法仅根据有限的特征判别真实数据和噪声数据，导致地震数据能量较弱的区域(矩形标记区域)中的同相轴信息的丢失。相比本章模型的残差剖面[图 9.5(f)]，仅含 *f-k* 域计算目标函数的残差剖面[图 9.6(b)]包含较强的有效信号，对有效信号的保护效果不够理想。

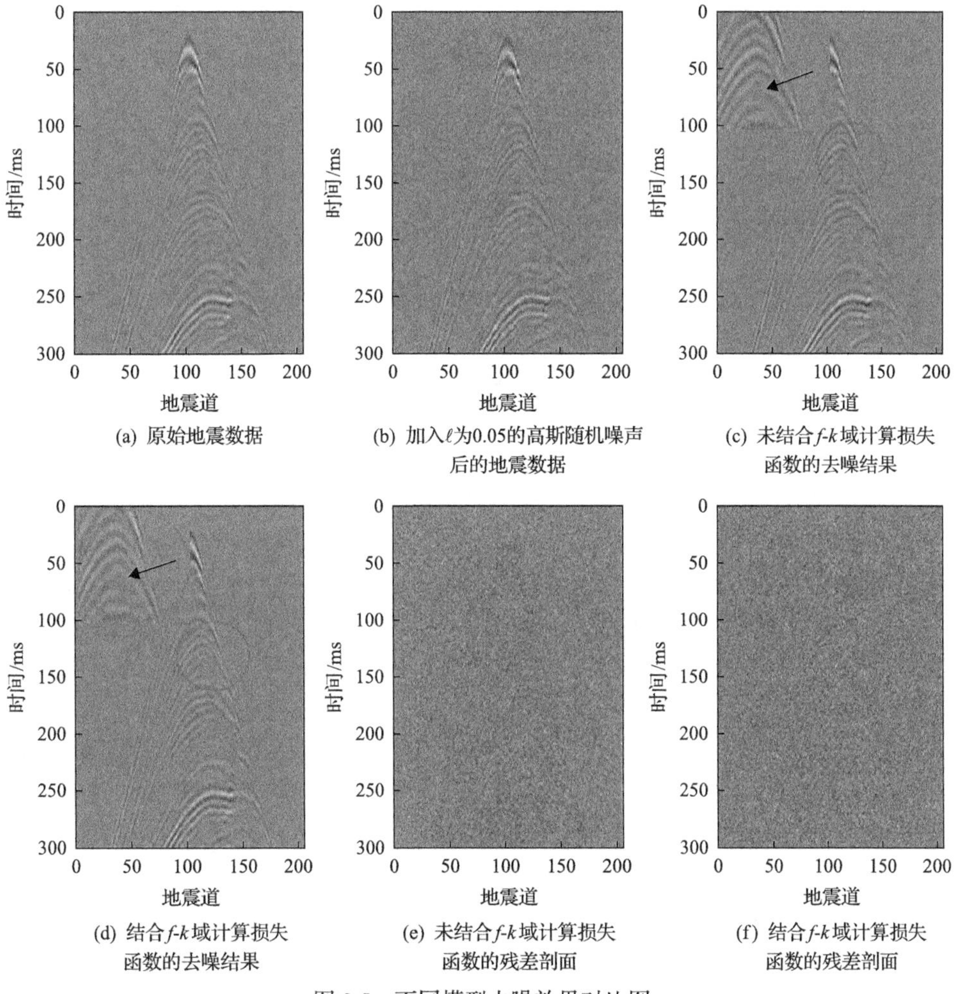

(a) 原始地震数据　(b) 加入ℓ为0.05的高斯随机噪声后的地震数据　(c) 未结合*f-k*域计算损失函数的去噪结果

(d) 结合*f-k*域计算损失函数的去噪结果　(e) 未结合*f-k*域计算损失函数的残差剖面　(f) 结合*f-k*域计算损失函数的残差剖面

图 9.5　不同模型去噪效果对比图

(c)和(d)中左上方的较大圆形区域为图中间的较小圆形区域的放大展示。(c)PSNR=39.07dB，SNR = 33.1892dB，SSIM=0.8553。(d)PSNR=39.63dB，SNR=33.7171dB，SSIM=0.8920

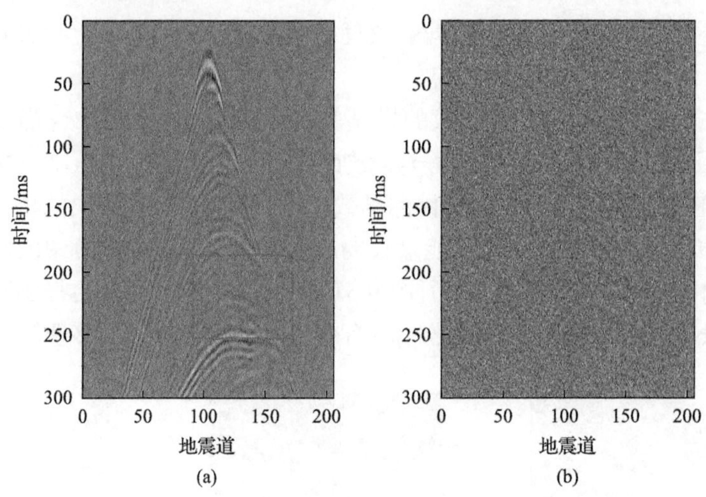

图 9.6 仅含 $f\text{-}k$ 域计算目标函数的去噪结果(a)和残差剖面(b)

(a)中：PSNR=36.68dB，SNR=29.3225dB，SSIM=0.8130

2. *扩充卷积*

将 3×3 的经典卷积核与本章所提出模型对比测试。在网络深度均为 10 层的前提下，扩充卷积的感受野大小为 53×53，传统 3×3 卷积的感受野大小则为 21×21。若使传统的 3×3 卷积得到相同范围的感受野，则需要将网络深度扩展到 26 层。因此采用三种不同的策略对比实验：策略 A 为卷积核大小为 3×3 的 10 层网络模型；策略 B 为本章所提出的网络模型；策略 C 为卷积核大小为 3×3 的 26 层网络模型。

在 ℓ 为 0.03 的条件下，训练过程中 PSNR 收敛情况如图 9.7(a)所示，策略 A 与策略 B 模型分别训练 23 次和 30 次达到收敛状态，而策略 C 需要训练 37 次才能达到收敛状态，相比之下前两者的训练时间效率更高。另外，通过对比三者 PSNR，发现本章网络模型在训练集上最终收敛的 PSNR 为 44dB，比策略 A 的 PSNR 约提高 3dB。在测试集上，本章模型的平均 PSNR 为 42.3dB，比策略 A 的 PSNR 平均约提高 2.4dB。

在 ℓ 为 0.03 的条件下，训练过程中 MSE 收敛情况如图 9.7(b)所示，可见相比于策略 A 和策略 B，策略 C 的 MSE 曲线波动更剧烈且不稳定。相比于策略 A，本章网络模型的 MSE 曲线在训练达到稳定时的误差更小，去噪效果更好。

实验表明，扩充卷积的优势在于通过设置扩充因子增大感受野。从扩充因子的设定方面考虑，对比四组不同的扩充因子设置方案，包括对称的扩充因子设置(扩充因子 r =1、2、3、4、5、4、3、2、1、1，记为策略 D；r =3、3、2、2、1、1、2、2、3、3，记为策略 E)和非对称的扩充因子设置(r =1、1、2、2、3、3、4、4、5、5，记为策略 F；r =1、2、3、4、5、6、7、8、9、10，记为策略 H)，收敛情况的对比结果如图 9.8 所示。由图可见，对称式扩充因子的设置要明显优于非

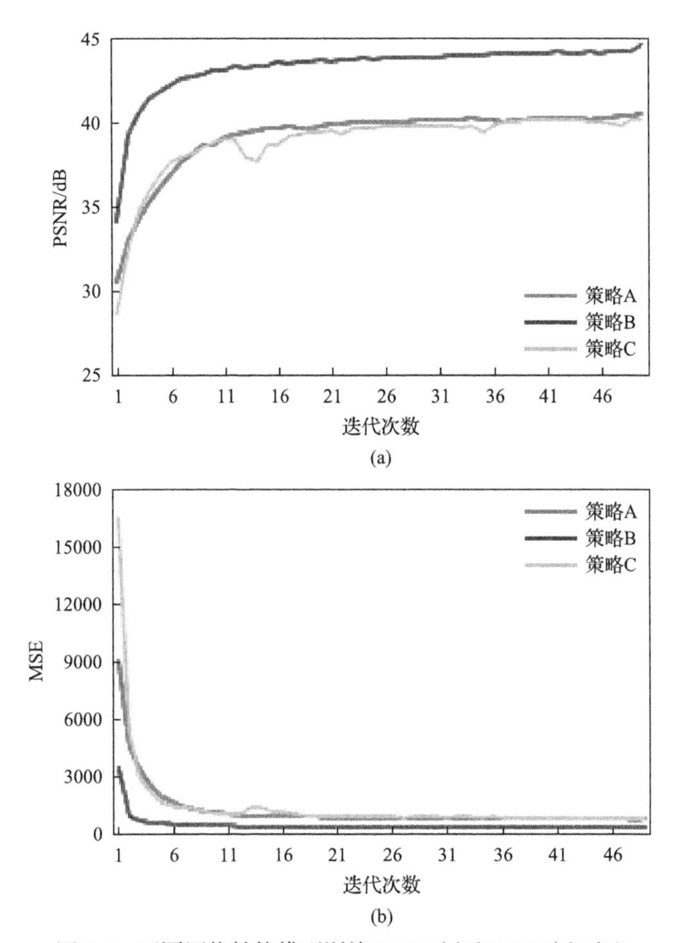

图 9.7　不同网络结构模型训练 PSNR (a) 和 MSE (b) 对比

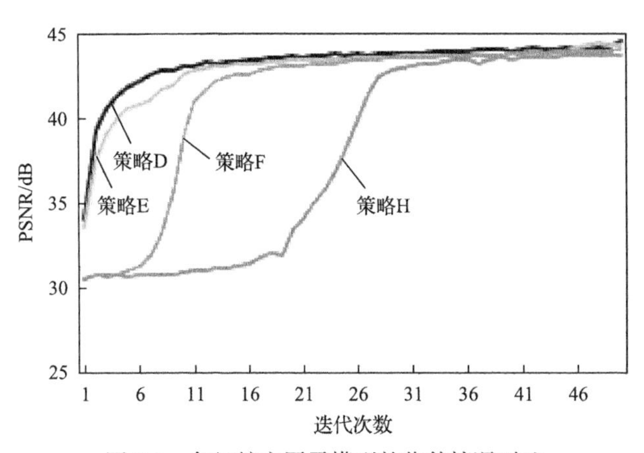

图 9.8　各组扩充因子模型的收敛情况对比

对称设置，扩充因子的对称设置使模型收敛较快，并且训练趋于稳定时的 PSNR 也较高，表明对称式的特征提取更适用于地震数据的去噪。此外，在两组对称式的扩充因子设置方案中，策略 D 优于策略 E，原因在于不同的扩充因子决定了不同尺度的卷积核大小，多种类的扩充因子增加了特征提取的多样性，使地震数据中的噪声提取更充分。

3. 残差学习策略

将不含残差学习的模型与本章所提出模型对比实验。在 ℓ 为 0.05 的情况下，不含残差学习的模型的 PSNR 曲线有多处剧烈波动，呈锯齿形上升；本章模型的 PSNR 曲线更稳定、收敛更快[图 9.9(a)]。

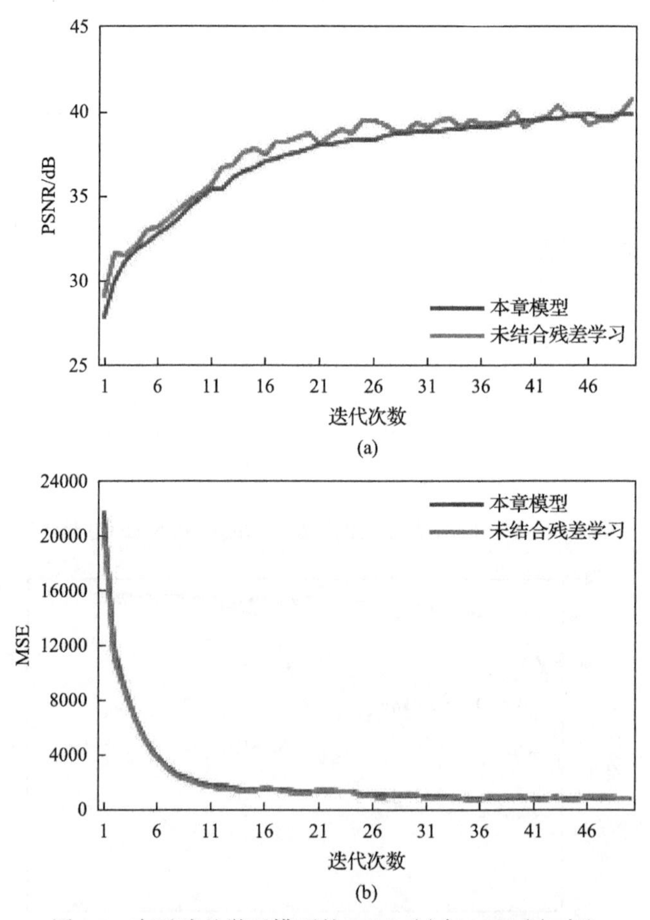

图 9.9　有无残差学习模型的 PSNR(a)与 MSE(b)对比

图 9.9(b)为模型有无残差学习的 MSE 对比图，可见随着迭代次数的增加，两模型的 MSE 均逐渐降低，但不含残差学习模型较本章模型而言的波动较为剧烈且

收敛较慢。

4. 残差网络中 BN 层

将不含 BN 层的模型与本章所提出的模型对比实验。在 ℓ 为 0.05 的情况下，不含 BN 层的模型的 PSNR 曲线波动剧烈而且收敛较慢；相反，本章模型的 PSNR 曲线更稳定、收敛更快[图 9.10(a)]。并且，本章模型在测试集上的平均 PSNR 值比前者的 PSNR 值高了约 1.9dB。

图 9.10(b)为模型有无残差学习的 MSE 对比图，可见不含 BN 层模型的 MSE 曲线波动剧烈而且不 稳定，而本章模型的 MSE 曲线更稳定地收敛。

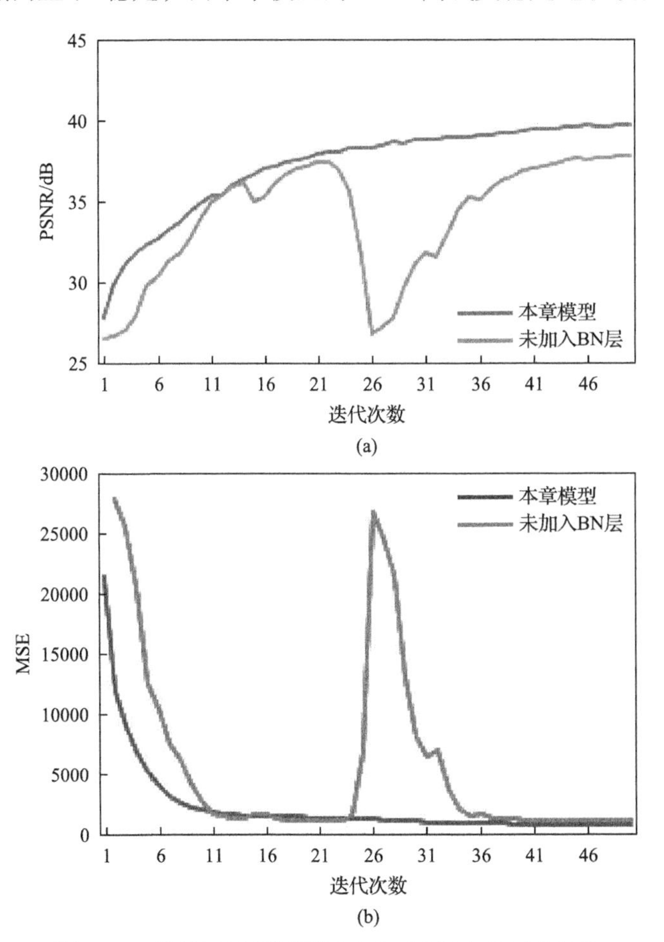

图 9.10　有无 BN 层模型的 PSNR (a)与 MSE (b)对比

5. 特征图分析

为了分析模型去噪的中间环节的运行状态，任选一批测试集中的一个样本在去噪过程中的部分特征图，如图 9.11 所示。原始 Marmousi 地震数据切片为图 9.5(a)，加入ℓ为 0.05 的高斯随机噪声后的地震数据如图 9.5(b)所示，图 9.11(a)为经过第 1 层(EConv+ReLU)中 128 个 3×3 的卷积核处理得到的 128 个特征图。可以看出每个卷积核学习到不同的特征，由于是网络第 1 层提取的特征，其中保留一些较为微弱且连续的原始地震数据的同相轴信息。经过第 2 层至第 9 层(EConv+BN+ReLU)的处理后，又分别得到 128 个特征图，其中 EConv 扩张因子分别为 2、3、4、5、4、3、2、1，对应的卷积核大小分别为 5×5、7×7、9×9、11×11、9×9、7×7、5×5、3×3。截取第 4 层和第 8 层提取的特征图分别如图 9.11(b)和(c)所示，可以看出经过 4 层卷积处理后[图 9.11(b)]，同相轴信息被认为是有效信号不再被提取，卷积核提取的是含有地震数据大致轮廓的含噪特征图；经过 8 层卷积提取[图 9.11(c)]，可以看出模型得到的几乎全是噪声，不再含有原始数据的轮廓和同相轴等有效信息。为了清楚显示特征提取的效果，将第 2 层、4 层、6 层、8 层的第 1 个卷积核提取的特征图放大展示[图 9.12(a)～(d)]，可以看出模型从浅层学习提取的特征包含有效信号到深层特征仅包含噪声的变化过程。在此基础上，经过第 10 层(EConv)处理后，得到 1 个特征图[图 9.12(e)]，对应扩充因子为 1、卷积核大小为 3×3，该特征图即为残差网络学习到的所有噪声。最后将原始含噪声的地震数据与网络模型学习到的残差相减，得到该网络模型的最终输出结果[图 9.12(f)]，即去噪后的地震数据。

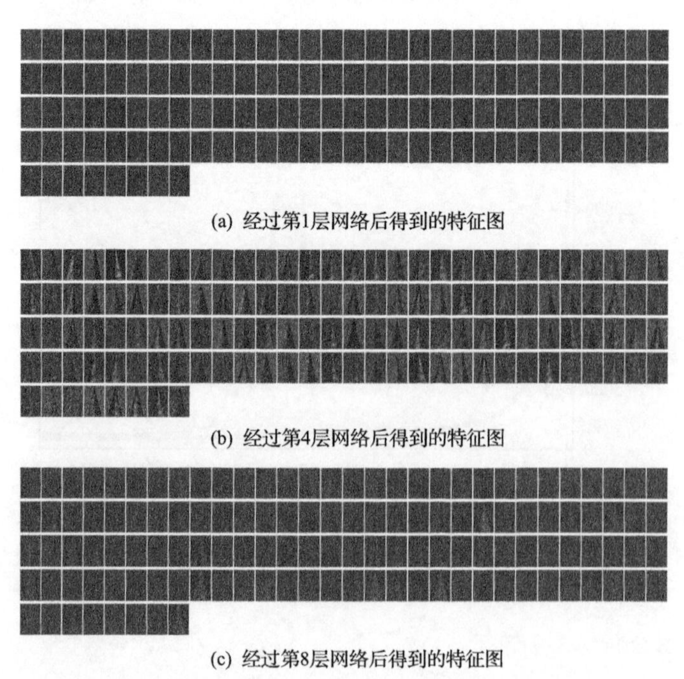

(a) 经过第1层网络后得到的特征图

(b) 经过第4层网络后得到的特征图

(c) 经过第8层网络后得到的特征图

图 9.11　网络模型去噪过程中的部分特征图

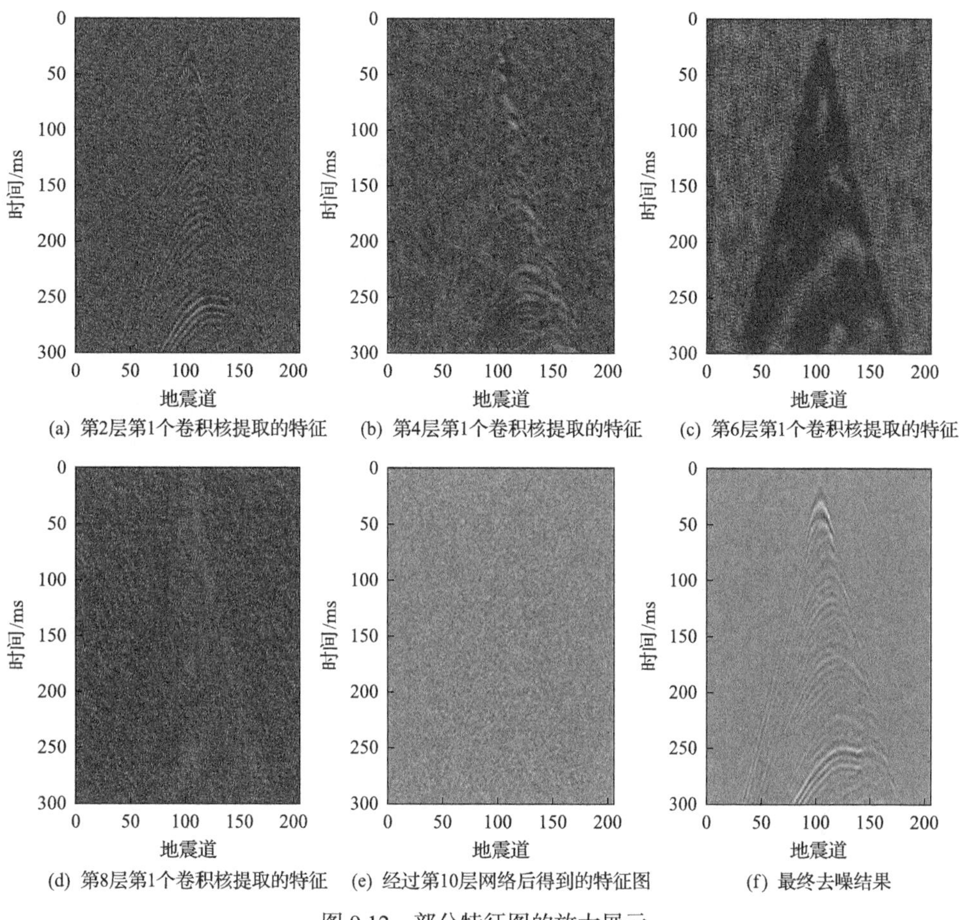

图 9.12　部分特征图的放大展示

9.2.2　算法对比实验分析

将本章提出的网络模型与曲波变换、DCT 超完备字典、K-SVD 自适应学习超完备字典、DnCNN 的噪声压制效果进行对比。

1. 相同强度噪声算法对比

任选一个 Marmousi 地震数据样本，原始数据如图 9.5(a)所示。图 9.13(a)为加入 ℓ 为 0.03 的高斯随机噪声后的地震数据，其中矩形标记区域中的同相轴信息被噪声严重干扰。对图 9.13(a)分别运用曲波变换、DCT、K-SVD、DnCNN 以及本章算法进行噪声压制，并对比效果，如图 9.13(b)～(f)所示。

图 9.13(b)为曲波稀疏表示后的去噪效果，由于曲波变换适用于分析二维信号中的曲线边缘特征，在地震数据处理领域应用比较广泛，可以看出地震数据中部

分噪声得到了压制，但仍存在大量噪声。

图 9.13(c)为 DCT 超完备字典学习的去噪效果，地震数据被划分成可重叠且固定大小的数据块以保持局部特征，去噪效果得到改善，但由于单一的 DCT 基不能自适应地反映图像的局部特征，因此矩形标记区域中的部分同相轴信息被当成噪声去除。

图 9.13(d)为基于 K-SVD 自适应学习超完备字典稀疏表示去噪效果，在 DCT 变换的基础上构造的超完备冗余字典，有效地捕捉了主要特征，进一步提高了去噪效果，但 K-SVD 算法不能考虑数据块之间的相似性，导致数据块边界与局部波形变化剧烈的地震道存在失真的情况。

图 9.13(e)为基于深度学习的 DnCNN 去噪效果，通过利用大量的样本覆盖待处理数据的特征，采用多层卷积、非线性映射等方式提取数据时间域的特征，不

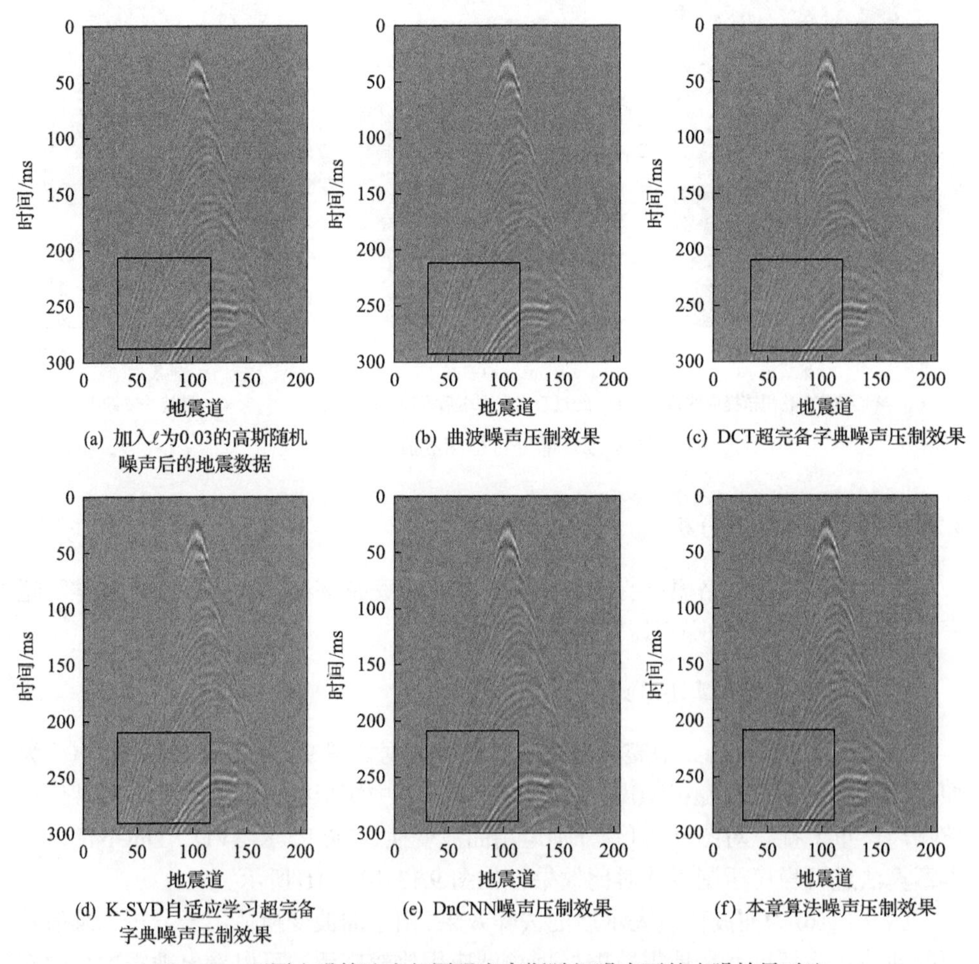

(a) 加入ℓ为0.03的高斯随机噪声后的地震数据　(b) 曲波噪声压制效果　(c) DCT超完备字典噪声压制效果

(d) K-SVD自适应学习超完备字典噪声压制效果　(e) DnCNN噪声压制效果　(f) 本章算法噪声压制效果

图 9.13　不同去噪算法在相同强度高斯随机噪声下的去噪效果对比

断调整网络模型直到找到一个使误差最小的参数。该方法虽然效果有大幅提升，但由于仅关注时间域特征，在地震数据能量较弱的区域无法仅根据有限的特征判别真实数据和噪声数据，导致矩形标记区域中的同相轴信息的丢失。

图 9.13(f)为本章算法去噪效果，结合 f-k 域计算损失函数，从时间域和频率域联合考虑误差，改善噪声去除的效果，采用扩充卷积增加地震数据特征提取的多样性，减少了地震数据细节的丢失。可以看出本章算法与 DnCNN 去噪算法相比，细节损失明显减弱，同相轴纹理也更加清晰。

以上方法去噪后的 PSNR、SNR、SSIM 对比如表 9.1 所示。可见本章方法较其他同类方法去噪效果更好。

表 9.1　不同方法去噪效果对比

评价指标	含噪声数据	曲波基	DCT 超完备字典	K-SVD 字典	DnCNN	本章算法
PSNR/dB	30.4400	33.7400	39.5400	40.5600	40.9600	41.9300
SNR/dB	25.5239	23.8826	34.6715	35.6028	36.5437	37.3833
SSIM	0.6426	0.7772	0.8364	0.8397	0.9281	0.9664

另外，为分析有效信号的保护情况，各种去噪方法的残差剖面如图 9.14 所示。原始数据如图 9.5(a)所示，图 9.14(a)为加入 ℓ 为 0.03 的高斯随机噪声后的残差剖面，图 9.14(b)～图 9.14(d)分别为曲波、DCT 超完备字典、K-SVD 自适应学习超完备字典噪声压制后的残差剖面，这三种方法均包含随机噪声和较强的信号，对有效信号的保护不理想。图 9.14(e)为 DnCNN 噪声压制后的残差剖面，可见信号保护的效果已有明显提升。图 9.14(f)为本章算法噪声压制后的残差剖面，较前面四种去噪方法而言，该方法有效信号保护能力最强。

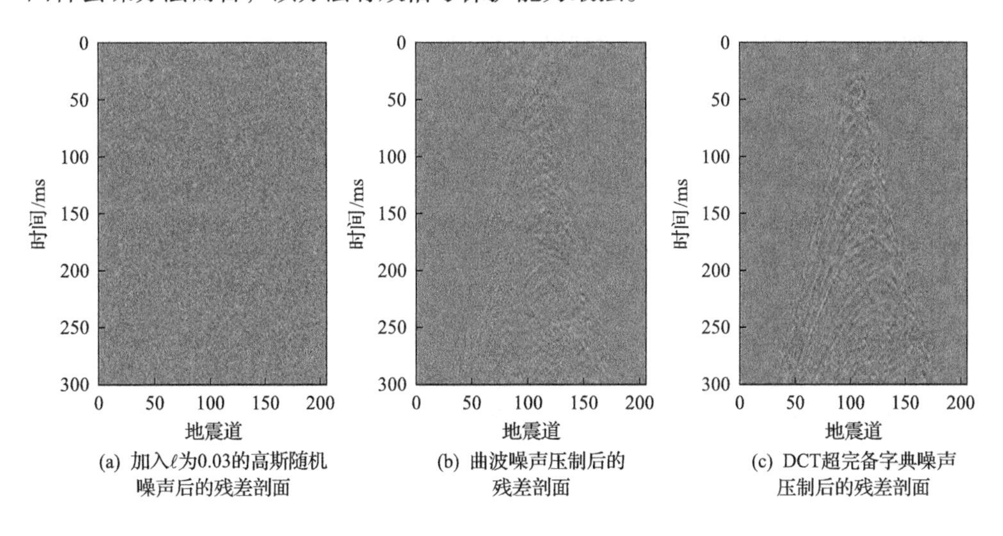

(a) 加入ℓ为0.03的高斯随机噪声后的残差剖面　(b) 曲波噪声压制后的残差剖面　(c) DCT超完备字典噪声压制后的残差剖面

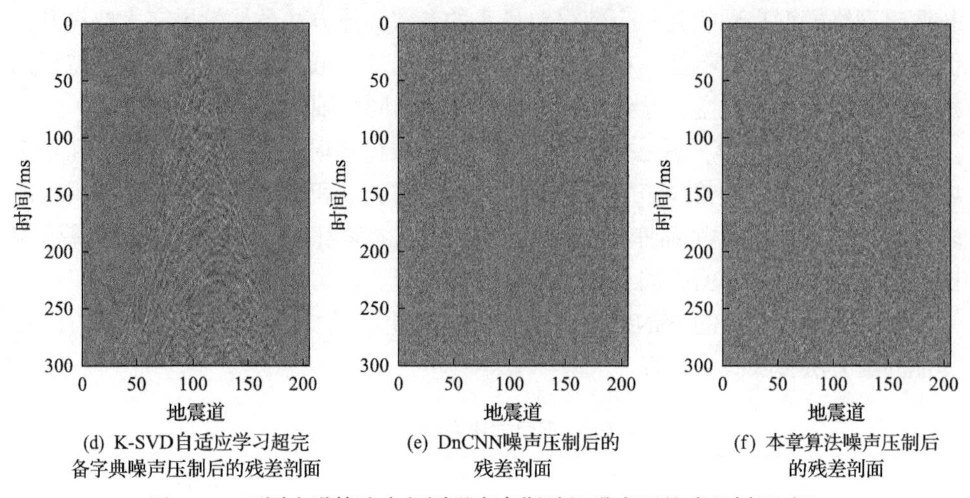

图 9.14 不同去噪算法在相同强度高斯随机噪声下的残差剖面对比

2. 不同强度噪声算法对比

为对比不同算法对不同强度噪声的适应性，表 9.2 列出了不同算法在加入较低强度高斯随机噪声（ℓ 为 0.01～0.08）条件下、噪声压制后的 SNR 对比，可见本章算法优于其他算法的噪声压制效果。

表 9.2 不同算法在加入较低强度高斯随机噪声下噪声压制后的 SNR 对比

算法类型	不同噪声压制后的 SNR/dB							
	$\ell=0.01$	$\ell=0.02$	$\ell=0.03$	$\ell=0.04$	$\ell=0.05$	$\ell=0.06$	$\ell=0.07$	$\ell=0.08$
含噪声数据	35.0736	29.0615	25.5239	23.0328	21.1180	19.5341	18.1950	17.0030
曲波基	37.5022	32.0535	28.8826	26.7143	25.0868	23.6606	22.4791	21.4150
DCT 超完备字典	41.7000	37.2633	34.6715	32.6227	30.9265	29.9718	28.6740	27.8431
K-SVD 字典	42.2105	37.9375	35.6028	33.7712	32.2707	31.3566	30.1116	29.2331
DnCNN	42.9978	38.5871	36.5437	34.5000	32.9713	32.1810	31.2953	30.3023
本章算法	43.3135	39.2536	37.3833	35.4900	33.7171	32.8830	31.2585	30.5467

表 9.3 为不同算法在加入较高强度高斯随机噪声（ℓ 为 0.1～0.8）下噪声压制后的 SNR 对比，可见当 ℓ 小于 0.3 时，本章算法比其他算法的去噪效果更好；当 ℓ 大于 0.3 时，由于噪声较强，大部分有效地震数据被噪声淹没，导致各种算法的去噪效果均不理想，尤其是曲波基采用的硬阈值处理方法，去噪效果较差。本章算法与 DCT、K-SVD、DnCNN 的噪声压制效果比较接近，相对于不同强度含噪声数据去噪效果比较接近。

表 9.3　不同算法在加入较高强度高斯随机噪声下噪声压制后的 SNR 对比

算法类型	不同噪声压制后的 SNR/dB							
	$\ell=0.1$	$\ell=0.2$	$\ell=0.3$	$\ell=0.4$	$\ell=0.5$	$\ell=0.6$	$\ell=0.7$	$\ell=0.8$
含噪声数据	15.1123	9.0308	5.5367	3.0308	1.1108	−0.4845	−1.8064	−2.9981
曲波基	19.7403	14.1273	10.8791	8.3659	6.5267	5.0033	3.7270	2.4533
DCT 超完备字典	26.4206	22.981	21.3425	20.1519	19.2471	18.0216	17.5808	16.2001
K-SVD 字典	27.5216	23.3003	21.2777	19.9733	18.9626	17.7019	17.1817	15.7948
DnCNN	27.6415	24.0108	21.2417	19.9314	18.9817	17.5349	16.8013	15.8327
本章算法	27.8058	24.2921	21.5129	20.1300	19.2752	17.9372	17.0815	16.0343

9.2.3　不同强度噪声压制分析

分别在原始数据加入不同强度的噪声作为训练数据，将训练保存好的模型应用在不同强度噪声的测试集上，以加入 ℓ 为 0.01～0.08 的高斯随机噪声为例，对比训练数据不同的噪声强度对结果的影响(表 9.4)可以看出：

(1) 以原始数据加入 $\ell=0.03$ 噪声等级的测试集为例(表 9.4 中 $\ell=0.03$ 的列)，采用 $\ell=0.03$ 强度的噪声训练的网络取得了该列中最高的 SNR 值，该列的其他训练噪声强度因子 $\ell=0.02$、0.04、0.05 的训练集得到的网络，去噪效果比较接近。

(2) 以 $\ell=0.03$ 噪声等级的训练集为例(表 9.4 中 $\ell=0.03$ 的行)，该模型不仅对 $\ell=0.03$ 的噪声强度去噪有效，对 $\ell=0.02$、0.04 也表现出了有效的去噪效果。因此本章算法对测试集噪声分布与训练集分布较为接近的情况具有一定的泛化能力。

表 9.4　不同强度噪声的训练数据对测试数据噪声压制后的 SNR 对比

训练集	不同噪声压制(测试集)后的 SNR/dB							
	$\ell=0.01$	$\ell=0.02$	$\ell=0.03$	$\ell=0.04$	$\ell=0.05$	$\ell=0.06$	$\ell=0.07$	$\ell=0.08$
含噪声数据	35.0800	29.0592	25.5231	23.0334	21.1222	19.5370	18.2000	17.0100
$\ell=0.01$	42.4500	38.0529	35.1003	32.8068	30.4361	27.2636	24.1512	22.1860
$\ell=0.02$	40.0300	40.7800	37.5735	34.0490	30.5650	27.5068	24.5336	22.3485
$\ell=0.03$	37.3360	36.3029	37.7495	36.5376	33.3553	28.7506	26.4419	25.0003
$\ell=0.04$	30.1880	31.2261	36.9856	36.2805	34.2146	31.3454	28.1859	26.7258
$\ell=0.05$	26.4524	24.3371	36.6258	36.4370	35.4447	32.4894	29.6715	28.8894

9.3　实际资料处理

9.3.1　数据训练

为了进一步说明本章算法的噪声压制效果，运用实际地震数据为样本测试不同去噪算法效果。

为了提高训练效率与特征提取的精度，在原始地震数据的基础上进行了裁剪处理，得到 2000 个尺寸为 300 个采样点、500 个道的切片数据。为了减少单个样本特征的复杂程度，在实际训练过程将其中 1800 个样本进一步处理，均以 50 个道为间距平移、裁剪得到 7 个尺寸为 200 个道、300 个采样点的切片数据，共得到 12600 个样本，其中训练集包括 11200 个样本，验证集包含 1400 个样本。其余的 200 个尺寸为 300 个采样点、500 个道的切片数据作为测试集。训练过程中学习率初始设定为 0.001，采用 Adam 算法优化学习目标，epoch 设置为 50 次，批量大小设置为 20。

为说明本章算法对训练数据库样本去噪的训练效果，在第 50 次迭代中任意选取一个样本如图 9.15 所示进行展示。图 9.15(a)为原始地震数据，图 9.15(b)为加入ℓ为 0.03 的高斯随机噪声后的地震数据，图 9.15(c)为第 50 次迭代训练后的去噪效果。通过评价指标 SNR 和 SSIM 可以看出，本章模型在实际数据的训练阶段具有较强的噪声压制效果。图 9.15(d)为第 50 次迭代训练去噪效果的残差剖面图，可以看出具有较强的有效信号保护与随机噪声逼近能力。

9.3.2 数据测试

为充分测试本章算法对实际地震数据的适应能力，选取了两组实际数据，第一组为经过噪声压制预处理的实际数据，第二组为原始实际数据。

1. 预处理后数据实验

为说明本章算法对测试数据库样本的去噪效果，在测试数据库中任意选取一

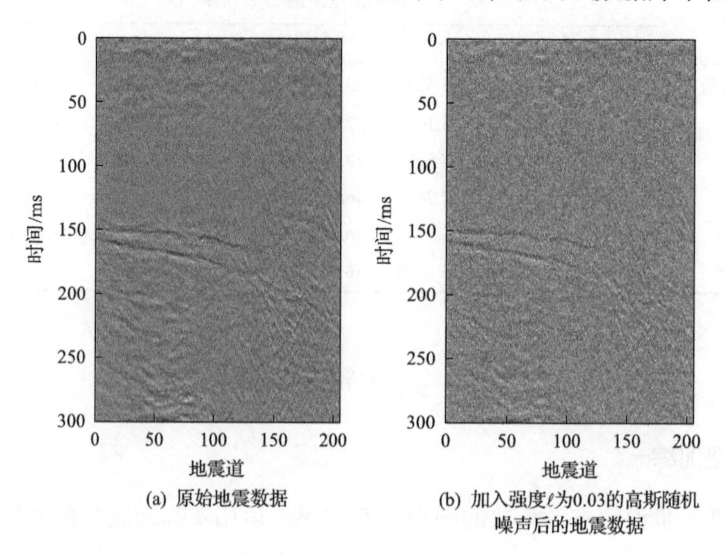

(a) 原始地震数据

(b) 加入强度ℓ为0.03的高斯随机噪声后的地震数据

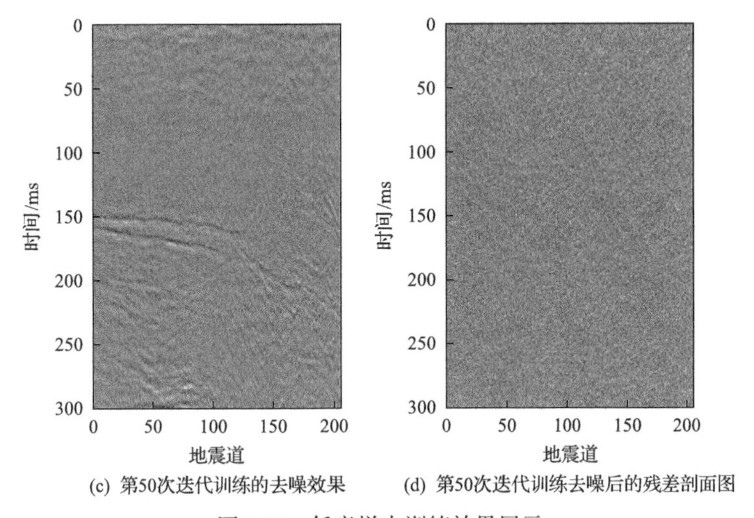

图 9.15　任意样本训练效果展示

(b)和(c)的 PSNR、SNR、SSIM 分别为 27.4771dB、23.2793dB、0.6185 和 41.85162dB、37.4036dB、0.9578

个经过预处理的实际地震数据样本如图 9.16(a)所示，其中矩形标记区域(记为Ⅰ区域)中的数据同相轴较密集且特征明显，而椭圆形标区域(记为Ⅱ区域)中的数据能量较弱且特征不明显。加入强度 ℓ 为 0.03 的高斯随机噪声后的地震数据如图 9.16(b)所示，受噪声的影响，Ⅰ区域同相轴变模糊且不连续，而Ⅱ区域内能量弱的部分肉眼几乎不可见原始数据的特征。图 9.16(c)为曲波噪声压制效果，可以看出Ⅰ区域同相轴的边缘得到了较好的恢复，但Ⅱ区域的特征被看成是噪声，导致有效信号和噪声一起被压制。图 9.16(d)为 DCT 超完备字典噪声压制效果，Ⅰ区域同相轴不密集并且Ⅱ区域的纹理细节丢失。图 9.16(e)为 K-SVD 自适应学习超完备字典噪声压制效果，同 DCT 的噪声压制效果类似。图 9.16(f)为 DnCNN 噪声压制效果，训练数据集的噪声强度 ℓ 的覆盖范围为 0.03～0.10，以提高模型在该

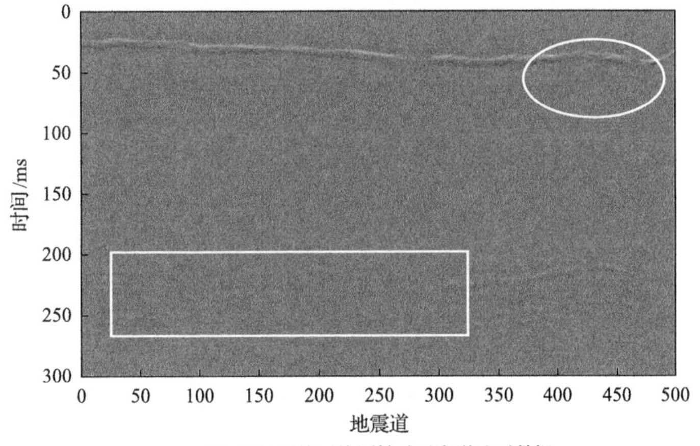

(a) 经过预处理的原始叠后海洋地震数据

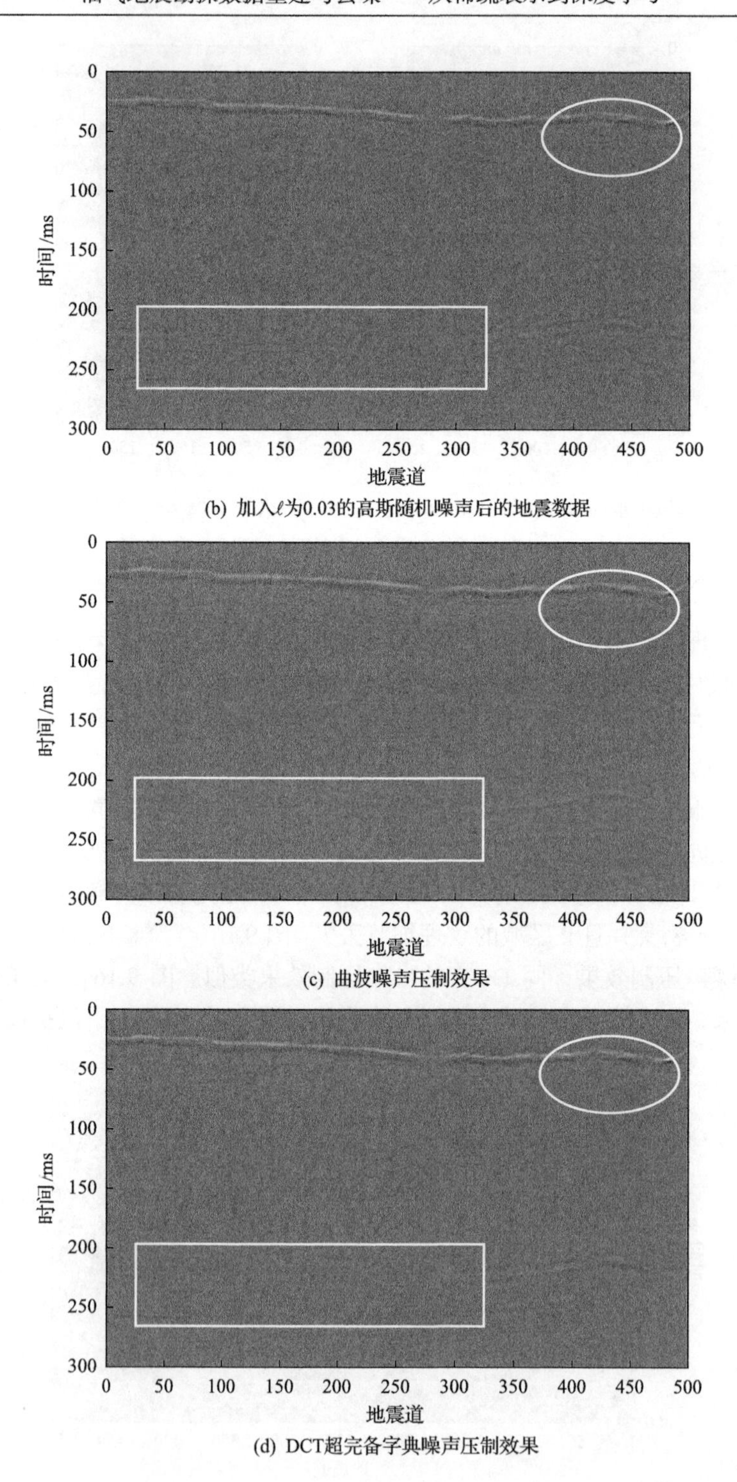

(b) 加入ℓ为0.03的高斯随机噪声后的地震数据

(c) 曲波噪声压制效果

(d) DCT超完备字典噪声压制效果

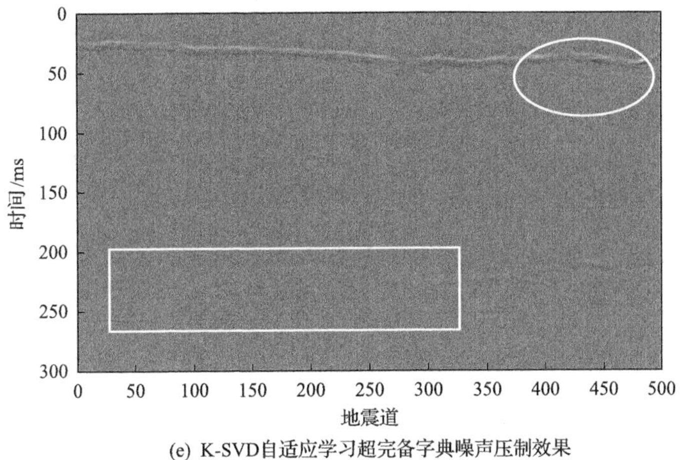

(e) K-SVD自适应学习超完备字典噪声压制效果

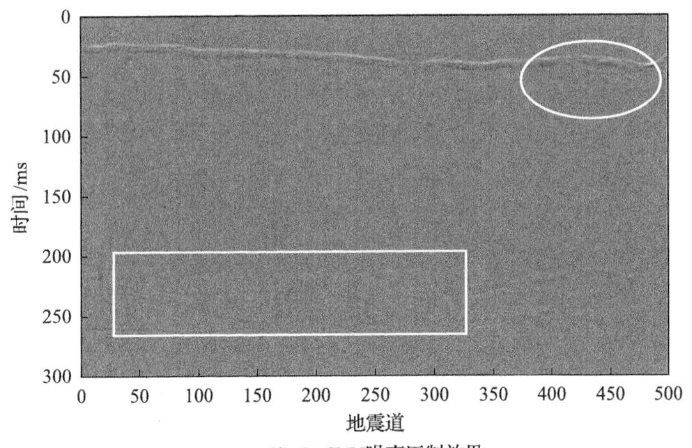

(f) DnCNN噪声压制效果

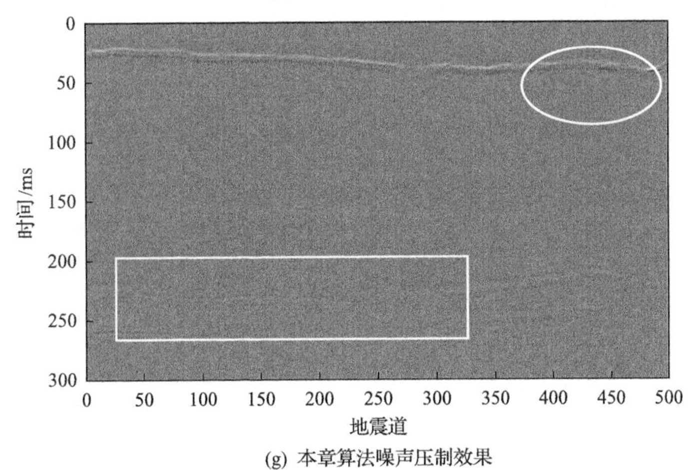

(g) 本章算法噪声压制效果

图 9.16　经过预处理的实际数据不同方法噪声压制效果对比

区间的泛化能力，训练好的网络模型记为 G_1，可以看出Ⅰ区域同相轴连续且细节信息保持较好，Ⅱ区域出现细节丢失的现象。图 9.16(g) 为本章算法噪声压制效果，采用与 G_1 模型相同的训练数据集，训练好的网络模型记为 G_2，由于采用扩张卷积充分提取噪声特征，使Ⅰ区域和Ⅱ区域都保留了较好的细节信息，和原始地震数据的相似度最高。以上方法去噪后的 PSNR、SNR、SSIM 对比如表 9.5 所示。

表 9.5　不同方法去噪后的 PSNR、SNR、SSIM 对比

参数	含噪声数据	曲波基	DCT 超完备字典	K-SVD 字典	DnCNN	本章算法
PSNR/dB	27.5086	34.2475	39.5657	40.2998	41.1881	41.7969
SNR/dB	23.3035	29.1051	34.6868	35.5370	36.5938	37.3362
SSIM	0.6210	0.8135	0.8736	0.9075	0.9259	0.9669

2. *原始数据实验*

在测试数据库中任意选取原始的实际地震数据样本如图 9.17(a) 所示，其中矩形Ⅰ区域中的地震数据同相轴较密集且特征明显；矩形Ⅱ区域中的地震数据信息被噪声淹没，无法识别；矩形Ⅲ区域中的同相轴受噪声影响，连续性较差。经过曲波噪声压制后[图 9.17(b)]，Ⅱ区域和Ⅲ区域同相轴的边缘得到了较好的恢复，总体上虽然抑制了一些噪声，但Ⅰ区域中仍含有大量噪声，去噪效果不够明显。经过 DCT 超完备字典噪声压制后[图 9.17(c)]，Ⅰ区域和Ⅲ区域中同相轴信息得到了较好的恢复且去噪效果比较明显，但Ⅱ区域中的有效信号和噪声一起被压制，导致纹理细节的丢失。经过 K-SVD 自适应学习超完备字典噪声压制后[图 9.17(d)]，同 DCT 的噪声压制效果类似。图 9.17(e) 和图 9.17(f) 分别为网络模型 G_1 和模型 G_2 应用于实际数据的噪声压制效果，因为模型 G_1 和模型 G_2 的训练数据集覆盖了强度 ℓ 从 0.03 到 0.10 的噪声等级，所以两模型可以学习到该区间的噪声特征分布，进而对原始实际数据中的随机噪声进行去噪处理。从图 9.17(e) 中可以看出，Ⅰ区域和Ⅲ区域同相轴连续且细节信息保持较好，Ⅱ区域中的纹理特征

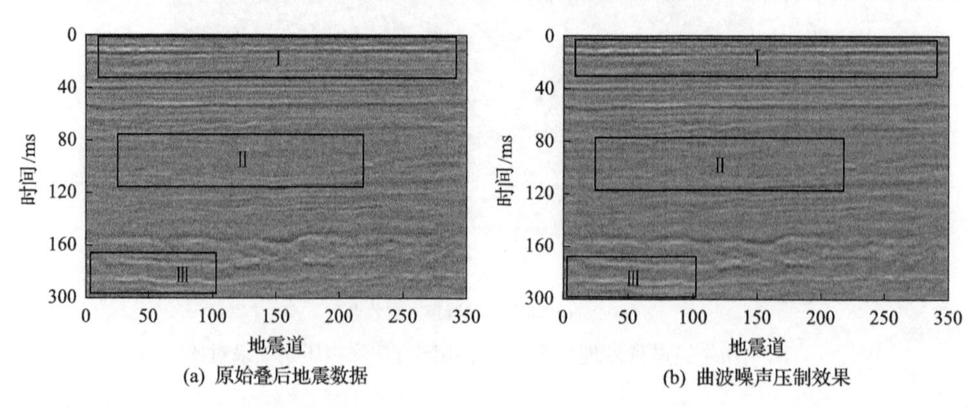

(a) 原始叠后地震数据　　(b) 曲波噪声压制效果

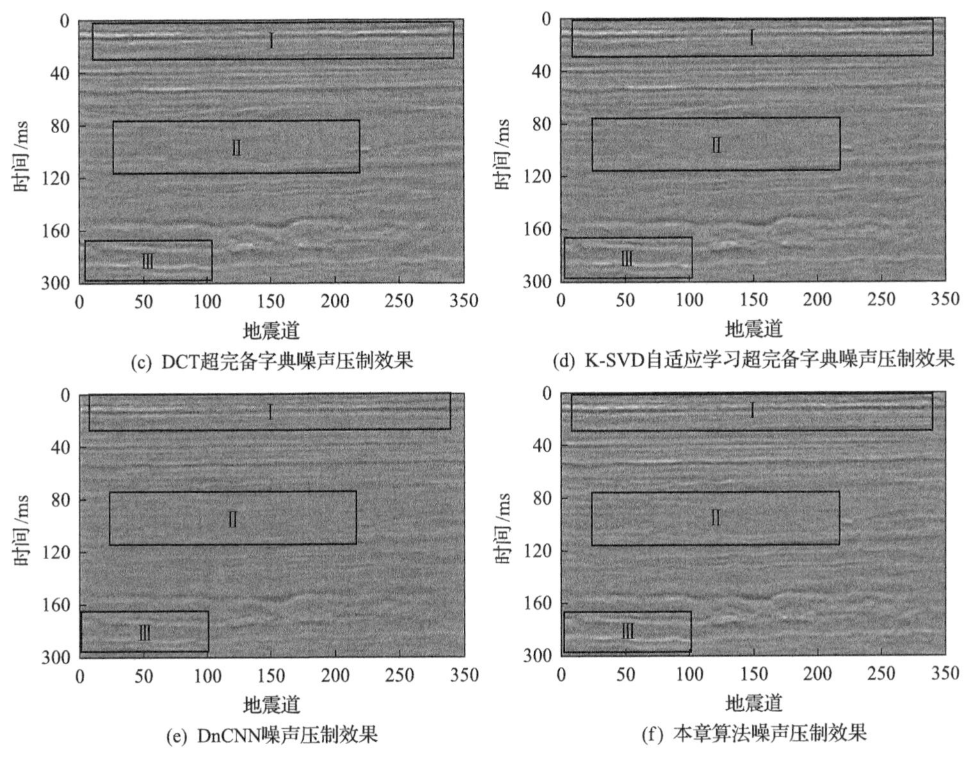

(c) DCT超完备字典噪声压制效果

(d) K-SVD自适应学习超完备字典噪声压制效果

(e) DnCNN噪声压制效果

(f) 本章算法噪声压制效果

图 9.17　原始实际数据不同方法噪声压制结果对比

较 DCT 和 K-SVD 更明显，但依然存在着细节丢失的现象。从图 9.17(f) 中可以看出，Ⅰ区域和Ⅲ区域中的噪声得到了很好的抑制，均保留了清晰且连续的同相轴信息，易于观测，Ⅱ区域的细节信息也得到了较好的恢复，因此模型 G_2 的去噪效果更优于模型 G_1。

9.4　本 章 小 结

本章提出了一种新的基于联合深度学习的地震数据随机噪声压制方法，联合时间域与频率域的信息，定义损失函数，加强地震数据细节的保持，改善了噪声去除的效果。通过研究卷积核大小与网络深度对感受野大小的影响，采用扩充卷积，设置扩充因子，并通过实验确定了最优的一组扩充因子，增加了地震数据特征提取的多样性，减少复杂的地震道数据噪声压制过程中细节的丢失。此外，本章还考虑了网络输入与输出数据具有相似性的特点，引入残差学习策略学习噪声，在此基础上，加入 BN 层加快训练收敛，提高地震数据去噪效率。本章分别通过模型数据与实际数据与当前比较流行的随机噪声压制算法对比表明，在噪声压制效果方面，本章去噪模型可获得更高的信噪比和局部细节特征的保持能力；在噪声压制效率方面，本章模型在测试过程不需要迭代学习，运行效率较高；在算法泛化能力方面，本章模型在测试噪声强度与训练集接近的情况下具有一定的泛化能力。综上所述，该模型可有效地处理地震随机噪声压制问题，同时可为其他方面的地震数据处理工作提供参考。

参 考 文 献

[1] 韩卫雪, 周亚同, 池越. 基于深度学习卷积神经网络的地震数据随机噪声去除[J]. 石油物探, 2018, 57(6): 862-869.

第 10 章　基于两阶段卷积网络的数据去噪

当前基于深度学习的噪声压制方法通过多层卷积提取地震数据的主要特征，自适应地构建去噪模型，解决了传统去噪方法中受有限的先验知识影响而导致模型不准确、参数设置不确定性的问题。基于深度学习的网络模型在测试集噪声分布接近其训练噪声分布的情况下，能达到较好的去噪效果。但在样本覆盖不充分的情况下，往往缺少鲁棒能力。受采集环境、地质条件等影响，地震数据之间存在的差异很大，样本充分覆盖在实际应用中存在很大的困难，导致去噪效率大幅降低。

在地震数据处理领域中，鲁棒的深度学习去噪研究比较鲜见。在图像处理领域中，盲噪声压制的方法有两种思路：一种是不需要对噪声进行估计，例如，Sreyas 等[1]提出的无偏置卷积神经网络(bias-free convolutional neural networks，BF-CNN)，通过删除所有的加性常数提高网络的泛化能力；另一种是采用噪声估计与噪声去除相结合的思想，以提高模型的鲁棒性，例如，Zhang 等[2]提出了一种快速灵活的去噪卷积神经网络(fast and flexible denoising convolutional neural network，FFDNet)处理不同分布的噪声。网络的输入包括两部分：含噪图像和一个可调的噪声分布估计图，提供了一种灵活的方式处理不同的噪声分布，在噪声分布估计图近似真实噪声时可以得到很好的去噪效果。然而，噪声分布的估计值同样受到先验知识的限制，致使 FFDNet 在各种噪声条件下也存在与 DnCNN 相似的问题。Guo 等[3]利用 FFDNet 网络的优点，提出了卷积盲去噪网络(convolutional blind denoising network，CBDNet)，该方法设置了两部分网络：第一部分对图像噪声分布进行估计，自适应地学习噪声分布估计图，避免了先验知识对去噪效果的影响；第二部分采用 U-Net 网络对含噪图像进行去噪。该网络有更好的鲁棒性，但网络模型较复杂，导致训练效率降低。

本章借鉴 CBDNet 的思想，提出一种鲁棒的深度学习地震数据去噪网络，包含噪声分布估计子网(estimate subnet，ES)和去噪子网(denoising subnet，DS)两部分，分别实现地震数据中随机噪声分布的估计与去噪；噪声分布估计子网利用多层卷积神经网络估计噪声分布；去噪子网中引入特征融合方法，将浅层与深层的地震数据特征信息融合，进一步增加地震数据特征提取的准确性，并且引入残差学习策略，避免网络结构较深导致梯度消失的现象；整体网络模型采用 L_1 范数作为损失函数以提高鲁棒性。

10.1 方法原理

10.1.1 噪声压制模型

深度学习训练数据中的噪声分布与测试地震数据中的噪声分布越接近，训练得到的模型在测试地震数据上的表现就越好。假设地震数据中噪声为高斯随机噪声，含噪声地震数据 $\boldsymbol{y}$ 可表示为

$$\boldsymbol{y} = \boldsymbol{x} + \boldsymbol{v} \tag{10.1}$$

式中，$\boldsymbol{x}$ 为原始不含噪地震数据；$\boldsymbol{v}$ 为高斯随机噪声。地震数据去噪的最终任务即通过训练数据得到原始地震数据 $\boldsymbol{x}$ 的估计 $\hat{\boldsymbol{x}}$（$\hat{\boldsymbol{x}} \approx \boldsymbol{x}$）。

10.1.2 网络结构设计

本章算法的网络模型结构如图 10.1 所示，包含两部分子网，分别为噪声分布估计子网和去噪子网。其中，噪声分布估计子网分 5 层，每层由卷积(convolution, Conv)和整流线性单元(ReLU)组成，用来学习地震数据中随机噪声的分布。卷积操作用于提取噪声分布特征，前 4 层和第 5 层卷积处理后分别得到 64 个和 1 个特征映射。采用 ReLU 激活函数可以更好地逼近真实噪声估计图的分布。

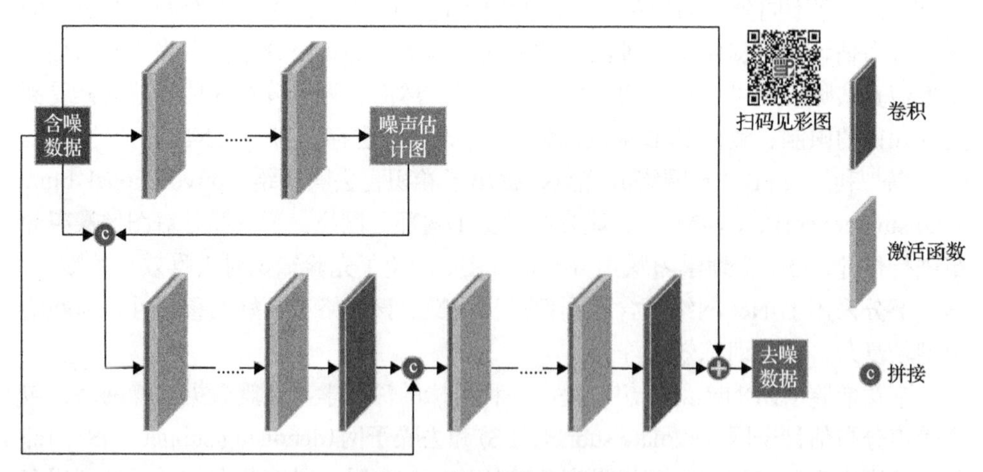

图 10.1 网络模型结构图

去噪子网由两个阶段组成。其中，第一阶段包括 5 层网络，前 4 层分别由 Conv 和 ReLU 组成，每层卷积处理后得到 64 个特征映射。第 5 层仅由 Conv 组成，卷积操作后得到 1 个特征映射，即为深层的地震数据特征。然后将第一阶段输出的深层特征与含噪地震数据进行特征融合后再传入第二阶段。特征融合采用向量拼

接的方式，即将浅层与深层的地震数据特征进行拼接融合，增加地震数据特征提取的准确性。

第二阶段包括 12 层网络，对应去噪子网的第 6 层至第 17 层。其中，第 6 层至第 16 层由 Conv 和 ReLU 组成，卷积处理后得到 64 个特征映射；第 17 层由 Conv 组成，卷积操作后得到 1 个特征映射，即为去噪后的地震数据。最后将得到的去噪后地震数据与含噪地震数据相减，即可得到残差学习的噪声。

以上所有卷积操作前均对待处理数据用零扩充边界以确保输入、输出尺寸一致，且卷积核大小均为 3×3。整个网络模型中所有的卷积操作步长均为 1，并且未使用批量标准化(batch normalization，BN)层。

综上所述，本章算法的去噪原理可以描述如下。

首先，输入含噪地震数据 $\boldsymbol{y}$，经过噪声分布估计子网后，输出预测噪声估计为

$$\begin{aligned}\hat{\boldsymbol{\eta}} &= F_{\mathrm{ES}}(\boldsymbol{y};\theta_{\mathrm{ES}}) = R(w_5\boldsymbol{y}_{\mathrm{out4}} + b_5)\\ \boldsymbol{y}_{\mathrm{out}(i+1)} &= R(w_i\boldsymbol{y}_{\mathrm{out}i} + b_i), \quad i=1,2,3\end{aligned} \tag{10.2}$$

式中，F_{ES} 为噪声估计子网的函数；θ_{ES} 为噪声分布估计子网中参数的集合；w_i 为噪声分布估计子网中每层的权重参数；$\boldsymbol{y}_{\mathrm{out}i}$ 为 i 层的输出；b_i 为 i 层的偏置参数；R 为 ReLU 激活函数。

其次，将噪声估计 $\hat{\boldsymbol{\eta}}$ 与含噪地震数据 $\boldsymbol{y}$ 同时输入到去噪子网，输出后得到最终的去噪后地震数据：

$$\begin{aligned}\hat{\boldsymbol{x}} &= F_{\mathrm{DS}}(\boldsymbol{y},\hat{\boldsymbol{\eta}};\theta_{\mathrm{DS}}) = R(w_{17}\boldsymbol{y}_{\mathrm{out16}} + b_{17})\\ \boldsymbol{y}_{\mathrm{out}(i+1)} &= R(w_i\boldsymbol{y}_{\mathrm{out}i} + b_i)\\ \boldsymbol{y}_{\mathrm{out5}} &= w_5 C(\boldsymbol{y},\boldsymbol{y}_{\mathrm{out4}}) + b_5\\ \boldsymbol{y}_{\mathrm{out1}} &= w_1 C(\boldsymbol{y},\hat{\boldsymbol{\eta}}) + b_1\end{aligned} \tag{10.3}$$

式中，F_{DS} 为去噪子网的函数；θ_{DS} 为去噪子网中参数的集合；C 为向量拼接操作；$i=1,2,\cdots,15$，且 $i\neq 4$。

本章网络模型的主要特点概括如下。

(1) 网络模型由两部分子网组成。通过噪声分布估计子网学习噪声估计，最大程度地避免了先验知识的影响，进而通过去噪子网实现地震数据的去噪任务。

(2) 联合 L_1 损失函数。为尽可能地增加网络模型的鲁棒性，本章算法采用了 L_1 范数损失作为两部分子网的损失函数，总的损失为两部分子网联合误差。这有助于网络模型整体的优化，减少网络训练时间，提高网络的泛化能力，防止网络模型过拟合。

(3) 特征融合。随着神经网络层数的加深，深层的全局信息被提取，但是浅层

局部信息较弱。本章模型在去噪子网中引入特征融合的思想，将深层的特征信息与浅层的特征信息融合，综合考虑地震数据的高频与低频信息以提高地震数据去噪的鲁棒性。

(4)残差学习策略。由于本章算法的网络结构较深，为了避免训练过程中梯度消失的现象，引入残差学习策略学习噪声的特征。

10.2 去噪影响因素分析

采用理论分析和实验验证相结合的方法解析本章网络模型去噪的原理。采用 Marmousi 模型数据进行去噪实验，分析两部分子网的网络结构、联合 L_1 损失函数、特征融合以及残差学习的作用。选用的数据为经过裁剪得到的 10000 个尺寸为 300 个采样点、207 个道的原始不含噪数据 $\boldsymbol{x}$，将数据集按照 80%、10%、10% 的比例分别划分为训练集、验证集和测试集。添加零均值正分布的高斯随机噪声仿真。

去噪效果的衡量指标采用峰值信噪比(PSNR)和信噪比(SNR)，以单个样本为例。对应表达式为

$$\text{PSNR} = 20 \times \lg \frac{\max(\boldsymbol{x})}{|\boldsymbol{x} - \hat{\boldsymbol{x}}|} \tag{10.4}$$

$$\text{SNR} = 10 \times \lg \frac{\boldsymbol{x}^2}{(\boldsymbol{x} - \hat{\boldsymbol{x}})^2} \tag{10.5}$$

10.2.1 子网结构的分析与验证

Xu 等[4]将噪声数据和噪声分布信息同时输入网络中，可以增加网络的鲁棒性。此外，Guo 等[3]发现，在不增加过多计算量的情况下，两部分子网的网络设计可以将噪声分布有效引入到网络。因此，本章采用两部分子网的模型架构，即首先采用一个噪声估计子网对地震数据中随机噪声的分布进行估计，其次将估计的噪声分布与含噪地震数据一同传入到去噪子网，实现噪声分布与含噪数据到原始地震数据的映射，即 $F_{\text{DS}}(\boldsymbol{y},\hat{\boldsymbol{\eta}};\theta_{\text{DS}}) \to \boldsymbol{x}$。该网络参数的调整不仅根据含噪数据，还依据含噪数据的噪声分布以及含噪数据与噪声分布之间的关系。对于新的含噪数据，模型可以自适应地得到该数据的噪声分布并指导生成去噪后数据。

另外，本章模型未采用 BN 层处理，原因是在标准化的过程中首先要计算一批(batch)内所有数据的均值(μ)和方差(δ)，但地震数据包含不同分布的随机噪声，一个 batch 内数据有明显差别，训练集中噪声强度较高的地震数据将影响整

个 batch 内的均值和方差，从而影响后继的归一化处理。不采用 BN 层的结构，可以在提高网络的鲁棒性的同时降低网络模型复杂度。

为充分证明两部分子网的网络结果对盲去噪任务的有效性，将本章模型中的噪声分布估计子网除去，修改后的模型记为 G_1，并与本章模型对比实验。

训练过程中分别迭代 100 次，PSNR 的变化曲线图如图 10.2 所示。由图可见，不含噪声估计子网的 PSNR 曲线有多处波动，本章模型的 PSNR 曲线收敛相对更稳定。

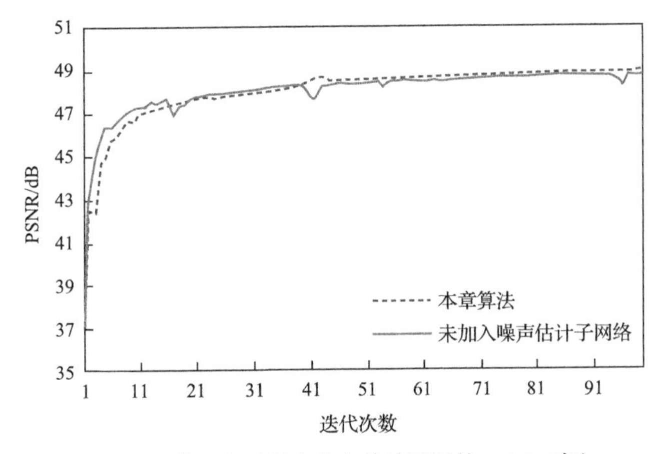

图 10.2　模型有无噪声分布估计子网的 PSNR 对比

在测试集中，任意选取一个原始地震数据样本[图 10.3(a)]，加入 ℓ 为 0.08 的高斯随机噪声后的地震数据如图 10.3(b)所示，由于噪声较强，部分同相轴信息被覆盖。图 10.3(c)是含噪地震数据的残差剖面，作为标准用来对比、评价不同模型的去噪效果。

图 10.3(d)为 G_1 去噪结果，部分同相轴由于特征不明显而被当作噪声去除。

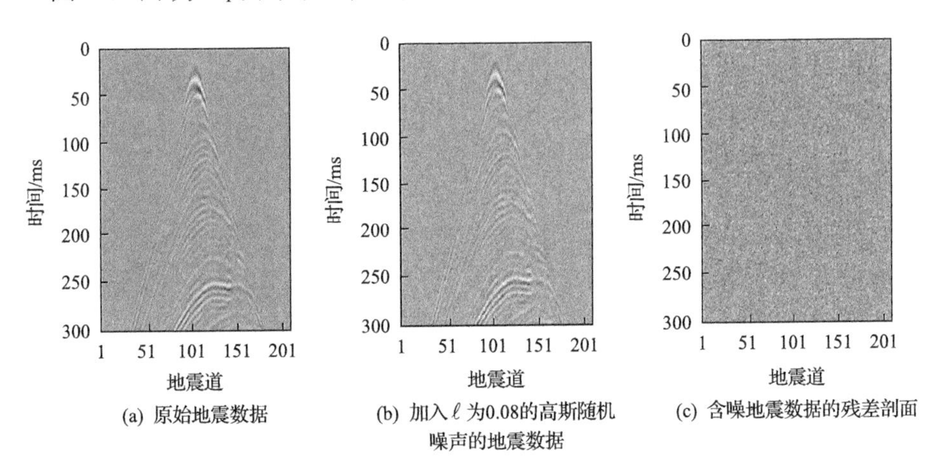

(a) 原始地震数据　(b) 加入 ℓ 为0.08的高斯随机噪声的地震数据　(c) 含噪地震数据的残差剖面

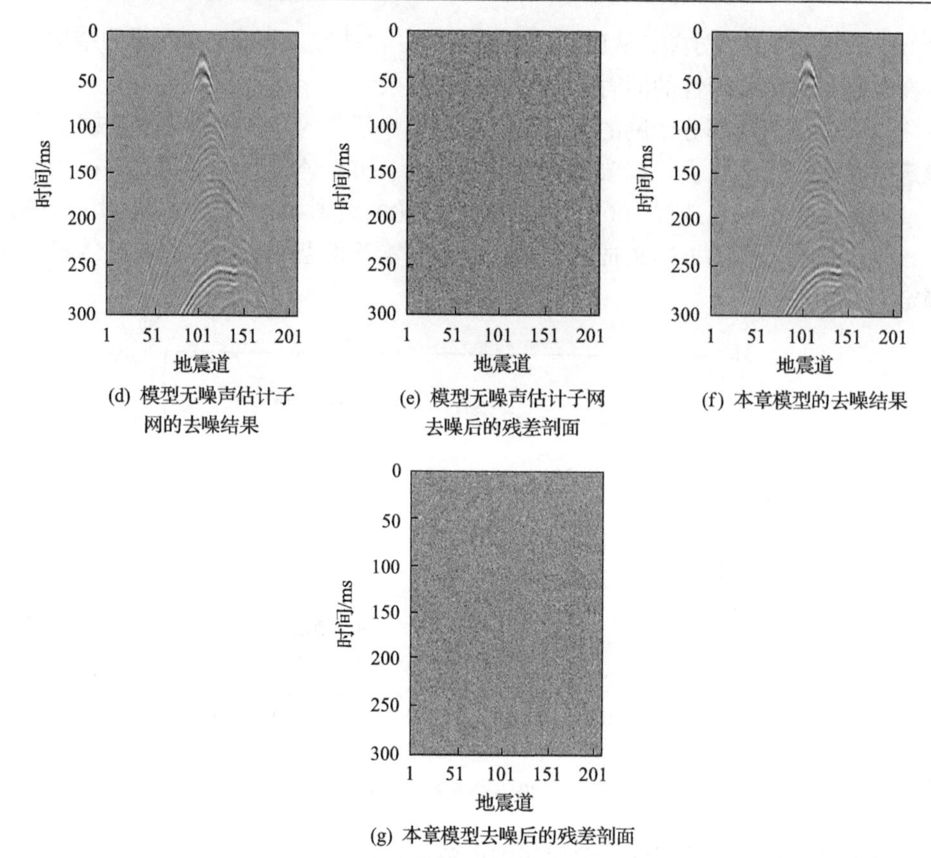

(d) 模型无噪声估计子网的去噪结果

(e) 模型无噪声估计子网去噪后的残差剖面

(f) 本章模型的去噪结果

(g) 本章模型去噪后的残差剖面

图 10.3　模型有无噪声分布估计子网的去噪结果对比

图 10.3(e)有明显的同相轴信息。图 10.3(f)为本章模型去噪结果，同相轴信息损失较少，原因在于训练集的噪声范围没有覆盖到所有测试样本，导致 G_1 去噪鲁棒性不理想。相比之下，本章算法首先利用噪声估计子网估计出噪声分布，然后再通过去噪子网进行噪声压制，将噪声信息引入到网络中，增强了网络的泛化能力。图 10.3(g)进一步证明了本章算法可以在提高噪声压制效果的同时很好地保留同相轴信息。

10.2.2　联合损失函数设计

目前基于深度学习的去噪处理中，最常用的损失函数有最小均方误差(mean squared error，MSE)、L_1 损失、L_2 损失等。其中 MSE 是回归损失函数中最常用的误差，即

$$\mathrm{MSE} = \frac{1}{n}\sum_{i=1}^{n}(\mathrm{obs}_i - \mathrm{pred}_i)^2 \tag{10.6}$$

式中，obs_i 和 pred_i 分别为目标值和估计值。

L_2 损失又称最小平方误差，即

$$L_2 = \sum_{i=1}^{n}(\text{obs}_i - \text{pred}_i)^2 \tag{10.7}$$

这两个损失函数的优势在于连续可微分且具有较稳定的解。但当函数的输出值与最小值之间差距较大时，使用梯度下降法求解会导致梯度爆炸；另外，由于是平方运算，较大的误差就会被过度放大，即对于较大的误差给予过大的惩罚，使模型对离群点更加敏感，降低模型的鲁棒性。

L_1 损失又称平均绝对值误差，是目标值与预测值之差的绝对值求和再取均值，表示预测值的平均误差幅度，其表达式为

$$L_1 = \frac{1}{n}\sum_{i=1}^{n}|\,\text{obs}_i - \text{pred}_i\,| \tag{10.8}$$

L_1 有着稳定的梯度，不会导致梯度爆炸的问题；另外，因为 L_1 计算的误差是目标值与预测值之差的绝对值，所以对于任意大小的差值，其惩罚相对稳定，对离群点不敏感，具有很好的鲁棒性。因此本章模型选择更具有鲁棒性的 L_1 范数损失作为本章算法的损失函数。

另外，本章算法采用联合误差的思想，将损失函数分为两部分，噪声分布估计子网的损失函数为

$$l_{\text{ES}} = \frac{1}{n}\sum_{i=1}^{n}|\,\boldsymbol{\eta}_i - \hat{\boldsymbol{\eta}}_i\,| \tag{10.9}$$

式中，$\boldsymbol{\eta}_i$ 和 $\hat{\boldsymbol{\eta}}_i$ 分别为第 i 个含噪地震数据的真实噪声和预测噪声（$i=1,2,\cdots,n$）。

去噪子网的损失函数为

$$l_{\text{DS}} = \frac{1}{n}\sum_{i=1}^{n}|\,\boldsymbol{x}_i - \hat{\boldsymbol{x}}_i\,| \tag{10.10}$$

式中，$\boldsymbol{x}_i$ 和 $\hat{\boldsymbol{x}}_i$ 分别为第 i 个原始不含噪地震数据和去噪后地震数据（$i=1,2,\cdots,n$）。因此，联合 L_1 损失函数

$$l = \lambda_1 l_{\text{ES}} + \lambda_2 l_{\text{DS}} \tag{10.11}$$

式中，λ_1 和 λ_2 为噪声估计子网损失和去噪子网损失的权衡超参数。

为证明 L_1 损失函数更适用于地震数据去噪，将网络模型中的损失函数替换为 MSE，修改后的网络模型分别记为 G_2，并与本章模型相对比。训练过程中分别迭代 100 次，PSNR 的变化曲线图如图 10.4 所示。由图可见，训练过程中 G_2 模型的 PSNR 曲线出现剧烈波动且收敛时的值比本章算法小。测试样本［图 10.3(a) 和

(b)]G_2 去噪结果如图 10.5(a)所示，出现大面积的纹理模糊且部分同相轴消失。图 10.5(b)为图 10.5(a)与图 10.3(a)的残差剖面，可以看到图 10.5(a)中消失的同相轴信息。

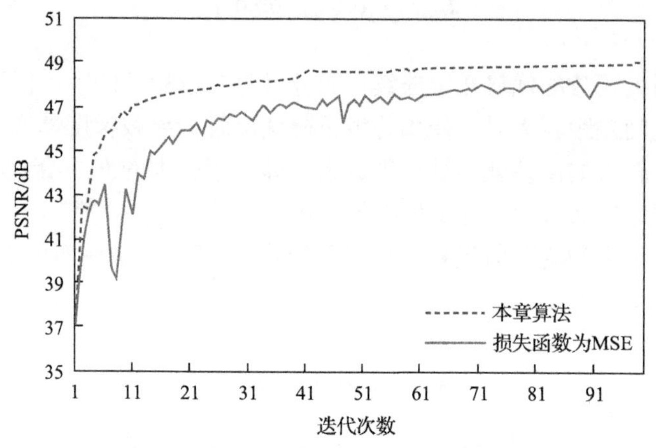

图 10.4　使用不同损失函数的 PSNR 对比

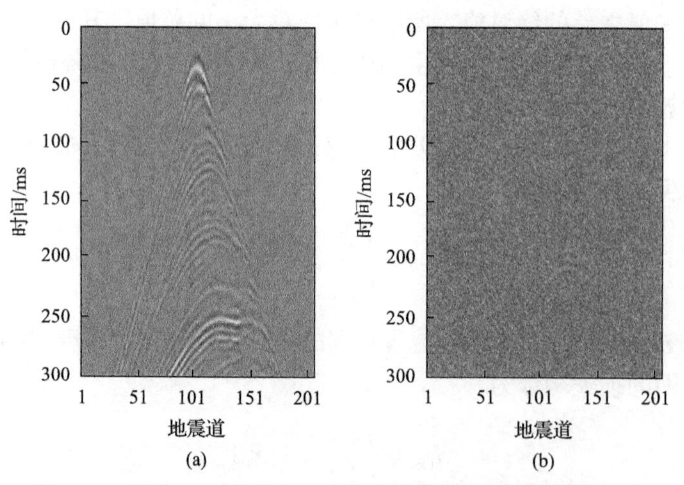

图 10.5　使用 MSE 为损失函数的去噪结果(a)和残差剖面(b)

10.2.3　特征融合的作用

由于采用了相对深层的网络结构，本章模型对深层全局信息的提取比较充分，但是局部信息较弱，因此引入特征融合的思想，将深层的特征与浅层的特征信息进行拼接操作，增加网络输入的通道数。拼接操作可以理解为维数的特征融合，即直接将两个特征进行连接。例如两个特征 a 和 b 的维数若分别为 c 和 d，则输出特征 e 的维数为 c+d。本章在去噪子网的第一阶段网络输出后，融合含噪地震数据的浅层特征，可记为 $C(\boldsymbol{y},(w_5\cdots(R(w_1(C(\boldsymbol{y},\hat{\boldsymbol{\sigma}}))+b_1))+b_5))$，其中，$\hat{\boldsymbol{\sigma}}$ 为去噪子网的第一阶段网络的输出。特征融合的引入不仅提高了地震数据盲去噪的鲁棒性，还相当于对训练任务起到特征强化的作用，使网络明确学习目标，保证学习方向的正确性，从而更快更好地收敛至稳定值。

为证明特征融合在去噪中的作用，将本章模型中的特征融合阶段除去，修改后的模型记为 G_3。迭代 100 次的 PSNR 变化曲线图如图 10.6 所示，G_3 的 PSNR 曲线出现两次骤降、回升，原因在于网络层数较深，在前向传递过程中极容易导致网络的输出与目标值之间的误差增大，因此 PSNR 出现下降；误差的增大会触发 Adam 算法自适应地调节学习率以更好地拟合目标值，随着误差的反向传递、学习率以及权重的更新，网络的下一次前向传递后得到的输出与目标值之间的误差减小，因此 PSNR 出现回升。显然无特征融合的算法不容易收敛。G_3 去噪结果如图 10.7(a)所示，同相轴纹理也出现了消失或模糊的现象。图 10.7(b)为

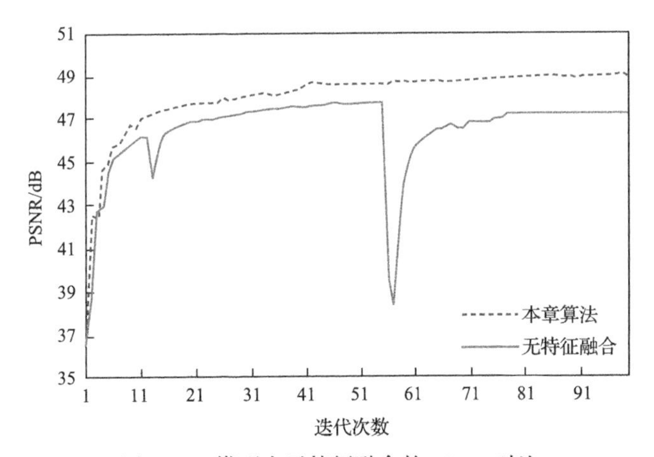

图 10.6　模型有无特征融合的 PSNR 对比

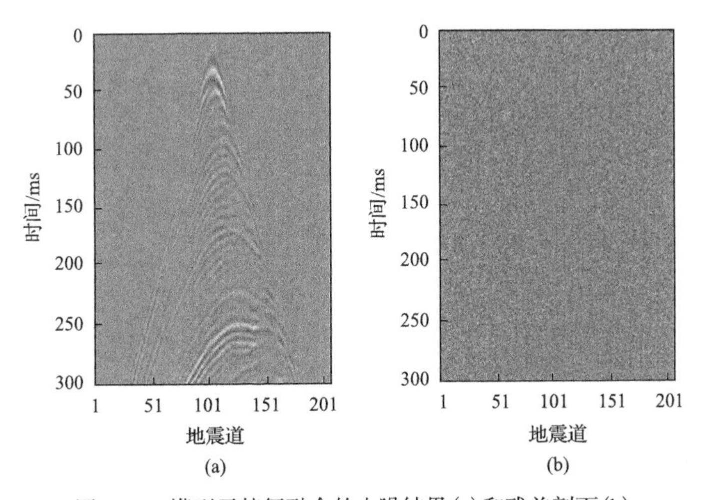

图 10.7　模型无特征融合的去噪结果(a)和残差剖面(b)

图 10.7(a)与图 10.3(a)的残差剖面，依然存在被错误去除的同相轴信息。与图 10.3(g)对比，可以证明模型中引入特征融合对于地震数据盲去噪任务具有更好的噪声压制效果。

10.2.4　残差学习的作用

为避免训练过程中梯度消失，网络中引入残差学习策略，前向传递过程为

$$\boldsymbol{y}_K = \boldsymbol{y}_k + \sum_{i=k}^{K-1} F(\boldsymbol{y}_i, w_i) \tag{10.12}$$

式中，$\boldsymbol{y}_K$ 为第 K 层的输入；$\boldsymbol{y}_k$ 为第 $K-1$层的输出；$F(\boldsymbol{y}_i, w_i)$ 表示残差块的输出。

反向传播过程为

$$\frac{\partial l}{\partial \boldsymbol{y}_k} = \frac{\partial l}{\partial \boldsymbol{y}_K}\frac{\partial \boldsymbol{y}_K}{\partial \boldsymbol{y}_k} = \frac{\partial l}{\partial \boldsymbol{y}_K}\left[1 + \frac{\partial}{\partial \boldsymbol{y}_k}\sum_{i=k}^{K-1} F(\boldsymbol{y}_i, w_i)\right] \tag{10.13}$$

通过求偏导可以看出，即使网络层数较深，也不会出现梯度消失的现象。

为了证明残差学习对地震数据去噪任务的有效性，将本章模型中的残差学习除去，修改后的模型记为 G_4。迭代 100 次的 PSNR 变化曲线图如图 10.8 所示，G_4 的 PSNR 曲线呈锯齿形波动，不易收敛。G_4 去噪结果如图 10.9(a)所示，同相轴不连续且部分消失。图 10.9(b)为图 10.9(a)与图 10.3(a)的残差剖面，可以看到少量的同相轴信息。与图 10.3(g)对比，可以证明模型中引入残差学习对地震数据盲去噪任务的有效性。

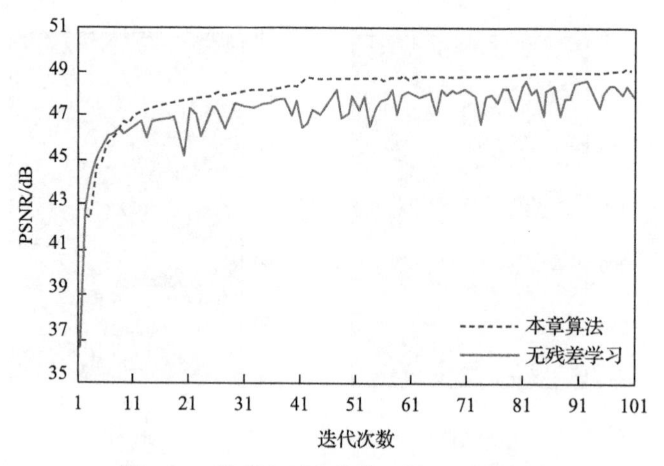

图 10.8　模型有无残差学习的 PSNR 对比

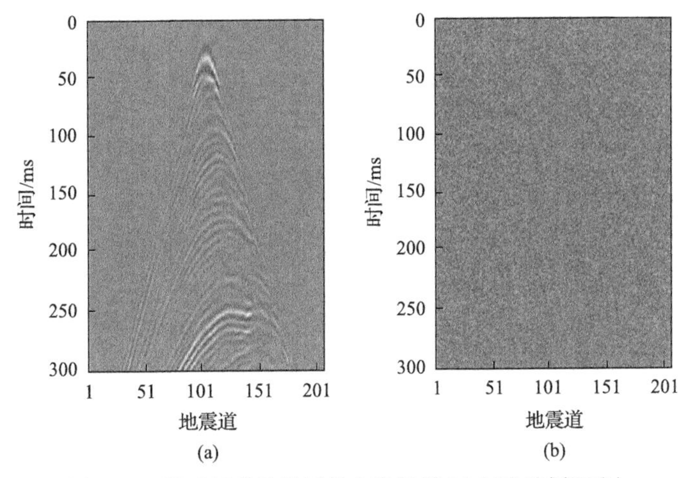

图10.9 模型无残差学习的去噪结果(a)和残差剖面(b)

10.3 标准地震模型实验

本章实验用到的Marmousi模型数据为经过裁剪得到的10000个切片数据$\boldsymbol{x}$，每个切片数据包含207个道，每道包含300个采样点。将数据集按照80%、10%、10%的比例分别划分为训练集、验证集和测试集。训练过程中ℓ设置为0.02～0.05，即对于每个epoch中的每一批数据分别加入ℓ为0.02～0.05的噪声来训练，学习率初始设定为0.001，使用Adam优化算法，epoch设置为100次，批大小为20，网络的输入、输出尺寸均为300×207。实验硬件平台采用Intel I7 8核CPU，内存为32GB，GPU为GeForce RTX2080 Super。操作系统为64位Ubuntu 18.04 LTS，软件平台采用Python 3.6环境，深度学习框架使用Pytorch 1.2搭建，该环境下训练时长约42h。为验证本章模型的去噪效果，将本章算法与BM3D、DnCNN-B和BF-CNN等进行对比实验。

10.3.1 算法对比实验分析

任选一个测试集地震数据样本如图10.10(a)所示，图10.10(b)为加入ℓ为0.1的高斯随机噪声后的地震数据，其中矩形区域中的地震数据信息被噪声淹没。图10.10(c)为含噪地震数据的残差剖面，将其作为各种算法去噪后残差剖面的评判依据。

图10.11(a)为BM3D去噪的结果和残差剖面。该方法联合空间域与变换域算法，可以看出，矩形区域中大部分噪声得到压制，但噪声被压制的同时，同相轴信息也被去除，存在着同相轴信息丢失的现象。图10.11(b)为DnCNN-B去噪的结果和残差剖面。该方法通过训练集噪声覆盖测试集噪声进行盲去噪，但由于本

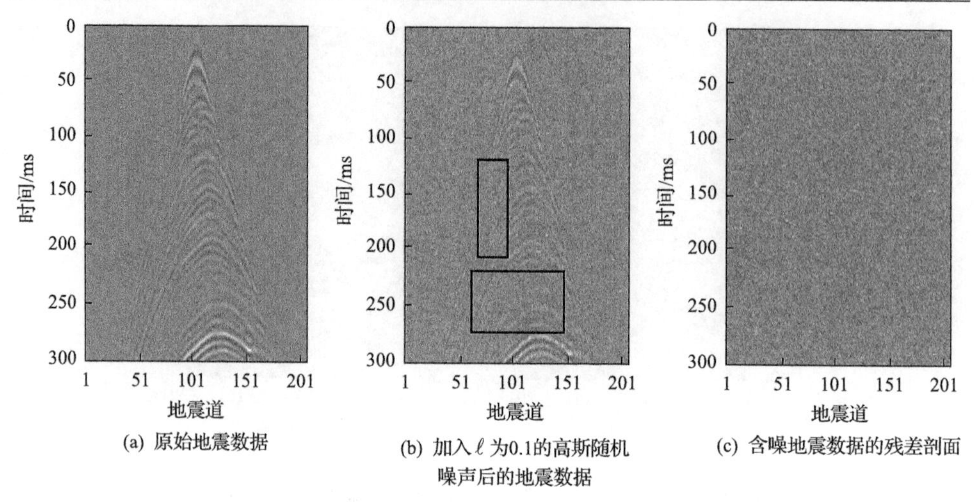

(a) 原始地震数据　(b) 加入 ℓ 为0.1的高斯随机噪声后的地震数据　(c) 含噪地震数据的残差剖面

图 10.10　两阶段卷积网络的数据去噪方法测试数据样本

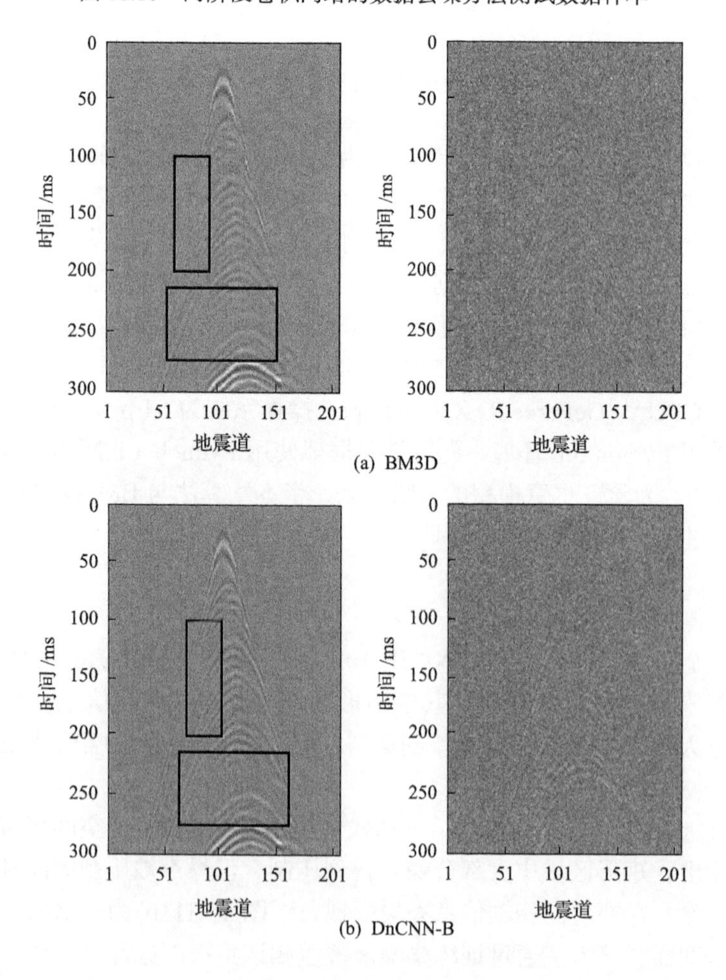

(a) BM3D

(b) DnCNN-B

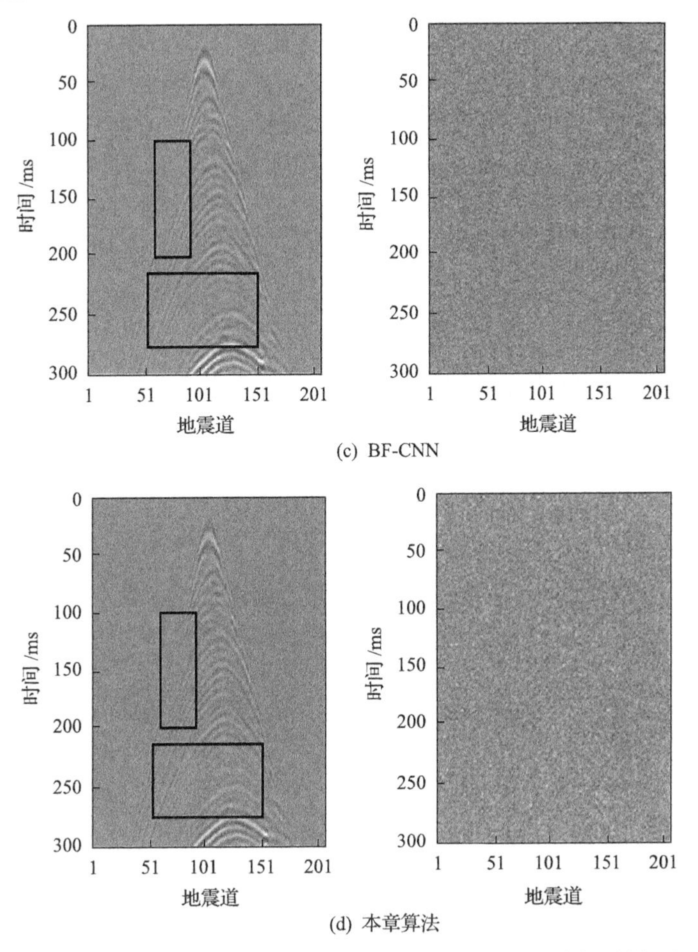

图 10.11　不同算法对图 10.10(a)的去噪结果(左)和残差剖面(右)对比

实验中训练集噪声的ℓ设置为 0.02～0.05，而测试集中噪声的ℓ设置为 0.06，导致去噪效果下降，矩形区域中的同相轴信息丢失。图 10.11(c)为 BF-CNN 去噪的结果和残差剖面。该方法不改变网络结构，在 DnCNN 的基础上通过删除卷积层和 BN 层的可加性常数(additive constants)提高噪声压制的鲁棒性。可以看出，矩形区域去噪效果得到明显改善，但由于未引入噪声估计子网、损失函数仍采用 MSE 以及没有特征融合策略等方面的综合影响，导致部分同相轴信息被去除，残差剖面中仍然存在着被错误去除的同相轴信息。图 10.11(d)为本章算法去噪的结果和残差剖面。本章算法先估计出噪声的强度，进而自适应地对噪声进行压制。可以看出，与其他方法相比，矩形区域的地震数据细节保护得更好，同相轴纹理也更加清晰。残差剖面中含有很少的有效信号，更逼近随机噪声。上述方法去噪后的 PSNR 和 SNR(表 10.1)的对比，进一步证明了本章算法去噪效果的优势。

表 10.1 不同算法去噪后 PSNR、SNR 对比

参数	含噪数据	BM3D	DnCNN-B	BF-CNN	本章算法
PSNR/dB	20.01	32.62	30.67	32.43	33.46
SNR/dB	14.71	27.82	25.62	27.38	29.22

10.3.2 不同强度噪声压制分析

对于不同强度的随机噪声（ℓ为0.01～0.90），不同算法去噪后的SNR如表10.2所示。可以看出，噪声强度较小时（ℓ为0.01～0.07），各种去噪算法都表现出了良好的去噪性能。随着噪声强度的增加，本章算法表现出了更高的PSNR值。噪声强度较大时（ℓ为0.10～0.90），本章算法仍然具有很好的去噪效果。当ℓ大于0.05时，DnCNN-B方法效果最差，原因在于DnCNN-B的训练集噪声强度没有覆盖较强的噪声范围，并且模型的设计未考虑鲁棒性。相比之下，本章算法的去噪效果明显优于其他算法，原因在于通过噪声分布估计与噪声压制两部分子网，提高了模型的鲁棒性，对不同强度噪声具有较好的泛化能力，即使在有限的噪声分布样本内训练，也可以在未覆盖的测试样本范围获得较好的去噪效果。

表 10.2 不同算法对含有不同强度高斯随机噪声地震数据的去噪前后 SNR 对比

算法类型	不同 ℓ 下的 SNR/dB								
	ℓ=0.01	ℓ=0.03	ℓ=0.05	ℓ=0.07	ℓ=0.10	ℓ=0.30	ℓ=0.50	ℓ=0.70	ℓ=0.90
含噪数据	34.65	25.14	20.70	17.83	14.72	5.19	0.69	−2.21	−4.42
BM3D	42.49	35.67	33.15	30.62	27.82	21.61	19.18	16.95	14.46
DnCNN-B	42.25	36.09	33.86	30.34	25.62	15.31	11.16	6.37	4.52
BF-CNN	42.37	39.08	35.32	31.42	27.38	17.87	15.75	13.58	12.29
本章算法	43.46	40.38	34.99	32.10	29.22	20.79	19.31	17.47	15.61

10.4 实际地震数据实验

实际地震数据的噪声较合成数据更复杂。为验证本章模型的去噪效果，利用两组数据进行实验：第一组为经过噪声压制预处理作为标签的实际数据，用来训练网络模型；第二组为无标签的含噪实际数据，用来测试本章算法对实际地震数据的鲁棒性和去噪效果。

第一组为经过噪声压制预处理的14000个实际数据样本，每个样本包含300个道，每道包含200个采样点，其中训练集包括11200个样本，验证集包含2800个样本。因为实际数据中噪声复杂且分布未知，所以训练样本不再加入高斯噪声进行仿真，而是采用现有的去噪算法预处理后得到的噪声残差作为训练样本的噪声。具体的实现流程如图 10.12 所示。训练过程中学习率初始设定为 0.001，采用 Adam 算法优化学习目标，epoch 设置为 100 次，批量大小设置为 20，训练时长约为 66h。

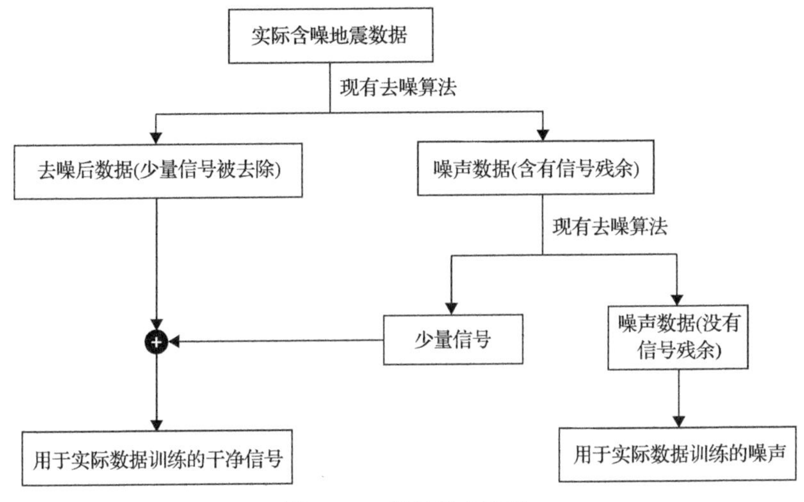

图 10.12　训练样本流程

任选第 100 次迭代中的一个训练样本，如图 10.13 所示，其中图 10.13(a)为

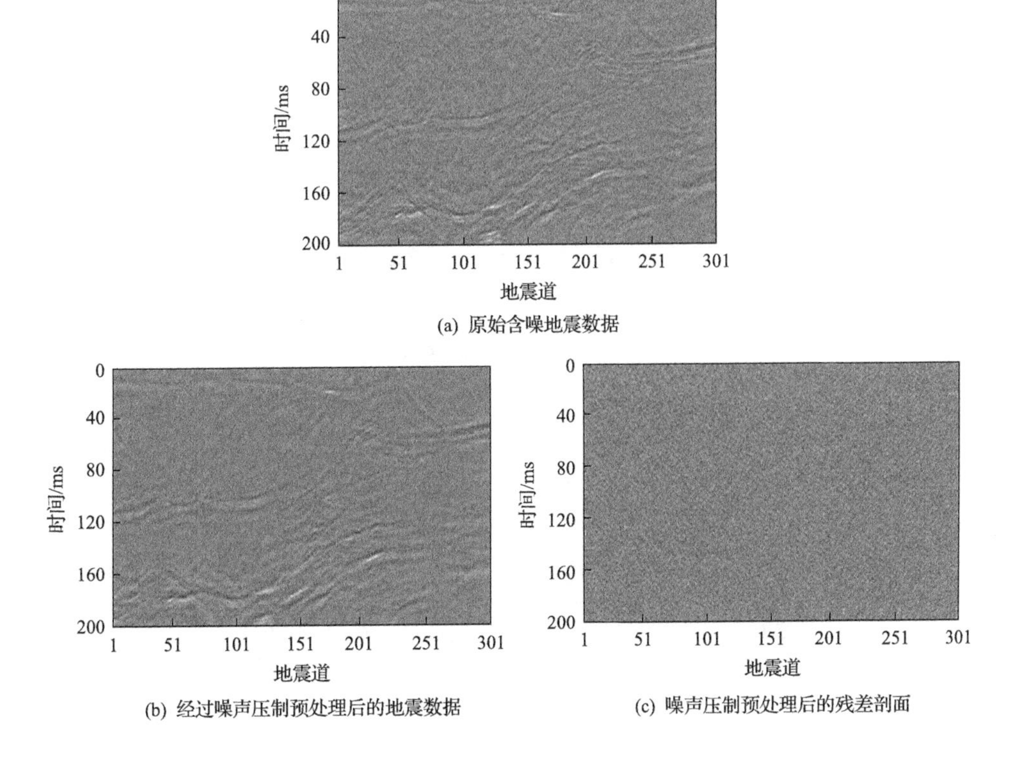

(a) 原始含噪地震数据

(b) 经过噪声压制预处理后的地震数据

(c) 噪声压制预处理后的残差剖面

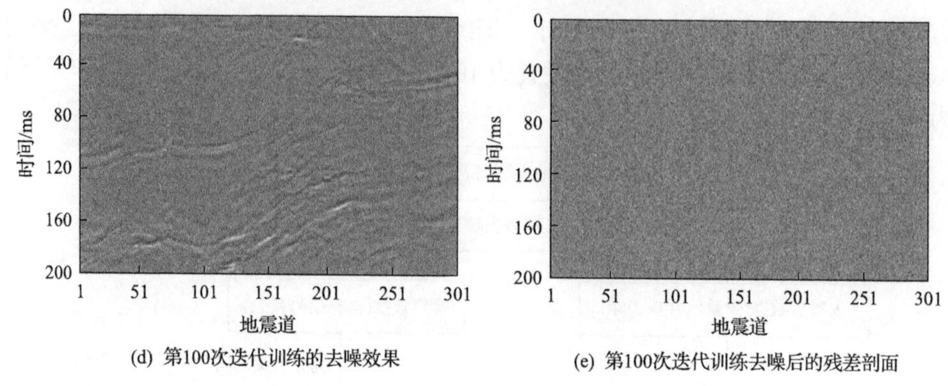

(d) 第100次迭代训练的去噪效果　　(e) 第100次迭代训练去噪后的残差剖面

图 10.13　任意样本第 100 次迭代训练的效果

原始含噪地震数据；图 10.13(b)为经过噪声压制预处理后的地震数据；图 10.13(c)为噪声压制预处理后的残差剖面；图 10.13(d)为经 100 次迭代训练的去噪效果，由图可以看出，噪声基本得到压制；图 10.13(e)为第 100 次迭代训练去噪后的残差剖面，视觉上与经过噪声压制预处理后的残差剖面[图 10.13(c)]基本一致，因此本章模型对复杂的未知分布的实际噪声也有很好的压制效果。

第二组为 1400 个原始实际数据样本，每个样本包含 300 个道，每道包含 200 个采样点。任取其中一个样本如图 10.14(a)所示，其中，矩形Ⅰ、Ⅱ区域中的同相轴不清晰且连续性较差，矩形Ⅲ区域中的地震信号受噪声干扰严重，特征不明

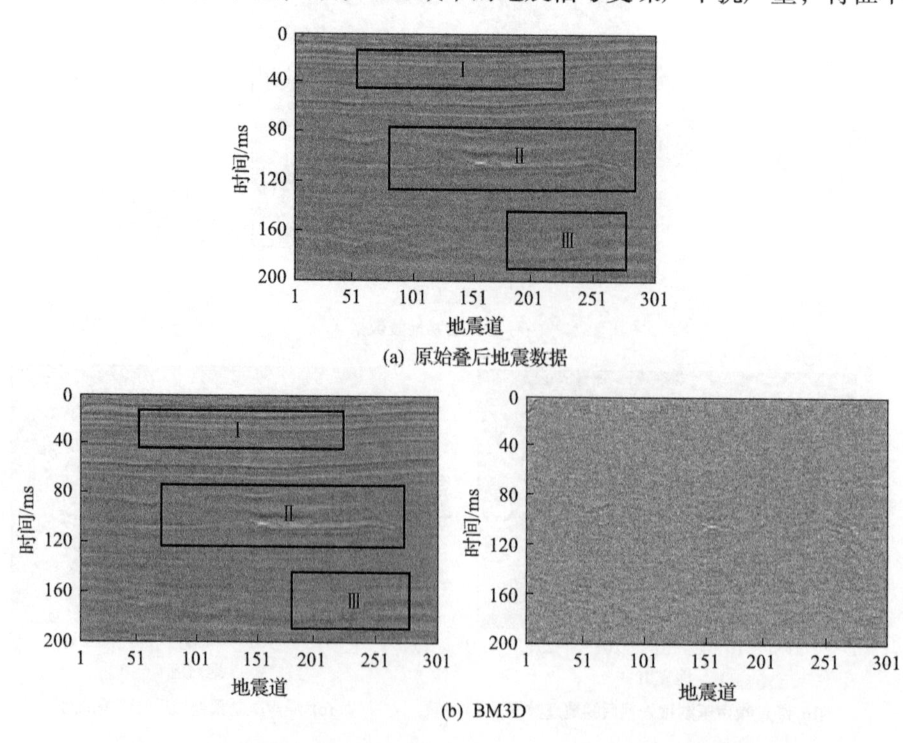

(a) 原始叠后地震数据

(b) BM3D

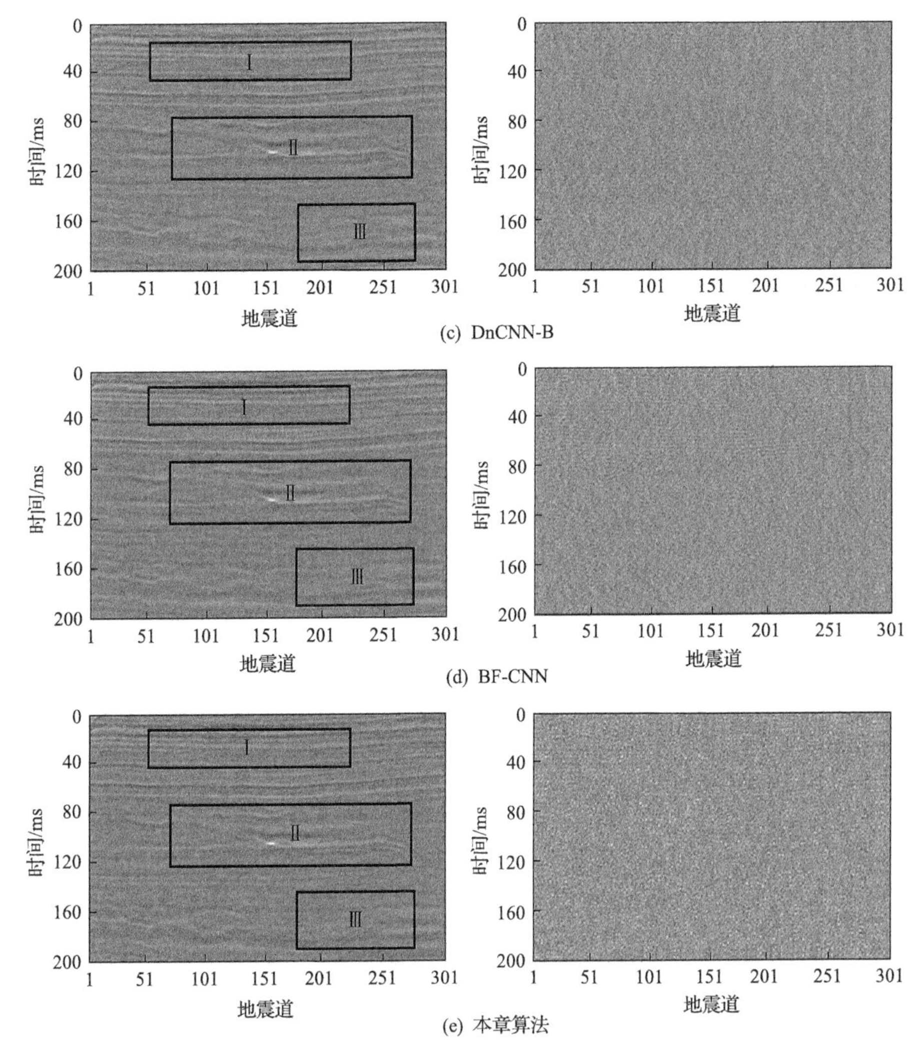

(c) DnCNN-B

(d) BF-CNN

(e) 本章算法

图 10.14　原始实际数据不同方法噪声压制(左)及残差(右)剖面结果对比

显，很难辨识出有效信息。图 10.14(b)分别为经过 BM3D 去噪后的效果和残差剖面，可见Ⅰ区域中同相轴信息得到了较好的恢复且噪声基本被压制，但Ⅱ、Ⅲ区域中纹理过于平滑，残差剖面中有丢失的细节信息。图 10.14(c)分别为 DnCNN-B 模型去噪后的效果和残差剖面，由于实际含噪数据噪声复杂，DnCNN-B 模型泛化能力较低，噪声不能被有效去除。其中，Ⅰ区域中噪声压制不充分、对应残差剖面中提取的噪声信息较弱，Ⅱ、Ⅲ区域中噪声基本被压制，但出现纹理特征过平滑的现象。图 10.14(d)分别为 BF-CNN 模型去噪后的效果和残差剖面，可见模型泛化能力较 DnCNN-B 有所提高，但Ⅰ、Ⅲ区域中同相轴过平滑，仍存在少量噪声未被压制。Ⅱ、Ⅲ区域中部分细节信息丢失，残差剖面中仍存在着部分横向的同相轴信息。图 10.14(e)分别为本章模型去噪后的效果和残差剖面，可见Ⅰ区域中噪声得到了很好的抑制，保留了清晰且连续的同相轴信息，Ⅱ、Ⅲ区域中将噪声压制的同时很好地保留了地震数据细节信息，残差剖面中的有效信息较弱。与以上同类算法相比，本章方法在视觉方面显示最好。

第二组数据的不同算法去噪的运行时间(每个样本的平均去噪时间)如表 10.3 所示，可以说明不同算法的去噪效率不同。BM3D 算法包括基础估计和最终估计，且每种估计又包括相似块分组、协同滤波和聚合，所以耗时相对较长。基于深度学习的去噪方法，在测试过程中不需要迭代学习，因此耗时更短。本章模型采用噪声估计与去噪相结合的思想，引入特征融合策略等方法，使模型的设计更为复杂，去噪时间较 DnCNN 和 BF-CNN 多约 0.03s。因此，本章算法可以在不增加过多计算量的同时改进噪声压制的效果，具有较高的去噪效率。

表 10.3　不同算法去噪的运行时间对比

方法	BM3D	DnCNN-B	BF-CNN	本章算法
运行时间/s	9.7	0.0216	0.019	0.0513

10.5　本 章 小 结

本章提出了一种鲁棒的基于深度学习的地震数据去噪模型，为避免先验知识的影响，采用噪声分布估计与噪声压制相结合的思想将模型分成两部分，噪声分布估计子网利用多层卷积神经网络估计噪声分布；去噪子网将噪声分布与含噪地震数据一同作为输入进行去噪处理，提高了地震数据噪声特征的提取能力；引入特征融合策略，将浅层与深层的地震数据特征信息融合，改善噪声去除的效果；为避免梯度消失，模型引入残差学习策略提取噪声特征；网络模型整体利用更具有鲁棒性的 L_1 范数损失作为两部分子网的损失函数，增加了网络模型的泛化能力。与同类算法相比，本章去噪模型可获得更高的信噪比，且网络模型的鲁棒性较强。因此，该模型可有效地对地震数据进行去噪处理，同时也为其他方面的地震数据处理提供了参考。

参 考 文 献

[1] Sreyas M, Zahra K, Eero P S, et al. Robust and interpretable blind image denoising via bias-free convolutional neural networks[C]//International Conference on Learning Representations, Shanghai, 2020.

[2] Zhang K, Zuo W M, Zhang L. FFDNet: Toward a fast and flexible solution for CNN-based image denoising[J]. IEEE Transactions on Image Processing, 2018, 27(9): 4608-4622.

[3] Guo S, Yan Z F, Zhang K，et al. Toward convolutional blind denoising of real photographs[C]//Conference on Computer Vision and Pattern Recognition, Long Beach, 2019.

[4] Xu J, Zhang L, Zhang D, et al. Multi-channel weighted nuclear norm minimization for real color image denoising[C]// IEEE Internationa Conference on Computer Vision（ICCV）, Honolulu, 2017.

编 后 记

“博士后文库”是汇集自然科学领域博士后研究人员优秀学术成果的系列丛书。“博士后文库”致力于打造专属于博士后学术创新的旗舰品牌，营造博士后百花齐放的学术氛围，提升博士后优秀成果的学术影响力和社会影响力。

“博士后文库”出版资助工作开展以来，得到了全国博士后管委会办公室、中国博士后科学基金会、中国科学院、科学出版社等有关单位领导的大力支持，众多热心博士后事业的专家学者给予积极的建议，工作人员做了大量艰苦细致的工作。在此，我们一并表示感谢！

“博士后文库”编委会